德国半导体应用经典教材

Photovoltaik

Solarstrahlung und Halbleitereigenschaften,

Solarzellenkonzepte und Aufgaben

2. Auflage

太阳能光伏技术

（第 2 版）

〔德〕

汉斯-京特·瓦格曼
Hans-Günther Wagemann

著

海因茨·艾施里希
Heinz Eschrich

叶开恒　译

李裕华　审校

西安交通大学出版社

Xi'an Jiaotong University Press

Originally published in the German language by Vieweg＋Teubner，65189 Wiesbaden，Germany，
as "Wagemann，Hans-Günther/Eschrich，Heinz：photovoltaik".
©Vieweg＋Teubner | Springer Fachmedien Wiesbaden GmbH 2010
Springer Fachmedien is part of Springer Science＋Business Media.
All Right Reserved.

本书中文版由德国施普林格科学与商务传媒公司授权西安交通大学出版社独家出版发行。

陕西省版权局著作权合同登记号：25－2011－054

图书在版编目(CIP)数据

太阳能光伏技术/(德)瓦格曼(Wagemann，H. G.)，
(德)艾施里希(Eschrich，H.)著，叶开恒译.—西安：
西安交通大学出版社，2011.11(2018.9 重印)
　书名原文：Photovoltaik
　ISBN 978－7－5605－4030－6

　Ⅰ.①太…　Ⅱ.①瓦…②艾…③叶…　Ⅲ.①太阳能
发电　Ⅳ.①TM615

中国版本图书馆 CIP 数据核字(2011)第 173674 号

书　　名	太阳能光伏技术(第 2 版)
著　　者	〔德〕汉斯-京特·瓦格曼　海因茨·艾施里希
译　　者	叶开恒
审 校 者	李裕华
策划编辑	赵丽平　贺峰涛
责任编辑	叶　涛
出版发行	西安交通大学出版社
	(西安市兴庆南路 10 号　邮政编码 710049)
网　　址	http://www.xjtupress.com
电　　话	(029)82668357　82667874(发行中心)
	(029)82668315(总编办)
传　　真	(029)82668280
印　　刷	北京虎彩文化传播有限公司
开　　本	787mm×1092mm　1/16　印张 14.5　字数 263 千字
版次印次	2011 年 11 月第 1 版　2018 年 9 月第 3 次印刷
书　　号	ISBN 978－7－5605－4030－6
定　　价	38.00 元

读者购书、书店添货或发现印装质量问题，请与本社发行中心联系、调换。
订购热线：(029)82665248　(029)82665249
投稿热线：(029)82665380
读者信箱：banquan1809@126.com

版权所有　侵权必究

译者前言

自工业革命以来，以煤炭、石油和天然气为代表的化石能源开始在世界能源供应中占据主导地位。然而化石能源在使用过程中的排放气体对环境污染严重，并且储量有限，这些缺点促使人们开始将目光转向可再生能源。以太阳能、风能和生物燃料为代表的可再生能源对环境影响小、能量供应充足，基于可再生能源的能量转换与存储技术是新能源的最主要发展方向。在可预见的未来，以可再生能源为代表的新能源将在全球能源消费中占据重要份额。

德国十分注重发展可再生能源开发，其可再生能源政策与技术研究目前在全世界处于领跑者位置。2004年德国颁布了新版《可再生能源法》，其中规定国家对可再生能源发电进行补助。此政策极大地促进了可再生能源在德国的开发与利用，德国也因此成为了全球最大的光伏设备消费市场。2011年3月日本福岛核电站核泄露事故之后，在民众的强烈呼声下，德国政府迅速调整了能源政策，计划在2022年之前逐步关闭德国境内所有17座核电站。目前，德国核电在其发电总量中所占比重约为四分之一，关闭核电站后的能源缺口将由可再生能源填补。

德国地处北半球高纬度地区，太阳光照的地理位置并不十分理想，但是在国家政策的引导和支持下，从事光伏技术研究的科研院所和企业却很多，并且兴建了多座太阳能光伏电站。同时，德国政府通过在民间推广"十万太阳能屋顶"①等一系列项目，鼓励并促进太阳能光伏发电技

---

① 德国自1999年开始施行的一项计划，通过向家庭和中小企业提供低息贷款，鼓励在建筑物屋顶安装太阳能光伏发电设备。至2003年底项目结束，贷款超过10亿欧元，私人装机总量超过300 MW。

术的应用。其最终目的是推动并带领全球新能源技术使用。在德国的带动下,一些欧洲国家(如法国、意大利、西班牙等)以及美国、印度等国也出台了相应的新能源政策,鼓励发展其各自的可再生能源项目工程。

中国目前是硅太阳电池的最大生产国,2010 年产量占全球总产量的48%。利用我国生产原料和人力成本的优势,可极大减少太阳电池的生产成本,从而降低光伏发电价格,由此进一步推动太阳能光伏的应用。此外,我国新疆、内蒙古、西藏以及东北、华北广大地区全年日照充足,是应用光伏发电的理想地区。中国于 2005 年同样制定出台了《可再生能源法》,旨在鼓励并推广可再生能源。作为世界第一大能源消耗国和温室气体排放国,中国的可再生能源政策和技术推广对于建立可持续发展战略有着重要意义。

我国得益于地理位置优越、原材料和劳动力价格低的优势,光伏产业发展势头迅猛,是目前少数几个可与欧美发达国家齐头并进的产业。但是,良好发展前景下也有隐患:我国光伏领域的科技水平不高,生产太阳电池的重要专利技术多由发达国家垄断,光伏企业的生产、检测设备主要依赖进口;我国虽然是太阳电池的生产大国(约占全球总产量一半),但是绝大多数产品用于出口(高于 90%),国内市场规模小。

随着近年来国内一系列大型光伏电厂项目工程的实施和光伏入网电价补助政策的出台,国内市场对太阳能光伏发电设备的需求在稳步上升。更重要的是如何提升光伏产业的技术研究,通过科技创新使我国的光伏产业更具竞争力,实现在目前生产加工基础之上的产业升级。

德国利用基础物理研究的深厚功底,并发挥其传统的化工和机械制造业优势,因而在太阳电池结构设计、生产工艺和自动化设备研发领域领先全球。本书深入浅出地详细地讲解了各种材料的太阳电池原理,并简要介绍了目前主流生产工艺,是一本传授太阳能光伏技术入门知识的优秀教材。译者翻译本书的主要目的,是向国内读者介绍德国先进的光伏理论技术,以及光伏研究和光伏专业课程教材。

本书翻译的是原书第 2 版,由 Springer 出版集团旗下的 Vieweg＋Teubner 出版公司于 2010 年出版。《太阳能光伏技术》先是由柏林工业大学作为本校讲义使用,内容经过不断修改补充,广受学生欢迎。作为教材正式出版后,作者仍根据太阳能光伏技术的最新进展,不断补充、修订、完善。原书主编汉斯-京特·瓦格曼教授(Prof. Dr.-Ing Hans-Günther Wagemann)自 1977 年任职于德国柏林工业大学电子与信息技术学院的半导体技术研究所,长期从事授课与科研工作,曾于1992年作为创始人之一,建立了柏林-勃兰登堡科学院。瓦格曼教授在柏林工业大学主持科研工作期间的主要研究方向是硅材料太阳电池器件工艺、分析与模拟,硅材料光学特性研究,以及 MOS 器件性能研究。

在本书翻译过程中,瓦格曼教授给予译者热情的支持,并专门为中文版写了序,译者表示衷心地感谢。译者还要由衷地感谢德国斯图加特大学埃里希·卡斯帕教授(Prof. Dr. Phil. Erich Kasper)在专业理论方面进行的认真细致辅导。西安交通大学城市学院李裕华教授对译稿进行了认真审校并提出具体修改意见,改善了译文质量,译者向他表示诚挚的感谢。冯楚焜同学以优雅细腻的文笔,完美诠释了德国诗人保罗·杰哈特的诗句,译者向她表达最真诚的谢意。西安交通大学出版社赵丽平老师、贺峰涛老师和其他老师在本书出版过程中付出了辛勤的劳动,译者借此机会向各位老师致谢。最后感谢我的父母,谢谢你们对我始终如一的支持和理解,让这一切最终得以实现。

译者自知才学浅薄,对于书中存在的各种错误还请读者们不吝赐教,一一指正。

叶开恒

ye_kh@163.com

2011.08 于德国斯图加特

中文版前言

人类的能源供应目前正处于一个转折点。化石能源经过近来数十年大规模使用，储量已濒于枯竭。从本世纪初开始，能源结构开始吸纳风能、太阳热能、太阳光伏能、生物能和地热能等可再生能源。由于化石燃料储量有限，而人类在全球范围内不断追求更高生活水平过程中对能源的需求激增，因此能源结构调整势在必行。

太阳能光伏技术在过去十多年中经历了极大的发展：从电子手表到人造卫星，直至地面大规模太阳能发电。光伏能量转换可将太阳能不经额外媒介而直接转换为高级能源——电能，因此格外具有吸引力。尽管太阳电池在初始阶段的生产成本成倍地高于目前稳定能源的市场价格，但其生产方式已经完全跨越了手工生产阶段，目前已经发展为大规模工业化生产。

在德国和西班牙，太阳能光伏应用通过有效的补助政策得到了极大发展，并且吸引了越来越多的国家开始效仿。光伏工业在欧洲——近几年来同样在中国——日益兴盛，而太阳电池的价格也通过改良工艺和工业规模化效应而大幅下降。现代光伏发电设备的快速发展已大大提高了太阳能发电量，在工业发达国家例如德国，太阳能发电量在总发电量中已经占据了几个百分点。为了进一步扩大太阳能发电的发电份额，还需要在光伏科技领域不断研究，从而降低光伏模块产品的生产成本。

《太阳能光伏技术》是德国柏林工业大学的教材和习题用书。自1994 年起,在使用德文版《太阳能光伏技术》教材过程中,学生们不断地向教师提出改进意见,使其在以后几个版本中文字表达更加清晰,实验、插图和计算更加趋于完善。作者希望本书中文版在使用中同样能够得到读者们的积极贡献,不断推动太阳电池的理论与科技向前发展,从而带动太阳能光伏转换技术在世界范围内取得突破。

H. G. 瓦格曼

H. 艾施里希

目　录

—— 1 ——

符号表

$\overline{a}$,a	晶格常数 [nm]	
A	面积 [cm²]	
B	磁通量密度 [Vs/m²]	
c_0, c	(真空)光速(2.99792458×10⁸ m/s)	
d	厚度 [cm]	
d_{ba}, d_{em}, d_{ox}, d_{SZ}	基底/发射极/氧化层/太阳电池厚度 [cm]	
d_i	本征层厚度 [cm]	
D	扩散常数 [cm²/s]	
E	辐射功率密度,照射强度 [W/cm²]	
$\boldsymbol{E}$	电场强度 [V/cm]	
E_{e0}	太阳常数 ((1.367 ± 0.007)kW/m²)	
f	衰减因子;稀释系数 ~(21.7×10⁻⁶)	
FF	填充因数	
g	地球加速度(9.806 m/s²)	
G	光学激发率 [cm⁻³s⁻¹]	
h	普朗克常数 (6.6260755×10⁻³⁴ Ws², $\hbar = h/2\pi$)	
H	气压高度 [m]	
I	电流 [A]	
I_k	短路电流 [A]	
j	电流密度 [A/cm²]	
j_k, j_{rek}	短路/复合电流密度 [A/cm²]	
k	玻耳兹曼常数 (1.380658×10⁻²³ Ws/K)	
k	波数 [cm⁻¹]	
l_n, l_p	电子、空穴漂移长度 [cm]	
L	扩散长度 [μm]	

I

m	质量 [kg]
m_{eff}	有效质量 [kg]
n	折射率
n	电子浓度 [cm^{-3}]
n_i	本征载流子浓度 [cm^{-3}]
N_A^-, N_A	(电离)受主浓度 [cm^{-3}]
N_D^+, N_D	(电离)施主浓度 [cm^{-3}]
N_L, N_V	导带/价带中的有效状态密度 [cm^{-3}]
p	压强 [N/m^2]
p	动量 [$\text{kg} \cdot \text{cm/s}$]
p	空穴浓度 [cm^{-3}]
p_0	标准压强 (1013.25 hPa, 1 hPa $= 1 \text{ N/m}^2 = 1 \text{ kg} \cdot \text{s}^{-2}\text{m}^{-1}$)
P_S	辐射功率 [W]
q	单位电荷 ($1.60217733 \times 10^{-19}$ As)
q	收集效率
Q_{ext}	外量子效率
Q_{int}	内量子效率
R	发射因子
R	复合率 [$\text{cm}^{-3}\text{s}^{-1}$]
R	电阻 [Ω]
r_E	地球半径 (6.38×10^6 m)
r_S	太阳半径 (0.696×10^9 m)
r_{SE}	日地距离 (149.6×10^9 m)
s	复合速度 [cm/s]
S	光谱灵敏度 [A/W]
u	能量密度 [Ws/cm^3]
t	时间 [s]
T	温度 [K]
T_S	太阳表面温度 (5800 K)
U	电压 [V]
U_D	扩散电压 [V]
U_L	开路电压
U_T	热电压 ($= kT/q, U_T(300 \text{ K}) = 25.8$ mV)
v_n, v_p	电子、空穴漂移速度 [cm/s]

v_{th}	热运动速度 [cm/s]	
W	能量 [eV]	
W_F	费米能级 [eV]	
W_{fn}, W_{fp}	近似电子/空穴费米能级 [eV]	
w_n, w_p	分别位于 n/p 区内的空间电荷区宽度 [μm]	
W_S	辐射能量 [kWh]	
x	入射光方向平行坐标 [cm]	
y	入射光方向垂直坐标 [cm]	
α	吸收系数 [1/cm]	
γ	太阳高度角 [°]	
ΔW	禁带宽度 [eV]	
ε	介电常数,地球椭圆轨道偏心率	
ε_0	电场常数 (8.854187817×10^{-14} As/Vcm)/ 电场值	
η	能量转换率	
η_q	量子转换率	
κ	消光系数	
λ	波长 [nm]	
μ	迁移率 [cm^2/Vs]	
ν	频率 [1/s]	
Φ_p	光子流 [s^{-1}]	
π	3.1415926	
ρ	质量密度 [kg/cm^3]	
ρ	空间电荷密度 [As/cm^3]	
σ	特征电导 [Ω^{-1}cm^{-1}]	
σ	斯蒂凡-玻耳兹曼常数 (5.67051×10^{-8} Wm^{-2}K^{-4})	
τ	少数载流子寿命 [s]	
ω	角频率 [1/s]	

向日金鳞开
愉悦满心怀
众生有樊篱
昭辉逾荆棘
柔光思怡然。
怜吾残躯首
卧榻时已久
今日能复立
喜而得生机
望空解愁颜。

保罗·杰哈特②　1666

第 1 章

前　言

　　太阳能是世界上唯一取之不尽的能源。每天地球所接受的太阳电磁辐射能量是人类对一次能源需求的上千倍。除了转换成为低品位的热能以外,太阳辐射能还能够在地球上通过植物光合作用转换成为生物化学能;而人们也可以利用光伏技术将太阳能直接转换为电能,从而获得高品位能源。

　　在德国,这种新型能源转换技术受益于国家补助,已经开始在社会生活中广泛采用。相比于诸如涡轮机燃烧室中的巨大能量流,尽管太阳辐射能在地表处的能量密度很低,但是已经有越来越多的人将目光聚集到这种可再生能源技术。光伏发电在德国发电总量中只占 0.6%(2008 年),其与水能、风能、太阳热电能和生物

----

①此数字为原书页码,书末索引条目中的页码项指向此处。
②保罗·杰哈特(Paul Gerhardt 1607－1676)德国宗教诗人。

能一样，都只占有很小份额；但是光伏发电的年增速达到了惊人的 25％。光伏技术不会排挤其他能源，它的主要作用是促进未来能源结构的多样化。2008 年全球太阳电池板产量为 7.9 GW。德国在 2007 年太阳电池的总装机容量为 3.8 GW，这些设备转换的太阳能总量为 3000 GWh。德国联邦议会通过的《可再生能源法》（EEG2004）中规定了光伏发电设备的使用者可以向公共电网出售电能获得收益。而不断增加中的私人光伏发电设备在并入公共电网之后促进了能源供应的分散化进程，能源经济结构也将随之全面调整。但是，太阳电池及其产生的电能价格持续居高不下，目前在经济性上还无法与其他能源技术（同样获得多种补助）竞争。未来德国国内建设的大型光伏工程项目将不断增加，这些项目的建设有助于降低太阳电池和光伏电能的价格。

　　德国通过国家补助（每年来自于联邦政府与欧盟的资金共约 4 亿欧元）建立了一整套科研生产体系，并于 2009 年在勃兰登堡州利博豪斯建造了一座功率为 53 MW 的试验性太阳能电厂。在德国政府“十万太阳能屋顶”计划的鼓励下，许多地区的民房都安装了可以并网的千瓦级太阳能发电系统。德国也因此成为全世界利用太阳能技术发电最广泛的国家之一。太阳电池和光伏发电设备在世界市场上日益受到欢迎，沙漠地区的人畜用水会因为缺少光伏发电技术的支持而变得无法想象。光伏设备的研究与生产无疑将持续下去，在未来第一批传统火力发电厂被光伏发电厂取代之前还有许多工作需要完成。

　　本教材的对象是主修物理专业和电子电气技术专业的学生，以及有元器件经验的工程师，本书的目的是引导这样的读者群进入这个有意义的光伏技术领域，传授给他们可靠的半导体设计技术，使他们能正确地生产和处理作为光伏元器件的太阳电池。本书与 1994 年的第一版相比，增加了相关篇幅介绍近年来的科学新知识与技术新进展。除此之外还新增加了 20 道习题（附带答案），通过这些习题分析了太阳电池（小面积）的各项性能指标。本书的最后部分（附录 C）提供了两个实习应用实例作为全书整体内容的延伸。其中实习例一（C1）涵盖了光伏科技基础，可以在大学展开，使学生分组自行制作硅晶太阳电池；实习例二（C2）的适用者为中小学生，目的在于利用简单材料初步研究染料太阳电池的能量转换过程。

　　全书内容曾作为柏林工业大学电子与信息技术学院（Fakultät Elektrotechnik und Informatik der Technischen Universität Berlin）的授课教材，由两位作者共同编写。教材写作期间作者不断被学生们的热情协助所鼓舞。作者在这里感谢 Dr.-Ing. D. Lin 先生和 Dipl.-Ing. M. Rochel 先生的大力协助，感谢 Dipl.-Ing. S. Peters 先生，Dipl.-Phys. P. Sadewater 先生和 Dipl.-Ing. R. Hesse 先生在研究所中的学生指导工作，以及他们与 M. Mahnkopf 女士、A. Eckert 先生和 Dipl.-Ing. H. Wegner 先生一起对全书写作的启发。感谢 Dr. T. Eickelkamp 先生和 Dr. S. Gall 先生在他们学习期间对习题（第 5 章习题）的细致修改工作。感谢汉诺威大学(Universität Hannover)Dr.-Ing. D. Mewes 教授对第 6 章 6.1 节的内容指导。埃森市(Essen)Waldorf 中学的 Dipl.-Ing. J. Wagemann 先生和他的学生们全心投入,利用最简单材料制作出了染料太阳电池(附录 C2)。Dipl.-Ing. P. Scholz 先生为全书制定提纲并且为其润色。感谢 Vieweg＋Teubner 出版社的 Dipl.-Phys. U. Sandten 先生、K. Hoffmann 女士和 C. Agel 女士对原稿撰写的专业指导。

1.1 光伏的历史发展

光伏能源转换的历史与现代自然科学发展进程有着紧密的联系。物质与光究竟如何相互作用影响,这个问题从一开始就确立了在所有研究中的中心地位。由马克斯·普朗克于 1900 年建立的黑体辐射定理奠定了现代物理学基础,定理中第一次解释了电磁波辐射与吸收过程中光波能量与波长之间的关系[Pla00]。

从某种程度上我们应该感谢中世纪炼金师对"智慧石"的不断探寻,当时有人相信任何物质与这种神奇的石头接触后都能变成黄金。他们发现某些物质,例如硫化钙与重晶石经过阳光照射后会在暗处发光。作家歌德也提到过 1805 年他在意大利旅行时参观了位于博洛尼亚附近的一处采石场,并且从那里捡了一袋"会发光的石头"带回魏玛[Goe86]。

感谢亚历山大-埃德蒙·贝克勒尔(Alexandre Edmond Becquerel)(1820—1891)在巴黎所做的关于光对物质影响的首次科学探索[Bec39]。他研究了光对电解液中的金属盐和金属电极的作用,并且得出结论:硒的导电性会通过光照而改变,而并非是预想中的铜。工业家西门子利用这个结论于 1875 年制作出了测光仪[Sie76]。

光伏太阳电池(也就是在阳光照射下输出电能的器件的真正实现)的出现则是在二极管发明之后。第一支二极管早在 1874 年由 Ferdinand Braun 发明[Bra74],并且稍后作为电子检波器取代金属屑检波器应用于电报机中。此后,直到 1938 年才由肖特基第一次解释了金属半导体接触面附近的"阻挡层"(我们今天称之为"耗尽层"),并且根据其特性建立了二极管特性曲线[Sch38]。1948 年美国贝尔实验室的 R. S. Ohl 为一种光敏硅器件申请了专利[Ohl48],这种器件由沿垂直于微晶体优先生长方向切割开的硅片构成,并用铂作为接触金属。今天人们把这种金属半导体二极管称为"肖特基二极管"。当时对肖特基二极管在阳光照射下的光谱灵敏度测量显示,它的最大吸收值大致位于硅能带边缘。但是,有效光电转换却由于硅晶体的高密度掺杂而变得不可行。

1948 年美国陆军的 K. Lehovec(Fort Monmouth,USA)提出了关于使用高纯度材料金属半导体二极管作为光伏能源转换的完整概念。稍后的 1949 年肖特基于贝尔实验室宣布发明了一种半导体-半导体二极管。这种二极管基于锗,并且在锗基底的两个相邻区域不同掺杂,使其分别带有"正(positive)"、"负(negative)"载流子,这种结构也因此被称为"pn结"[Sho49]。pn结的耗尽层位于器件内部,可以有效地改善纯硅材料的太阳电池特性。1954 年贝尔实验室的研究人员 D. M. Chapin, C. S. Fuller 和 P. L. Pearson 共同展示了第一种实用型太阳电池[Cha54]。发明者们认识到了这种器件对太阳光光谱具有很好的适应性,但发明者们也为期待利用这种新型"太阳能器件"解决世界能源问题的过高期望泼了冷水。同年(1954)美国赖特-帕特森空军基地(Wright Patterson Center Ohio)的 D. C. Reynolds, G. Leies 与 R. E. Marburger 共同发明了简易硫化镉太阳电池。一年之后(1955)德国爱尔兰根西门子实验室的 R. Gremmelmeier 发明了第一种砷化镓太阳电池[Gre55]。随着 1960/61 年 M. Wolf[Wol06] 以及 W. Shockley 与 H. J. Queisser[Sho61] 的关于不同材料太阳电池极限转换率论文的发表,光伏技术的发展渡过了起始阶段。人们认识到了晶体硅在太阳光谱中的优异性能,并且提出了最大光电转换效率"Shockley-Queisser 极限"为 $\eta = 44\%$。

第一种投入工业生产的太阳电池使用的是半导体硅。太阳电池在当时的一项重要应用是为太空卫星提供动力。太阳能发电板的好处在于,其可以抵御赤道上空 36000 公里高度上地球同步轨道空间的宇宙辐射,并且自身重量很轻,适于安装在卫星上。J. J. Wysocki 和他的同事早在 1966 年就研制出了"抗辐射"型硅太阳电池[Wys66]。但是当时的单晶硅提纯方法与面板生产工艺成本过高,导致太阳能发电板价格高居不下,限制了其在空间领域中的应用。

20 世纪 70 年代初的能源危机促进了太阳电池技术向地面应用转化。降低工业生产成本的需求驱使科研人员转而寻求新材料和新技术。1974 年 W. E. Spear 和 P. G. Lecomber 发现,利用气体放电使硅与氢原子相结合而制成的硅氢化合物非晶硅薄膜材料能使半导体的掺杂效果增强[Spe75]。这种缩写为 a‑Si:H 的氢化非晶硅材料可以作为薄膜层($< 1\ \mu m$)覆盖在透明载体上。1976 年 D. E. Carlson 和 C. R. Wronsky(RCA 普林斯顿)利用这种材料制成了非晶硅薄膜太阳电池。这种太阳电池采用了栅电极结构,工作转换率 $\eta = 8\%$[Car76]。当时工业界对这种在玻璃板面上采用廉价表层镀膜技术制造的半透明太阳电池寄予了很大的期望。但是,硅氢化合物太阳电池的发电功率会在阳光持续照射下降低。研究后发现非晶态材料吸收阳光后会释放原先结合在内部的氢原子,导致材料内部的共价键非饱和,并且形成复合中心(Staebler-Wronski 作用)[Sta77]。这个问题至今还没有找到令人满意的解决方法。

目前最重要的经济性太阳电池生产工艺是直拉制硅法。利用直拉法可以生产出大尺寸硅棒(目前最大超过 300 kg),从中人们获得可用于太阳电池的大面积硅晶圆片。但是硅晶体在凝结过程中会受到杂质析出与微晶排列的影响。直拉制硅法在 1977 年由 B. Authier 与 Wacker Brughausen 提出[Aut77]，同年 H. Fischer 与
W. Pschunder(Telefonken 公司，Heilbronn)提出了利用多晶硅材料制造太阳电
池[Fis77]。这种微晶硅太阳电池的转换效率可以达到 $\eta = 17\%(15 \times 15 \text{ cm}^2)$，是目
前各种尺寸光伏发电装置的标准组件。在光伏材料研究取得进展的同时，硅芯片
集成电路的生产工艺也在逐渐"瘦身"，使得硅太阳电池的大规模流水线生产成为
可能[Gre01]。除了日本 Sharp 公司和美国 Spectrolab 公司外，德国的 Q－Cells 和
Sun World 公司也都具备了硅太阳电池的大规模产能。在硅材料太阳电池发展的
同时，各种基于其他新型材料的光伏设备也在发展，这些新技术在保持能量转换效
率的同时，可以进一步降低光伏发电成本。

现在已经出现了 **MIS 太阳电池**(MIS, metal insulator semiconductor)。MIS
器件结构中的耗尽层位于因含有铯离子从而带电的栅极电介质层以下，并通过低
温下硅基底表面的反型转换而形成[She74]。此外，新型器件中还包括了**球型硅太阳
电池**，这种器件由具有 pn 结表层结构的微小硅球(直径小于 1 mm)经过打磨后覆
盖在铝箔阵列上构成[Lev91]。利用 **EFG 工艺**生产的硅八面中空管可以有效降低硅
面板的切割损失[Lau00]。而硅太阳电池以外的最佳选择，无疑是在 II/VI 族化合物
半导体材料硫化镉太阳电池基础上发展出的无镉环保型 **CIGS 太阳电池**。最后还
有**有机物半导体太阳电池**，例如无需纯净室技术就可以生产的由并五苯(五环芳香
烃)与噻吩等烃原子构成的 BHJ 太阳电池。另外，有机半导体材料还包括了 1991
年由 M. Graetzel 及其同事发明的**染料太阳电池**[Vla91]，这项电化学突破也是目前
研究光合作用实用化的重要进展。染料太阳电池的工作原理是，利用电解质在光
照下电解产生氢离子和电子形成电流，电解产生的电子-空穴复合率被添加物所抑
制，直至通过外接负载做功后回流最后在复合电极实现复合。

2003 年 M. A. Green 提出了一种新概念太阳电池：**第三代太阳电池**[Gre03,Wür03]。
前两代太阳电池(第一代：由晶体硅及其他半导体单一材料制成的太阳电池；第二
代：覆盖于廉价载体的氢化非晶硅与二六族半导体薄膜太阳电池)都由同质半导体
材料构成，Green 提出未来发展多层混合异质结构可以充分利用太阳能转换中的
介观效应。例如通过多层结构对太阳光谱中不同能量光子进行多层转换，吸收效
果明显优于受"Shockley-Queisser 极限"限制的单层结构太阳电池。多层太阳电
池对太阳频谱的吸收更加有效。另外，碰撞电离是实现高转换率的又一种方法。
除光伏转换之外，热吸收也是太阳能应用的重要实现方法，热动力转换的理论转换
效率为 95%，科研人员希望在未来研制出的光伏器件能够更加接近这一目标。

应用于航空技术的 **III/V 族化合物太阳电池**也在近年来取得了长足发展：具
有聚光结构的多层薄膜太阳电池可以充分整体利用太阳光谱。由 GaAs/GaSb 材
料制成的第一种多层薄膜太阳电池，在聚光照射下的转换率已经达到了 $\eta =
35\%$[Fra90]。目前造价高昂的三层与四层结构太阳电池，在标准照射强度下的转换

6

率为 $\eta=30\%\sim32\%$ 。这种器件虽然昂贵,但其转换率更高,光吸收更加有效,并且重量轻[Kin04]。

如何评价生产太阳电池过程中产生的能耗,已经在器件实用化中变得愈发重要。光伏转换是对可再生能源的直接物理转换过程,然而光伏电池生产技术复杂且耗能严重。目前一种新概念:"**回收时间**(Erntezeit)"或"**回收因子**(Erntefaktor)"开始被引入,用于判断太阳电池的持久性。这种概念描述了太阳电池需要工作多久才能回收制造过程中所消耗的能量。以工业化生产的多晶硅太阳电池为例(2005 年市场占有率为 60%),它的回收时间在过去的十年里已经降至 3 年。也就是说,这种太阳电池需要运转 3 年时间,才能产生与制造过程中能耗相同的电力。而其自身工作寿命为 15~20 年。这样它的回收因子为 (15~20)年/3 年>5~7。

更详细的太阳电池发展史在 J. J. Loferski 的文章[Lof93]中可以找到。关于晶体硅太阳电池的详细描述可以查阅 M. A. Green 所著的相关资料[Gre01]。

第 2 章

太阳辐射——光伏能源

为了有效利用光伏能量转换,有必要了解能量来源的详细知识。光伏太阳电池作为能量接收装置,必须适应太阳光源的特征光谱。因此,我们首先研究太阳辐射的物理模型,以及地球大气对太阳光光谱结构的作用和影响。

2.1 辐射源太阳与辐射接收者地球

太阳内部不断进行着热核聚变反应,温度极高($T=15.6\times10^6$ K);而宇宙空间的温度极低,空间背景辐射只有 $T=2.73$ K。这两种温度极端在太阳表面处(光球,即太阳的视觉表面)达到平衡,这里的温度为 $T_S\approx5800$ K。太阳光球上的所有元素都以原子的形态存在,整体全部电离。这种元素形态特征导致了太阳光谱具有密度极高的相邻吸收谱线。因此,气态的太阳表层可被近似视为吸收系数为 $A=1$ 的黑体辐射源。

地球表面的平均温度基本保持不变,因此可以认为在太阳表层与地球轨道之间的距离上,太阳作为黑体辐射源与地球保持辐射平衡。地球所接收到的辐射功率可以通过斯蒂凡-玻耳兹曼定理求得(式 2.1)。

太阳与地球的中心平均距离(此处采用地球椭圆轨道的平均距离)为 $r_{SE}=1.496\times10^{11}$ m。由于地球轨道的离心率很小,只有 $\varepsilon=0.017$,所以可以将其近似为圆周处理。太阳半径为 $r_S=0.696\times10^9$ m,地球半径是 $r_E=6.38\times10^6$ m。

在光伏工程中,人们将太阳半径 r_S 与太阳到地球的中心平均距离 r_{SE} 之比的平方值定义为地球轨道的太阳辐射**衰减因子**或者**稀释因子** f(见式 2.1)。衰减因子 f 出现在依据斯蒂凡-玻耳兹曼定理确定的辐射功率 P_S 的表达式中,在这里 P_S 定义为太阳辐射至地球投影圆面积 $r_E^2\cdot\pi$ 上的功率值,表达式中的 σ 为斯蒂凡-玻耳兹曼常数。

$$P_{\mathrm{S}} = \pi r_{\mathrm{E}}^2 f \cdot \sigma T_{\mathrm{S}}^4 \text{，其中 } f = \left(\frac{r_{\mathrm{E}}}{r_{\mathrm{SE}}} \right) = 21.7 \times 10^{-6} \text{；并且 } \sigma = 5.67 \times 10^{-8} \frac{\mathrm{W}}{\mathrm{m}^2 \mathrm{K}^4}$$

$$\tag{2.1}$$

8

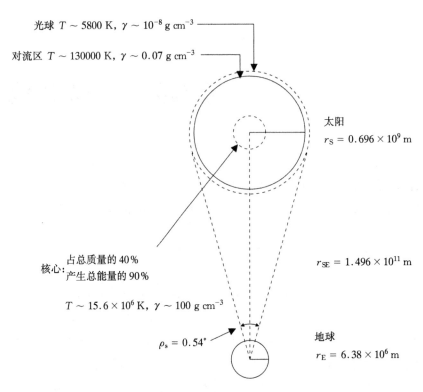

光球 $T \sim 5800\,\mathrm{K}$, $\gamma \sim 10^{-8}\,\mathrm{g\,cm^{-3}}$

对流区 $T \sim 130000\,\mathrm{K}$, $\gamma \sim 0.07\,\mathrm{g\,cm^{-3}}$

太阳
$r_{\mathrm{S}} = 0.696 \times 10^9\,\mathrm{m}$

核心: 占总质量的 40%
产生总能量的 90%

$r_{\mathrm{SE}} = 1.496 \times 10^{11}\,\mathrm{m}$

$T \sim 15.6 \times 10^6\,\mathrm{K}$, $\gamma \sim 100\,\mathrm{g\,cm^{-3}}$

地球
$r_{\mathrm{E}} = 6.38 \times 10^6\,\mathrm{m}$

$\rho_{\mathrm{s}} = 0.54°$

图 2.1 宇宙空间中的太阳和地球[Geo05]

人们通过地球大气层外(大气层顶部)的辐射功率密度确定了平均太阳常数 E_{e0}(计算时考虑到了轨道离心率和太阳黑子波动)。世界气象组织 1982 年在日内瓦公布的第 590 号文献中确定太阳常数值为

$$E_{e0} = (136.7 \pm 0.7) \frac{\mathrm{mW}}{\mathrm{cm}^2} \tag{2.2}$$

根据式(2.1)可以计算出照射在地球大气层顶的辐射功率为 $P_{\mathrm{S}} = 1.776 \times 10^{17}\,\mathrm{W}$，并且可进一步得出地球全年接收的辐射能量为 $W_{\mathrm{S}} = 1.56 \times 10^{18}\,\mathrm{kWh}$(对比:2004 年全球一次能源需求为 $125 \times 10^{12}\,\mathrm{kWh}$,德国为 $4.0 \times 10^{12}\,\mathrm{kWh}$)

2.2 太阳——黑体辐射

黑体辐射的光谱能量密度是辐射电磁波频率 ν 的函数,通过普朗克辐射定理确定为

$$u_\nu(\nu, T)\,\mathrm{d}\nu = \frac{8\pi h}{c_0^3} \cdot \frac{\nu^3}{\mathrm{e}^{\frac{h\nu}{kT}} - 1}\,\mathrm{d}\nu \qquad (2.3)$$

在公式(2.3)基础上按频率分量积分可以得到能量密度为

$$u(T) = \int_0^\infty u_\nu(\nu, T)\,\mathrm{d}\nu \qquad (2.4)$$

由以光速进行空间传播的能量密度可以得出黑体辐射的辐射功率密度

$$E(T) = \frac{c_0}{4}u(T) = \frac{c_0}{4}\int_0^\infty u_\nu(\nu, T)\,\mathrm{d}\nu \qquad (2.5)$$

对在太阳表面向外空间均匀放射的辐射进行积分,从而得到上式中的常系数 ¼(参见[Wag98],第47页)。由斯蒂凡-玻耳兹曼方程可以得出普朗克方程的具体公式

$$E(T) = \sigma T^4 = \frac{c_0}{4}\int_0^\infty u_\nu(\nu, T)\,\mathrm{d}\nu \qquad (2.6)$$

与之相对应的,照射在地球上的辐射功率由温度为 T_S(太阳表面温度)的黑体光谱分布得出

$$P_\mathrm{S} = \pi r_\mathrm{E}^2\left(\frac{r_\mathrm{S}}{r_\mathrm{SE}}\right)^2 \cdot \frac{c_0}{4}\int_0^\infty u_\nu(\nu, T_\mathrm{S})\,\mathrm{d}\nu \qquad (2.7)$$

在实际应用中也可以将由普朗克提出的黑体辐射光谱能量密度(式(2.3))改写为对辐射电磁波波长的微分形式

$$u_\lambda(\lambda, T)\,\mathrm{d}\lambda = \frac{8\pi hc_0}{\lambda^5} \cdot \frac{1}{\mathrm{e}^{\frac{hc_0}{\lambda kT}} - 1}\,\mathrm{d}\lambda \qquad (2.8)$$

图2.2和图2.3分别给出了以能量(频率)和波长为微分量的光谱能量密度分布。式(2.3)和式(2.8)都可以用来表示光谱分布的总能量

$$u(T) = \int_0^\infty u_\lambda(\lambda, T)\,\mathrm{d}\lambda = \int_0^\infty u_\nu(\nu, T)\,\mathrm{d}\nu \qquad (2.9)$$

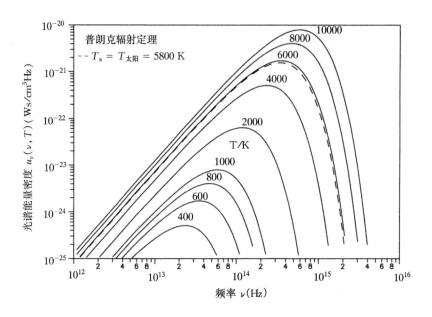

图 2.2[①]　根据普朗克辐射定理,以辐射波频率(能量)为微分量的光谱辐射密度等温变化曲线

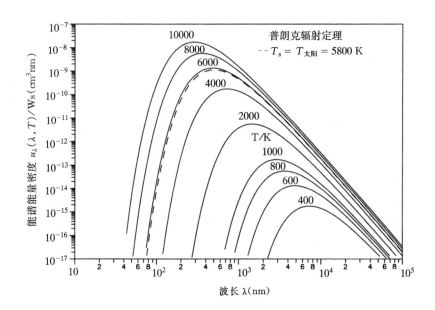

图 2.3[②]　根据普朗克辐射定律,以辐射波波长为微分量的光谱能量密度等温变化曲线

---

①,②本图位于原书 11 页。

2.3　地球日照辐射的功率与光谱分布

　　图 2.4 标明了照射至地表(海平面)处的阳光光谱辐射功率密度 $E_\lambda(\lambda)$,并且同时将其与地球大气层外的光谱分布和温度为 5800 K 的黑体的光谱分布进行对比。在图示中标出了光谱分布曲线上的间断区间,这些间断区间是由大气层中的分子吸收特定波长辐射所造成的。这些大气中的分子主要是水蒸气(H_2O)、臭氧(O_3)、氧气(O_2)和二氧化碳(CO_2)。

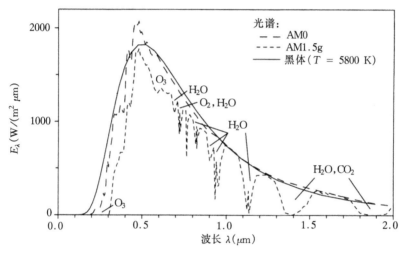

图 2.4[①]　分别位于大气层内外的两种太阳光谱辐射功率密度 $E_\lambda(\lambda)$ 与黑体辐射的比较

　　其中臭氧的吸收波长范围较宽($200\sim700$ nm),而其他气体的吸收具有选择性,呈带状分布。地球大气和包含在其中的气溶胶会减弱阳光的入射,并且会通过吸收与散射改变阳光的光谱分布。散射意味着入射光量子首先被吸收,然后以与入射波等波长(弹性散射)或者更长波长(非弹性散射)的形式再次被均匀释放。由此在原始光谱功率分布的基础上衍生出一个变生光谱,其可以被划分为直接辐射与空间漫射辐射两部分。人们将同时具有直接辐射和漫射辐射两种分量的光谱称为地球辐射光谱,并且将其与直接光谱相区分。

　　光在空气中的散射基于多种原理:如果光波长高于空气组成单位(单个分子)的尺寸,此时空气分子如同震荡偶极子(瑞利散射),瑞利散射造成了天空中的极化现象,并且可以解释天空色彩的成因。因为偶极子的辐射强度与入射光波长的四次方成反比:$E \propto \lambda^{-4}$,因此与短波长入射光相比,长波长入射光的被散射量更少。

---

①本图位于原书 12 页。

当太阳在天空高处时,人们看到的是被强烈散射的蓝光;夕阳低下时,蓝光几乎全部消失,此时看到的是霞红。当散射发生在大气层中部时,大气分子(气溶胶)与入射光波长相当,此时可以用球形分子模型(米散射)描述。在这种情况下,散射的波长依赖性随着大气分子尺寸的增加而快速下降,此时天空是一片阴霾(灰色)。

人们这样定义大气质量 AM1(Air Mass):根据气压方程,利用垂直高度 H 标定向外太空逃逸的稀疏大气密度。AM 值"1"表示该处的气压是海平面气压 P 的 e 分之一。根据大气密度 ρ 可以计算出垂直高度。

气压-高度公式:

$$p(h) = p_0 \mathrm{e}^{-\frac{\rho_0 g h}{p_0}} \tag{2.10}$$

$$H(\mathrm{AM1}) = h\left(p = \frac{1}{\mathrm{e}} p_0\right) = \frac{p_0}{\rho_0 g} = 8.0 \text{ km}$$

其中:

$$\left. \begin{array}{l} p_0 = 1.01325 \times 10^5 \text{ kg} \cdot \text{s}^{-2} \text{m}^{-1} \\[2mm] \rho_0 = 1.29 \text{ kg} \cdot \text{m}^{-3} \\[2mm] g = 9.806 \text{ m} \cdot \text{s}^{-2} \end{array} \right\} \text{均为 } T = 300 \text{ K 时,在海平面上的测量值}$$

当阳光倾斜入射大气时,光波在空气中的入射路径长度高于垂直入射长度。例如阳光 6 月 22 日(夏至)在柏林地区的入射长度为 1.15 H,而 12 月 22 日(冬至)时的入射长度为 4.12 H(见图 2.5)。人们将上述两种时间条件下的大气关系值分别标定为 AM1.15 和 AM4.12。这种标示方法有两个含义:

1)AM 值所代表的辐射功率衰减;

2)AM 值所代表的光谱辐射功率改变。

在这种分级方法中,大气层外的光谱辐射功率作为初始值被标示为 AM0。

AM1.5 是最重要的标准值,它代表地球接受的辐射功率为 $1000 \text{ W} \cdot \text{m}^{-2}$,在模拟辐射中也有很重要的应用。光谱分布已经作为国际标准,以表格的形式给出[CEI89](见图 2.6 和附录 A.3)。

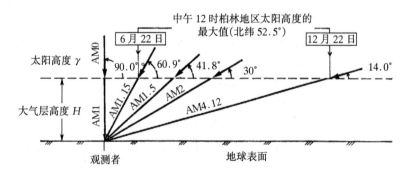

图 2.5 对应于不同 AM 值的阳光入射路径长度

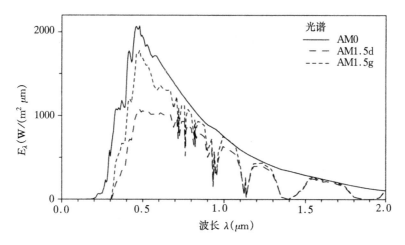

图 2.6 AM1.5 直接辐射光谱和地球辐射的光谱辐射功率密度 $E_\lambda(\lambda)$,及其与
大气层外的 AM0 辐射对比

不同地区的 AM 值与当地的纬度、季节和日照时间点有关。柏林(北纬
52.50°)6 月 22 日(太阳位于北纬 23.45°的北回归线正上方)中午 12 点(此时太阳   14
高度到达经线最高点)时 AM(柏林)$\cong$ $(\sin(90.00°-(52.50°-23.45°)))^{-1}$ $\cong$
AM1.15。大气质量值 AMx 与太阳所在经线高度 γ 的关系如下

$$x = \frac{1}{\sin\gamma} \qquad (2.11)$$

地球辐射功率密度的光谱分布中包含的空间漫射辐射在位于光谱紫外区段时
所占比例很高。这种现象在光伏技术里有着很重要的应用。在某一平面上的地球
辐射由直接辐射与空间漫射辐射组成:

地球辐射=直接辐射+空间漫射辐射   (2.12)

经过反复测量,人们建立起一个模型,用来研究直接辐射与空间漫射辐射的相
互关系。如图 2.7 所示,图中曲线通过试验获得,表明了在平均温度下

1)地球接收的地球辐射所占大气层外接收辐射的比例;

2)水平方向的空间漫射辐射所占地球辐射的比例。

以及两种比例之间的相互联系[Col79]。人们从中了解到了重要知识:日照差
(多云天气)时,几乎所有阳光被漫射;而日照良好(晴朗天气)时,也有 20%的阳光
被漫射。

最后表 2.1 中简明给出了不同地区地球辐射的年总量值。对表格中的数值稍   15
加分析即可得到令人惊讶的结果:最大值仅是最小值的 2.5 倍。从这一点上来看
光伏能量转换应用在多雾的北欧地区(伦敦)也不会受到过多限制。

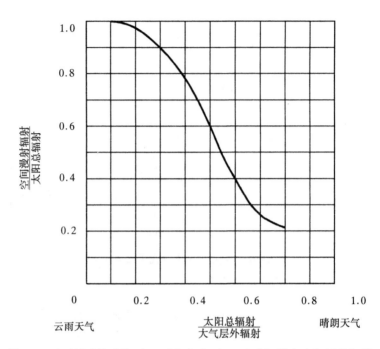

图 2.7　通过试验得到的,在日平均条件下:1)地球辐射占大气层外辐射
　　　　的比例;2)空间漫射辐射占太阳总辐射的比例,以及二者之间的
　　　　关系(参见文献[Co179])

16　　　　　　　　　　　　表 2.1　不同地区太阳总辐射的年总量值

地区	太阳总辐射的年总量值(kWh/m²a)
伦敦	945
汉堡	980
柏林	1050
巴黎	1130
罗马	1680
开罗	2040
亚利桑那	2350
撒哈拉	2350

测量太阳辐射的探测器

在太阳辐射功率密度的测量中人们主要使用热探测器或量子探测器。

热探测器吸收辐射功率后,自身温度上升 ΔT。为了保持对宽频谱范围(大致 $0.2 < \lambda < 10\ \mu m$)稳定的高灵敏度,探测器表面被涂为黑色。微小的温度升高量,可以通过由 $10 \sim 50$ 个薄膜热电偶串联组成的热电堆转换为直流电压量。将该电压与未经照射的相同器件的电压对比后即能确定须测量的绝对辐射量。依据上述原理工作的辐射强度计是这类辐射测量仪器中的常见类型。除此以外,还有利用在阳光下加热导致金属薄膜(例如:金)电阻发生改变,从而测定辐射量的辐射热测定器。热释电型探测器实质上是一种电容器,内充对温度敏感的电介质。被加热时,电介质会随之产生极化电流,随后通过一个高阻值电阻采样测量得到。为了确保测量数据的精确度,上述所有探测器在周期性间断(调制)的光照环境中产生的信号噪声将被级联的对特定相位敏感的相位检测器和整流放大器抑制。

测量太阳辐射功率的量子探测器主要种类有光电二极管、光电阻和光电倍增器的光阴极。光阴极的探测范围可以宽至光谱的紫外区,而由硅、砷化镓和砷化镓铟材料制作的二极管在光谱中的可见光与红外范围具有高灵敏度。这些材料亦可利用该特性直接制作为太阳电池。理想情况下,量子探测器每吸收一个光子就产生一个电子-空穴对。而实际器件由于表面反射和吸收深度的波长相关性的影响,量子效率小于1。在光谱响应的短波区段,表面复合效应降低了位于浅层的载流子对数量;在长波区段,半导体材料的禁带宽度限制了器件灵敏度。经过校正的太阳电池十分适合于功率密度的绝对测量。利用这种器件搭建测量仪器时,采用一个小阻值的精确电阻作为负载,使得测量信号转换可以在近似短路的情况下进行。

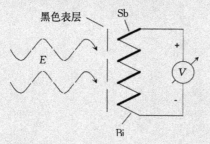

热电堆结构图解:黑色表层吸收辐射后加热串联的锑/铋热电偶,随之产生的热电压作为辐射强度的测量信号。

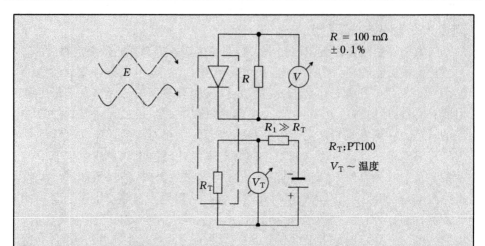

$R = 100 \text{ m}\Omega$
$\pm 0.1\%$

$R_1 \gg R_T$

R_T:PT100
$V_T \sim$ 温度

　　一种"校准"太阳电池的结构图示：具有确定光谱响应的太阳电池在恒温、辐射光谱分布稳定的条件下产生与辐射强度成正比的短路电流，随后该电流被采样电阻转换为电压。恒温器通过位于太阳电池下方的温敏电阻校准。

第 3 章

用于光伏能量转换的半导体材料

具体介绍现今标准太阳电池类型之前,先在本章中讲解光与固体之间的相互作用,以及半导体的特性。

3.1 固体吸收电磁辐射

所有固体的导电性都可以用能带模型理论解释。电磁辐射形式的能量传输引发固体原子的量子化振动(声子激发),同时将能量传递给电子,使其能够占据能带中的空量子态。在具有半填充导带的金属中,位于电子能级占据几率分界线费米能级 W_F 附近的,由准自由电子形成的电子气也会吸收很小部分能量。金属的表面自由电子密度很高(达到 10^{22} cm^{-3}),因此宽频电磁辐射可以在极浅表层被吸收,并转换成为热量。

常温下半导体内部能带中的自由载流子浓度很低(导带中为电子,价带中为空穴)。对应于本征半导体,其内部自由载流子浓度等于本征载流子浓度 $n_i(T)$;对于半导体的掺杂,其自由载流子密度根据掺杂类型分别等价于施主浓度 N_D^+(施主电子全部进入导带形成导电电子),或受主浓度 N_A^-(受主空穴全部进入价带形成导电空穴)。常温下硅和砷化镓中的掺杂原子全部电离($N_D^+ = N_D$, $N_A^- = N_A$)。当人们研究电磁辐射在半导体材料中的光谱吸收时,发现了一个相对较小的能量阈值。这个能量阈值是电子进行带间跃迁所需的最小能量,也就是导带底与价带顶之间的能量间隔,即禁带的宽度。当半导体吸收的电磁辐射能量小于禁带宽度时,其内部的自由载流子浓度不发生变化(在非简并半导体中 $\leqslant 10^{18}$ cm^{-3}),该值小于金属中的自由载流子浓度;并且在半导体材料中发生辐射吸收的深度也较之金属中提高了许多。

绝缘体的电磁波辐射吸收原理基本与半导体相同,但是绝缘体的吸收能量阈值明显高于半导体的能量阈值(例如 SiO_2:$\Delta W = 8.8$ $eV \cong hc/\lambda_{max}$,$\lambda_{max} = 140$ nm)。

在这种情况下太阳光谱的大部分都无法被吸收,所以绝缘体不适合光伏转换应用。

半导体吸收了来自于太阳辐射的光子,随后产生电子-空穴对。这一过程符合辐射场与固体之间相互作用的能量守恒和动量守恒。光子的能量 $h\nu_{phot} = \hbar\omega_{phot}$ 和动量 $\hbar k_{phot}$ 传递通过半导体材料中声子和电子之间的相互作用完成。

能量守恒

$$\hbar\omega_{phot} = \Delta W + \frac{\hbar^2 k_L^2}{2m_n} + \frac{\hbar^2 k_V^2}{2m_p} \pm \hbar\omega_{phon} \tag{3.1}$$

动量守恒

$$\hbar\boldsymbol{k}_{phot} = \hbar(\boldsymbol{k}_L + \boldsymbol{k}_V) + \hbar\boldsymbol{k}_{phon} \tag{3.2}$$

式(3.1)中的 ΔW 代表光子被吸收时应具有的最小能量,其值等于导带和价带之间的禁带宽度。而包含 k_L 和 k_V 的两项则分别对应位于导带和价带中的载流子动能。当光吸收不强烈时,半导体能带内的载流子动能会在光致激发完成后直接传递给晶格,转化为晶格振动热能。这导致了激发电子最终分布于导带底部,而激发空穴最终分布于价带顶部。因此对光致激发过程而言,无论光子能量等于禁带宽度($h\nu = W_L - W_V$),还是大于禁带宽度($h\nu > W_L - W_V$),半导体内产生电子—空穴对所需的最终激发能量相同(内光电效应)。

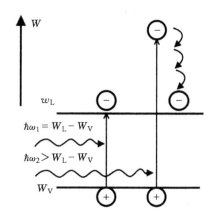

图 3.1 激发产生电子-空穴对

声子能量前的符号分别对应晶格中声子的释放(+)和吸收(-)。声子能量与热能 kT(当 $T \approx 20℃$ 时,$kT \approx 25\ meV$)属于同一数量级,所以声子能量远小于光子能量($\approx 1\ eV$)。从式(3.2)中可以看出,光量子传递给固体的动量几乎可以忽略不计,即 $k_{phot} \ll (k_L + k_V) + k_{phon}$。根据能带理论 $W(k)$ 可将半导体材料分为直接半导体和间接半导体。电子在间接半导体的能带间做间接跃迁运动时(见图 3.2),动量守恒只能通过声子的大量参与而得到满足。由于电子的间接跃迁发生概率比直接跃迁发生概率小很多,因此间接半导体(Si、Ge)的光吸收系数 $\alpha(h\nu)$ 随光子能量的增加而上升缓慢,直接半导体(GaAs)的光吸收系数随光子能量的增加而上升迅速(见图 3.6)。

式(3.1)揭示了利用半导体将太阳辐射能转化为电能的可能性。在理想情况下半导体每吸收 一个光量了即产生一个电子-空穴对。光量子能量必须至少等于半导体材料的禁带宽度 ΔW,从而保证光致激发过程的持续进行。如果光量子能量更高,则其与 ΔW 的差值转化为热量,而产生电子-空穴对所需能量保持不变。只有当光量子能量是 ΔW 的数倍时,在遵守动量守恒(式(3.2))的条件下才会产生多个电子-空穴对。因此这种太阳电池的能量转换机制常称为"光子计数"。

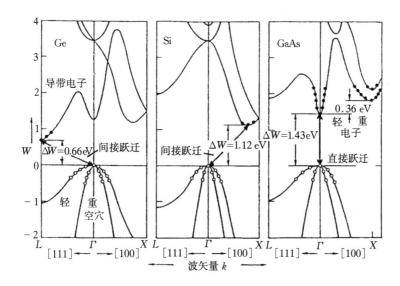

图 3.2　锗(左)、硅(中)和砷化镓(右)的以波数 k 为自变量的电子能量函数[Coh66]

3.2　光伏极限转换效率

在具体研发制造太阳电池之前,应该多方位考虑并理性选择一种具有高转换效率潜力的半导体材料。我们在这里继续 3.1 节中半导体材料的光子吸收过程的相关讨论。在前面的章节中已经确定,光子能量只有不小于能量阈值 ΔW 时才会被半导体吸收。当光子能量超过能量阈值($h\nu > \Delta W_{gr}$)时,所有太阳光谱光子都被吸收并产生能量为 $\Delta W_{gr} = h\nu_{gr}$ 的电子-空穴对。此时先不计入反射和透射损失的影响。日地辐射可以近似视为温度为 T_S 的黑体与地球组成的模型,模型中黑体与地球之间的距离为日地距离。此时来自于太阳平面之外的整个立体角 4π 中的散射光吸收和温度为 T_E 的太阳电池热辐射忽略不计。

现在需要确定最适合于太阳光谱的能量阈值 $\Delta W_{gr} = W_L - W_V$。半导体材料的极限转换效率 η_{ult}，用来描述该半导体材料所能吸收的最大太阳光谱辐射能量 ΔW_{gr} 所占太阳光谱辐射总能量的比例。被吸收的能量将在半导体中激发产生载流子对(见图 3.3)。由于产生一个载流子对的能量阈值 $\Delta W_{gr} = W_L - W_V$ 已知，可以计算出由所有被吸收的太阳光谱光子激发产生的载流子对数量。由此还可以得出另一个结论：不同半导体材料中被激发产生的载流子数量不同。除此之外，这个结果还和不同条件下的太阳光谱密切相关。因此，应根据具体照射条件选择太阳电池材料。光伏极限转换效率被定义为太阳电池可以产生的最大电功率 P_{el} 与太阳辐射功率 P_S 的比值(太阳电池面积 A_{SZ} 的影响不计入)。

$$\eta_{ult} = \frac{P_{el}}{P_S} = \frac{p_{el}}{E_S} \tag{3.3}$$

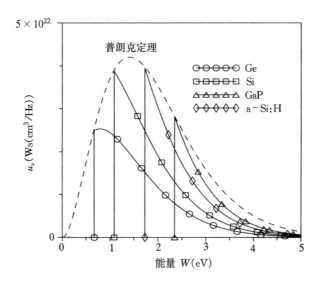

图 3.3　太阳光谱的光伏可利用分量

根据式(2.6)和式(2.7)，以及斯蒂凡-玻耳兹曼定理可以得出[①]

23

$$P_S = A_{SZ} \left(\frac{r_S}{r_{SE}} \right)^2 \cdot \sigma T_S^4$$

$$= A_{SZ} \left(\frac{r_S}{r_{SE}} \right)^2 \cdot \frac{c_0}{4} \int_0^\infty u_V(\nu, T_S) d\nu$$

---

① 　根据德国工业标准 DIN5031 规定光电流密度符号为 E_P，单位为 $m^{-2}s^{-1}$。光电流强度 Φ_P 为光电流密度 E_P 与受辐射面积 A 的乘积：$\Phi_P = A \cdot E_P$，单位为 s^{-1}。使用符号 E_P 代表光电流密度是为了与辐射强度 E 或者电场强 E 相区分(见图 3.5)。

$$= \left(\frac{r_S}{r_{SE}}\right)^2 \cdot \int_0^\infty \Phi_{p,\nu}(\nu, T_S) \cdot h\nu \cdot \mathrm{d}\nu \tag{3.4}$$

这里的 $\Phi_{p,\nu}(\nu, T_S)$ 是当辐射黑体温度为 T_S 时,频率积分区间 ν 和 $\nu + \mathrm{d}\nu$ 内的光谱光子电流方程。

每个被吸收的光子(即 $W_{phot} \geqslant \Delta W$)通过半导体的禁带宽度 $\Delta W = h\nu_{gr}$ 衡量

$$P_{el} = \left(\frac{r_S}{r_{SE}}\right)^2 h\nu_{gr} \cdot \int_{\nu_{gr}}^\infty \Phi_{p,\nu}(\nu, T_S) \mathrm{d}\nu \tag{3.5}$$

$$\Rightarrow \eta_{ult} = \frac{h\nu_{gr}}{\sigma T_S^4} \cdot \frac{1}{A_{SZ}} \cdot \int_{\nu_{gr}}^\infty \Phi_{p,\nu}(\nu, T_S) \cdot \mathrm{d}\nu \tag{3.6}$$

其中

24

$$\Phi_{p,\nu}(\nu)/A_{SZ} = \frac{c_0}{4} \cdot \frac{1}{h\nu} \cdot u_\nu(\nu, T_S) = \frac{2\pi}{c_0^2} \cdot \frac{\nu^2}{\mathrm{e}^{\frac{h\nu}{kT_S}} - 1} \tag{3.7}$$

并且

$$\eta_{ult} = \frac{h\nu_{gr}}{\sigma T_S^4} \cdot \frac{2\pi}{c_0^2} \cdot \int_{\nu_{gr}}^\infty \frac{\nu^2}{\mathrm{e}^{\frac{h\nu}{kT_S}} - 1} \cdot \mathrm{d}\nu = \frac{h\nu_{gr}}{\sigma T_S^4} \cdot \frac{2\pi}{c_0^2} \cdot I \tag{3.8}$$

积分项 I 有限可积,具体求解见附录 A。

$$I = \nu_{gr}^3 \cdot \frac{1}{x^4} \cdot G(x) \tag{3.9}$$

其中

$$x = \frac{h\nu_{gr}}{kT_S}$$

并且

$$G(x) = \frac{x^3}{\mathrm{e}^x - 1/2} + \frac{2x^2}{\mathrm{e}^x - 1/4} + \frac{2x}{\mathrm{e}^2 - 1/8}$$

最后得到光伏极限转换效率为

$$\eta_{ult} = \frac{15}{\pi^4} \cdot G(x) \tag{3.10}$$

图 3.4 中展示了温度为 $T_S = 5800$ K 时,以禁带宽度为自变量的极限转换效率方程。方程曲线中标出了几种重要半导体材料对应的极限转换效率 η_{ult}。晶体硅的极限转换效率 $\eta_{ult} \approx 44\%$ 对应于 $\Delta W = 1.1$ eV 附近,接近方程最大值;砷化镓的 $\eta_{ult} \approx 41\%$ 对应于 $\Delta W = 1.43$ eV,位于方程曲线的下降区间;除此之外非晶硅的 $\eta_{ult} \approx 37\%$ 对应于 $\Delta W = 1.7$ eV。通过研究光谱特性(图 2.4)后可以得出结论:仅考虑极限转换效率因素时,晶体硅十分适合于空间技术中的光伏应用;而砷化镓由于大气光谱中的红外区损失,特别适合于地面光伏应用。但是,在实际应用中还应考虑到诸如光子吸收能力、温度特性、可靠性和技术成熟度等实际因素。

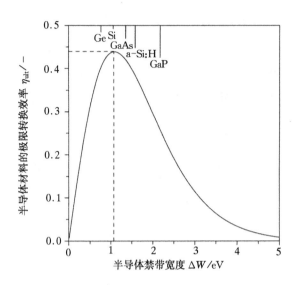

图 3.4 与禁带宽度相关的半导体极材料限转换效率 η_{ult}

通过计算得到的极限转换效率 η_{ult} 以下列条件为前提：所有满足条件 $h\nu \geqslant h\nu_{gr}$ 的光子都被半导体吸收；吸收过程中都伴随激发产生电子-空穴对；产生的载流子对不会过早复合，并且可分离，从而形成产生光电流。以光波长 λ 为自变量的吸收系数 $\alpha(\lambda)$ 量化描述光子吸收过程，而量子转换效率 $\eta_q(\lambda)$ 给出了每个光子被吸收后产生的载流子对数量。复合过程之前发生的载流子漂移长度决定了电子-空穴对的可分离间距。这些影响转化效率的因素会在光伏应用中通过具体措施优化。

3.3 辐射吸收导致载流子生成

正如先前在第 2 章中指出的，太阳作为光学辐射源十分适合用黑体模型进行近似模拟。首先假设存在这样一个空腔，光谱能量密度 $u_\lambda(\lambda)$ 在该空腔中以驻波形式储存。在该设想中将引入普朗克辐射定理（式（2.3））进行计算。假设一个平面黑体向所处半空间内的所有方向散发辐射，且各个方向上的辐射密度相同（朗伯辐射），从而可以得出黑体能量密度和以光速传播的光谱辐射功率密度（或辐射强度，单位 $W \cdot m^{-2} \cdot nm^{-1}$）之间的关系

$$E_{0,\lambda}(\lambda) = \frac{c_0}{4} u_\lambda(\lambda) \qquad (3.11)$$

由于辐射电磁波在真空和半导体之间的分界面上存在折射率阶跃，因此辐射强度会在分界面被部分反射。其中反射回真空的辐射强度为 $E_{0,\lambda}(\lambda) \cdot R(\lambda)$，而

透射进入半导体的辐射强度为 $E_{0,\lambda}(\lambda) \cdot [1-R(\lambda)]$。进入半导体内部的辐射光强度会由于光吸收而减弱。光子在被吸收的同时将能量传递给电子,使电子从价带跃升至导带。此时引入光谱光子流 $\Phi_{p,\lambda}$ 描述这一过程,其单位为 $\mathrm{s^{-1} \cdot nm^{-1}}$。光谱辐射强度是量子化的,即能量通过光子能量包 $W_{\mathrm{phot}} = h\nu$ 被"分段"传递。通过面积 A 的光谱光子流的大小为:

$$\Phi_{p,\lambda}(\lambda) = A \cdot \frac{E_\lambda(\lambda)}{h\nu} = A \cdot \frac{E_\lambda(\lambda) \cdot \lambda}{hc_0} \qquad (3.12)$$

注释:也可以使用以下公式进行快速换算:

$$\frac{W}{eV} = \frac{1.24}{\lambda/\mu m}$$

原理论公式为

在匀质半导体中,光子流 Φ_p 在半导体内点 x 处呈等比下降趋势。引入吸收系数 $\alpha(\lambda)$ 作为常数,根据朗伯-比尔定理可得

$$-\left(\frac{\partial \Phi_{p,\lambda}(x,\lambda)}{\partial x}\right) = \alpha(\lambda) \cdot \Phi_{p,\lambda}(x,\lambda) \Rightarrow \Phi_{p,\lambda}(x,\lambda) = \Phi_{p,\lambda}(x=0,\lambda) \cdot e^{-\alpha(\lambda) \cdot x}$$

$$(3.13)$$

光子吸收过程中随着光子流密度 $\Phi_{p,\lambda}/A$ 减少,电子-空穴对依据光谱激发率 $G_\lambda(x,\lambda)$ 而产生

$$G_\lambda(x,\lambda) = -\frac{\eta_q}{A} \cdot \left(\frac{\partial \Phi_{p,\lambda}(x,\lambda)}{\partial x}\right) = \frac{\eta_q}{A} \cdot \alpha(\lambda) \cdot \Phi_{p,\lambda}(x=0,\lambda) \cdot e^{-\alpha(\lambda) \cdot x}$$

$$(3.14)$$

其中

$$\Delta W \leqslant \frac{h \cdot c_0}{\lambda}$$

这里出现的常数 η_q 是量子转换效率。

图 3.6 给出了各种半导体材料的简明吸收系数 $\alpha(\lambda)$ 曲线。与直接半导体砷化镓(GaAs)或近似直接半导体非晶硅(a-Si)相比,晶体硅(c-Si)的吸收系数曲线随光子能量的增加而上升缓慢。从图中还可以得出,制作太阳电池时,为保证太阳辐射充分被吸收,所需 c-Si 的材料厚度(100～200 μm)远高于 GaAs 的材料厚度(5～10 μm)。这是因为材料的入射光平均透射深度由吸收系数的倒数 $1/\alpha$ 确定,其中 α 是关于透射波长 λ 的函数,见式(3.13)。

到目前为止,我们已经详细讨论了光伏能源转换过程中所涉及的半导体材料的相关前提假设,并在此基础上研究了半导体的内光电效应。但是仅仅研究改善半导体材料,使其获得高载流子激发率,并不是光伏技术应用研究的最终目的。如果没有采用相应的技术措施,被照射的半导体材料内部激发产生的过剩载流子对会很快再次复合,复合能量将以热能的形式被释放。所以,如何将电子与空穴分

离,在实际光伏能源转换中也很重要。从这一点可以区分半导体极限转换率 η_{ult} 和本质为二极管的太阳电池的最高转换效率。

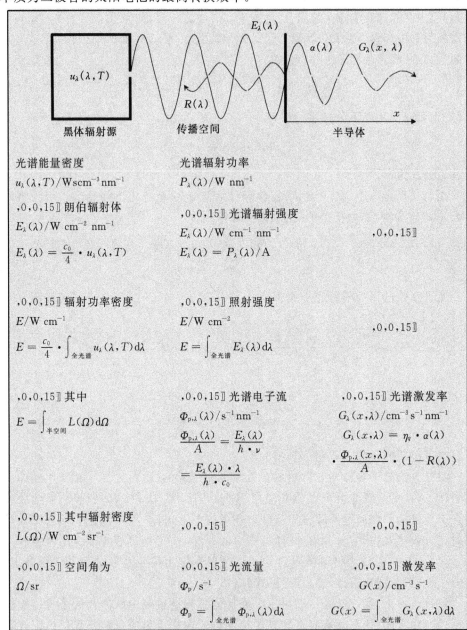

图 3.5　各种重要光电参数间的关系

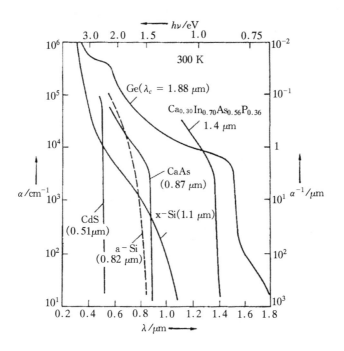

图 3.6 各种半导体材料的吸收系数[Wag92]

3.4 太阳电池的半导体技术基础

光伏能量转换的基本流程依次为:首先,半导体材料吸收阳光;然后,被吸收的光子转化为电子-空穴对;最后,剩余载流子对被分离。

在阳光吸收过程中,半导体能带在动量空间中的走向扮演了重要角色,并依据能带结构特点将半导体分为直接半导体(如 GaAs 和非晶硅)和间接半导体(如晶体硅和锗)两类(见图 3.2)。在转换过程或电子-空穴对激发过程中,半导体的几何尺寸(吸收部位的厚度与载流子扩散长度相比较如何? 太阳电池表面对器件性能影响有多大?)和材料质量(载流子扩散长度和表面复合速度分别有多少?)都是重要的影响因素。在实际应用中,如何分离光生载流子对一直都是半导体太阳电池研究的重点。截至目前所采用的方法是利用外加电场使电子-空穴对相互分离。在 pn 结和金属—半导体接触(肖特基接触)中,"自建"电场仅存在于两种不同组成材料的接触面附近的窄区中。一般情况下,载流子对分离后形成扩散电流。只有在薄膜太阳电池(例如多晶硅)中,载流子对才能在激发后直接在电场中被分离。

30

这样得到两种基本方法改善辐射吸收:

　　1)在弱吸收的间接半导体中,利用器件深处的无场强区作为辐射吸收区。载流子对在器件表面附近的电场区被分离,而后积累的剩余电荷形成扩散电流。

　　2)在强吸收的直接半导体中,利用薄膜半导体中的强内建电场分离载流子对。

　　剩余载流子在这两种情况下都存在较大的复合几率。第一种情况下,无场强的扩散区几近完美,但是不利于尽量提高少数载流子的扩散长度;第二种情况下,强电场区的载流子对分离能力很高,但是这直接导致了载流子扩散长度大大降低。

　　半导体光伏技术中所涉及的主要微分方程式有两个,分别是电子和空穴的电流方程。它们相互联系,描述了载流子电流和电荷的关系,并且可以根据给出的边界条件和起始条件描述具体器件。

$$\boldsymbol{j}_p = \boldsymbol{j}_{p,漂移} + \boldsymbol{j}_{p,扩散} = q\mu_p p(x)\boldsymbol{E}(x) - qD_p \mathrm{grad}p$$
$$\boldsymbol{j}_n = \boldsymbol{j}_{n,漂移} + \boldsymbol{j}_{n,扩散} = q\mu_n n(x)\boldsymbol{E}(x) + qD_n \mathrm{grad}n \tag{3.15}$$

方程中考虑到了漂移电流和扩散电流的形成机理。而通过与之相对应的连续性方程

$$\frac{\partial p}{\partial t} = -\frac{1}{q}\mathrm{div}\boldsymbol{j}_p - \frac{\Delta p}{\tau_p} + G$$
$$\frac{\partial n}{\partial t} = +\frac{1}{q}\mathrm{div}\boldsymbol{j}_n - \frac{\Delta n}{\tau_n} + G \tag{3.16}$$

31　　可以计算出受电流、激发和复合作用影响的载流子浓度的时间变化量。由麦克斯韦方程 $\mathrm{div}D = \rho$ 导出的泊松方程

$$\mathrm{div}\boldsymbol{E} = \frac{q}{\varepsilon - \varepsilon_r} \cdot (p - n + N_D^+ - N_A^- \pm N_{rek}^{+,-} \pm N_{trap}^{+,-}) \tag{3.17}$$

把电场强度和空间电荷密度相互联系起来。公式计算中涉及到的因素包括自由载流子(p,n)、固定杂质(N_D^+,N_A^-)、复合中心(N_{rek})和陷阱(N_{trap})。

　　载流子迁移率 $\mu_{p,n}$ 和扩散系数 $D_{p,n}$ 之间的关系由爱因斯坦关系式描述,而扩散系数 $D_{p,n}$ 与载流子寿命 $\tau_{p,n}$ 一起,共同确定了扩散长度

$$D_{p,n} = U_T \cdot \mu_{p,n} \tag{3.18}$$

其中

$$U_T = \frac{kT}{q}$$

并且载流子的扩散长度为

$$L_{p,n}^2 = D_{p,n} \cdot \tau_{p,n}$$

　　上述公式中的所有参数与掺杂浓度(具体为半导体的部位)、载流子注入度和温度相关。通过有限积分运算可以得到近似解。当研究包含各项独立系数的具体情况时,则需要进行数值模拟。

3.5 匀质半导体材料中的剩余载流子特征

光伏中的半导体技术研究的基本任务是,如何确定半导体材料中由光致激发产生的剩余载流子密度。该参数可由包含光致激发率 $G(x,\lambda)$ 的一维连续方程确定得到。具体方程为

$$G_\lambda(x,\lambda) = \frac{E_{0,\lambda}(\lambda) \cdot \lambda}{hc_0} \cdot [1 - R(\lambda)] \cdot \eta_q \cdot \alpha(\lambda) \cdot e^{-\alpha(\lambda) \cdot x}$$

$$= G_{0,\lambda}(\lambda) \cdot e^{-\alpha(\lambda) \cdot x}$$

其中

$$G_{0,\lambda}(\lambda) = \frac{E_{0,\lambda}(\lambda) \cdot \lambda}{hc_0}[1 - R(\lambda)] \cdot \eta_q \cdot \alpha(\lambda) \qquad (3.19)$$

假设存在以下条件:每个被吸收的光子平均激发一个电子-空穴对,即 $\eta_q = 1$; 并且照射光为单色有限波段的光波,即照射功率有限。照射半导体的光波在波长 λ 与 $\lambda + \Delta\lambda$ 之间的波长区间 $\Delta\lambda$ 内的单色辐射强度为

$$E_0(\lambda) = E(x = 0, \lambda) = \int_{\Delta\lambda} E_{0,\lambda}(\lambda)d\lambda \qquad (3.20)$$

根据所得结果可以导出与之相对应的光谱激发率为

$$G(x,\lambda) = \int_{\Delta\lambda} G_\lambda(x,\lambda)d\lambda = [1 - R(\lambda)] \cdot \frac{E_0(\lambda) \cdot \lambda}{hc_0} \cdot \alpha(\lambda) \cdot e^{-\alpha(\lambda) \cdot x} \quad (3.21)$$

将光谱激发率公式分别代入电子和空穴的连续性方程后得到

$$\frac{\partial p}{\partial t} = -\frac{1}{q} \cdot \frac{\partial j_p}{\partial x} - \frac{p - p_0}{\tau_p} + G(\lambda)$$

$$\frac{\partial n}{\partial t} = +\frac{1}{q} \cdot \frac{\partial j_n}{\partial x} - \frac{n - n_0}{\tau_n} + G(\lambda)$$

$$(3.22)$$

此外还有两个电流方程

$$j_p(x) = q\mu_p p(x)\boldsymbol{E}(x) - qD_p \frac{\partial p}{\partial x}$$

$$j_n(x) = q\mu_n n(x)\boldsymbol{E}(x) + qD_n \frac{\partial n}{\partial x}$$

$$(3.23)$$

如果将模型条件近一步简化为静态($\delta/\delta t = 0$)、小注入和近似电中性($\boldsymbol{E} \approx 0$,因为光致激发载流子对 $\Delta n = \Delta p$),则在图 3.7a 中所示的匀质 n 型半导体材料中,空穴扩散方程即为少数载流子的微分方程。

$$\frac{\partial^2 \Delta p}{\partial x^2} - \frac{\Delta p}{L_p^2} = -\frac{G_0(\lambda)}{D_p} \cdot e^{-\alpha(\lambda) \cdot x} \qquad (3.24)$$

上式中由光辐射吸收而产生的两种非平衡载流子密度相同 $\Delta p(x) = \Delta n(x)$。在这个二阶常系数非齐次微分方程中,剩余空穴密度 $\Delta p(x)$ 所代表的是:$\Delta p(x) =$

$p(x) - p_{n0}$，在掺杂原子全部电离的情况下 $N_D \cdot p_{n0} = n_i^2$，此时 $N_D = n_{n0}$。

方程式(3.24)的解具有以下形式

$$\Delta p_{-般解}(x) = \Delta p_{通解}(x) + \Delta p_{特解}(x) \tag{3.25}$$

其中方程特解的形式为

$$\Delta p_{特解}(x) = C \cdot e^{-a(\lambda) \cdot x} \tag{3.26}$$

将上述特解形式连续两次求导后代入式(3.24)可以确定特解中的常数 C，由此得出方程的特解为

$$\Delta p_{特解}(x) = G_0 \tau_p \frac{1}{1 - \alpha^2 L_p^2} \cdot e^{-a(\lambda) \cdot x} \tag{3.27}$$

由此从式(3.25)中可以得到由非平衡剩余空穴密度的表达式

$$\Delta p_{-般解}(x) = A \cdot e^{x/L_p} + B \cdot e^{-x/L_p} + \frac{G_0 \tau_p}{1 - \alpha^2 L_p^2} \cdot e^{-\alpha x} \tag{3.28}$$

35　　接下来引入两个边界条件。根据图 3.7c 所示，半导体正面($x=0$)的光生空穴表面密度受到表面复合作用的影响而下降。这种影响可以用表面复合电流描述。表面复合电流是一种扩散电流，由此可以得出

边界条件 1：　　$-q \cdot s \cdot \Delta p(x = 0) = -qD_p \left(\dfrac{\mathrm{d}\Delta p}{\mathrm{d}x} \right)_{x=0} \tag{3.29}$

式中的 s 为表面复合速度。

根据图 3.7b 所示，半导体样品的背面处($x = d_{SZ}$)的光谱剩余载流子密度为零。原因是半导体背面具有接触复合，或是半导体样品厚度超出了载流子扩散长度，导致扩散电流还未达到样品背面时即完全消失。

边界条件 2：　　$\lim\limits_{x \to d_{SZ}} \Delta p(x) = 0 \tag{3.30}$

通过边界条件 2 可以得出常系数 $A = 0$。而引入边界条件 1 可以得到常系数 B 的计算表达式

$$B = -\frac{G_0 \tau_p}{s + D_P/L_p} \cdot (D_P \alpha + s) \cdot \frac{1}{1 - \alpha^2 L_p^2} \tag{3.31}$$

将 $A = 0$ 和式(3.31)代入式(3.28)，整理后可以得到

$$\Delta p(x) = \frac{G_0 \tau_p}{1 - \alpha^2 L_p^2} \cdot \left(e^{-\alpha x} - \frac{s + \alpha D_P}{s + D_P/L_p} \cdot e^{-x/L_p} \right) \tag{3.32}$$

正如图 3.7b 中标明的，分别描述材料参数 $\alpha = f(\lambda)$ 和 $L_p \neq f(\lambda)$ 的两个指数函数确定了剩余载流子的特性。剩余载流子密度在 x_{max} 处达到了最大值，这一点与光电特征相符合。两股扩散电流在剩余载流子密度达到最大值 p_{max} 后转为相反流向：$j_{p,\mathrm{Diff,v}}$ 流入半导体深处，而 $j_{p,\mathrm{Diff,0}}$ 流向半导体表面(见图 3.7c)。容易理解，这两股扩散电流开始互相抵消。然而，图中揭示了半导体发生光电作用最明显的地方并不是在表面处，而是在位于距离表面一至两个扩散长度的半导体内部。

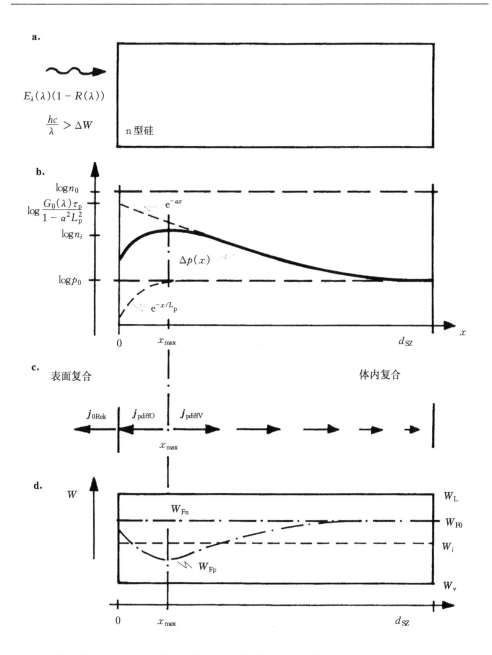

图 3.7[①]　单色光照射的均质半导体材料中的剩余载流子密度 $\Delta p(x)$
　　图中所代表的分别是：a：半导体几何尺寸，b：载流子特征，c：电流密度，d：具有准
　　费米能级的能带模型

①本图位于原书 34 页。

晶体硅的吸收能力在光谱红外区中很弱,可以认为这时载流子的实际扩散长度($L_p \approx 100\ \mu m = 10^{-2}$ cm)$\alpha L_p \ll 1$。这种情况下入射光平均透射深度 $1/\alpha$ 高于载流子扩散长度。在光谱可见光区 α 增加了一个数量级,光线透射深度也随之下降。从这时起 $\alpha L_p \gg 1$。为使 $\Delta p(x)$ 的系数保持为正值,将式(3.32)改写为

$$\Delta p(x) = \frac{G_0 \tau_p}{\alpha^2 L_p^2 - 1} \cdot \left[\frac{s + \alpha D_p}{s + D_p/L_p} \cdot e^{-x/L_p} - e^{-\alpha x} \right] \tag{3.33}$$

下面将重点讨论该方程式。利用式(3.12)和式(3.21)可以建立起与辐射功率密度 $E_0(\lambda)$ 有关的公式。在忽略光线反射损失($R(\lambda)=0$)的前提下,可以得出剩余载流子浓度为

$$\Delta p(x) = \frac{\alpha \lambda E_0(\lambda) \tau_p}{hc_0 (\alpha^2 L_p^2 - 1)} \cdot \left[\frac{s + \alpha D_p}{s + D_p/L_p} \cdot e^{-x/L_p} - e^{-\alpha x} \right] \tag{3.34}$$

我们现在要大致估算剩余载流子密度的最大值和半导体材料内被转换的光辐射功率。当设半导体的表面复合作用消失(理想钝化表面,$s=0$)时,式(3.34)可简化为

$$\Delta p(x) = \frac{\alpha \lambda E_0(\lambda) \tau_p}{h \cdot c_0 \cdot (\alpha^2 L_p^2 - 1)} \cdot \left[\alpha \cdot L_p \cdot e^{-x/L_p} - e^{-\alpha x} \right] \tag{3.35}$$

当表面复合作用十分强($s \to \infty$)时,可以得到

$$\Delta p(x) = \frac{\alpha \lambda E_0(\lambda) \tau_p}{hc_0 (\alpha^2 L_p^2 - 1)} \cdot \left[e^{-x/L_p} - e^{-\alpha x} \right] \tag{3.36}$$

物理现实中剩余载流子密度的取值范围就处于式(3.35)和式(3.36)中分别描述的两种极端情况之间。晶体硅的表面复合速度的实际变化范围为 10^2 cm/s$\leqslant s \leqslant v_{th}(\approx 10^7$ cm/s$)$。在实际物理测量中 $s = v_{th}$ 时,可视为数学计算里的相应取值为 $s \to \infty$。

此时可以估算出半导体表面处的剩余载流子浓度 $\Delta p(x=0)$。首先假设半导体不存在表面复合作用,并取光照射强度为 100 mW/cm²(对应于 AM1.5 地球辐射),平均波长 $\bar{\lambda}$ 取值为太阳辐射值最大时的辐射波长 520 nm(图 2.6)。根据图 3.6 可以得到对应于 $\bar{\lambda}$ 的吸收系数 $\bar{\alpha} = 10^4$ cm⁻¹。这时光透射深度为 1 μm,且有 $\alpha L_p = 100$。剩余载流子寿命 τ_p 在温度 $T = 25℃$ 时约为

$$\tau_p = \frac{L_p^2}{D_p} = \frac{L_p^2}{kT/q \cdot \mu_p} = \frac{(100\ \mu m)^2}{0.025\ V \cdot 480\ cm^2/Vs} \approx 10\ \mu s \tag{3.37}$$

根据上述给出的各项参数可以得到表面光谱激发率为

$$G_0(\lambda) = G(x=0, \lambda) = \bar{\alpha} E \frac{\bar{\lambda}}{hc_0} \approx 2.6 \times 10^{21}\ cm^{-3} s^{-1} \tag{3.38}$$

最后得出在半导体表面处的剩余载流子浓度 $\Delta p(x=0)$ 为

$$\Delta p(x=0) \approx \frac{G_0(\lambda) \tau_p}{\alpha L_p} = 2.6 \times 10^{14}\ cm^{-3} \tag{3.39}$$

上式提供了一种计算半导体表面处剩余载流子浓度的简便方法。利用附录 A.3/A.4 表格中给出的 $E(\lambda)$ 和 $\alpha(\lambda)$，可由精确计算得出高于上述简便计算结果的值 $G_0 = 1.4 \times 10^{22}$ cm^{-3}s^{-1} 和 $\Delta p(x=0) = 1.4 \times 10^{15}$ cm^{-3}。根据理论，AM1.5 阳光总辐射光谱中的蓝光和紫外分量对应的吸收系数较高（图 3.8），但是由其激发产生的载流子大多在半导体表面立即再次复合。并且剩余载流子浓度随着进入半导体的深度的增加而呈指数形式下降。而光谱中的红外分量由于其对应的半导体吸收系数迅速下降，对于过剩载流子的激发生成没有额外影响。由此可以得出以下结论：对于半导体的常见掺杂浓度 N_A、$N_D > 10^{15}$ cm^{-3} 而言，由式（3.39）得出的剩余载流子浓度不会超过半导体内的自由载流子平衡浓度。

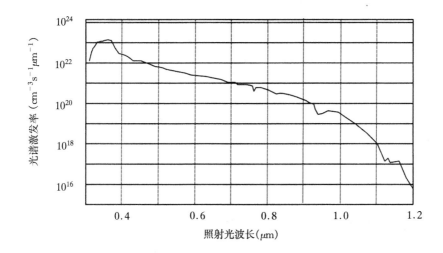

图 3.8　晶体硅中的 AM1.5 阳光总辐射光谱激发率（利用公式（3.38）和附录 A.3/A.4 中的数据，忽略了半导体的表面复合作用后计算得出）。从图中可知，光谱中 $\lambda < 0.5$ μm 的紫外和蓝光部分对应的光谱激发率最高，而 $\lambda > 0.9$ μm 的红外部分对应的光谱激发率与之相比可以忽略不计。

这样可以确定，晶体硅在阳光非集束照射的情况下处于小注入状态。该结果在太阳电池电流电压特性曲线确定解的推导过程（详见第 4 章）中起到了重要作用。

3.6　分离激发剩余载流子的方法

从前面的图 3.7 和式（3.32）中可以得知，剩余载流子的光电特性尚且不能影响光伏能量转换过程：因为总存在准注入平衡 $\Delta p \cong \Delta n$，以及 $E \approx 0$。只有在大注入的情况下（例如 $\Delta p \approx \Delta n > N_D$）才会由载流子对分离而建立起内电场（Dember

Effect，丹伯效应）。对于以小注入情况为主的光伏应用，必须使用其它方法实现载流子对的分离。

我们的任务就是，在过剩载流子对复合之前将其分离。载流子对分离后，电子和(或)空穴流向太阳电池的外部电路，经过负载电阻做功后再次回流进入半导体。

表 3.1　晶体硅中电子和空穴的性质。各项数据取自低掺杂情况(N_A，$N_D < 10^{17}\ cm^{-3}$)

$T = 3000\ K$ 时的各项数值	电子	空穴
电荷	$-q$	$+q$
质量	$m_n = f(W_L(k_L))$	$m_p = f(W_V(k_V))$
扩散常数	$D_n = 35\ cm^2\,s^{-1}$	$D_p = 12\ cm^2\,s^{-1}$
迁移率	$\mu_n = 1350\ cm^2\,V^{-1}\,s^{-1}$	$\mu_p = 480\ cm^2\,V^{-1}\,s^{-1}$
霍耳系数	$R_H < 0$	$R_H > 0$

我们必须从各个方面衡量考虑，以便区分电子和空穴的各种性质。表 3.1 中归纳出了各项数据。

我们可以借助于电场或磁场(见图 3.9)影响带有不同电荷种类的载流子，让它们沿不同方向运动。

39　　　现在还无法确定这些场的产生机制。但是可以确定，这种外加场强并非由外部能源提供。更确切地说，这种场应该是由太阳电池的一个部件永久产生的，例如太阳电池中的铁电或铁磁材料覆层。但是这样的工艺难以完全实现。(例如图 3.9a/c 所示，电极要制作在太阳电池两端的窄边上！)

到目前为止，只有图 3.9b 的类型得以实现。在这种情况下，通过掺杂不同类型的杂质原子形成 pn 结，其中存在内含自建电场的空间电荷区。但是空间电荷区受半导体器件尺寸的空间限制，只能在有限区域内将电子-空穴对分离。载流子对以扩散电流的形式运动至空间电荷区，在整个过程中不断受到复合作用的威胁。在薄膜太阳电池中，以多晶硅为例：其多晶网络里存在很多材料制造缺陷，致使多晶硅的载流子复合几率远大于晶体材料。在这种情况下利用自带电(非本征)材料在太阳电池的正反两面分别制作两块平面电极，使整个太阳电池面板处于正负电极之间的电场中。其中电极材料与太阳电池相接的表面处高度掺杂。这样就得到了一种 pin 结构。pn 结中的电场分布在两种不同类型的掺杂区交界附近；而在pin 器件中，电场几乎延伸贯穿了整个(极薄)太阳电池。

在丹伯(Dember)太阳电池(图 3.9 右半部)中，人们利用电子和空穴的扩散常数相异性，在高注入的情况下将载流子对分离。利用丹伯效应的分离作用时，不需要 pn 结等其余方法就可以有效分离载流子对。练习 3.1 中涉及了丹伯太阳电池的计算。

40

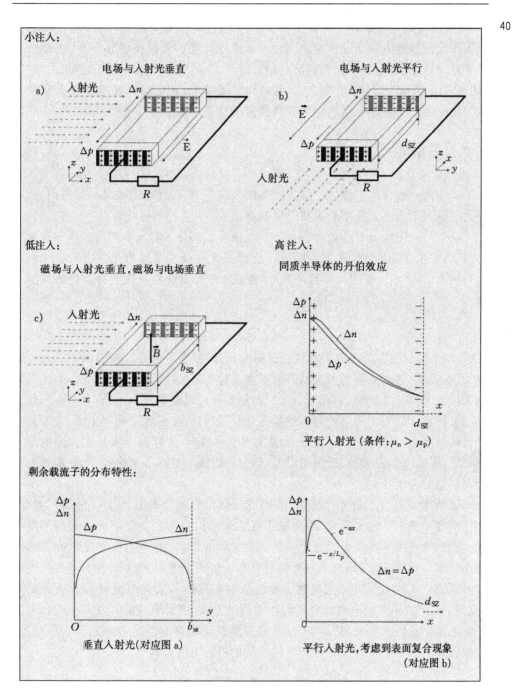

图 3.9 根据载流子特性将剩余载流子分离的方法

应当注意,作为载流子对激发必要条件的光子能量阈值 $h\nu \geqslant W_L - W_V$。利用太阳光谱范围中的量子转换效率 $\eta_q = 1$ 可以计算出光伏极限转换率,它揭示了硅和砷化镓是制作太阳电池的首选材料(图 3.4)。由光谱波长所决定的吸收常数(图 3.6)在直接半导体和间接半导体中的波动很大,它是确定光电剩余载流子类型与特征的必要条件。利用电场分离载流子对是光伏能量转换的基础。

41　3.7　反射损失

与如何有效分离半导体中激发产生的载流子问题相同,怎样减少反射损失,同样是提高太阳电池转换率的重要研究问题。

空气与太阳电池交界处的折射率突变导致了部分入射光不能直接透射进入器件内部,而是在器件表面处发生折射。折射光强度所占总辐射光强度的比例用反射系数 $R(\lambda)$ 表示。根据光学理论推导,垂直入射光在两种介质分界面处的反射系数为

$$R(\lambda) = \left| \frac{n_0(\lambda) - n_1(\lambda)}{n_0(\lambda) + n_1(\lambda)} \right|^2 \tag{3.40}$$

式中 n_0 和 n_1 分别为两种介质材料的折射率,它们都是入射光波长的函数。几种重要太阳电池材料在太阳光谱范围的折射率大致为 $n = 4$(见图 3.11 左)。因此当表面未经光学补偿处理时,只有三分之二的辐射光可以透射进入太阳电池内部,其余部分被反射。如果能完全抑制反射损失,则可以将太阳电池中的光电流、进而其能量转换效率最高提升 50%。为了尽量实现这一目标,工程技术人员在太阳电池表面镀膜,同时或单独设置"反射陷阱"。第二种方法将在 5.6 节中讨论,下面详细讨论薄膜层的补偿效应。

如果在太阳电池表面附加一(透明)层面时,则相应地引入了一层反射界面。当层厚度小于阳光的光程差(最高至几百纳米)时,会产生类似于肥皂泡的干涉现象。附加钝化层厚度等于四分之一的入射光波长时,入射光与反射光之间的相位差为 180°。这样一来,导致了内外两层界面上反射的光波在太阳电池外部被完全干涉抵消。实际中可以优化调整钝化层折射率分别与太阳电池外部介质折射率(空气:$n_0 \approx 1$)和太阳电池材料折射率之间的关系,使太阳电池可以完全吸收太阳辐射光谱中的固定波长范围。可行性前提是在两层界面上反射的光波振幅相同。根据式(3.40)可以得到快速计算附加钝化层折射率的公式

$$n_1 = \sqrt{n_0 \cdot n_2} \tag{3.41}$$

折射率为 $n_1 \approx 2$ 的透明材料适合制作大部分太阳电池的表面钝化层材料。这类材料通常为 SiO_2,Si_3N_4,TiO_x,MgF_2 和 TaO_5。另外某些具有导电性的表面层也可以减少反射损失:例如 a-Si:H 太阳电池表面的 SnO_2 或 ZnO 接触;以及 GaAs

太阳电池的 $Al_xGa_{1-x}As$ 窗口层。人们
从减少反射损失的研究中清楚地认识
到,单一材料的防反光只对特定的光波
长有效。相应的解决方案是引入多层
不同材料的抑制反射表面附加层,从而
分级抑制整个太阳光谱的反射损失。

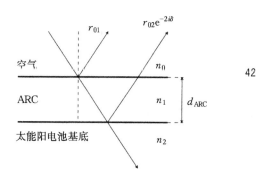

42

实际应用中通常考虑入射光与相
应的太阳电池响应,即量子转换效率之
间的相互联系。利用太阳辐射中对应
光谱能量峰值的波长范围 500 nm<λ

图 3.10 光波在抑制反射层上的反射抵消效应

<600 nm 可以达到最佳能量转换结
果。单一防反光层材料不一定具有最佳折射率,这个问题可以通过引入两层或多
层防反光层加以解决。例如图 3.11 右半部分中显示的未经抑制反射处理的硅太
阳电池的反射系数,同时对比经过光学补偿处理的硅太阳电池的反射系数。人们
通过实践经验认识到,尽管 SiO_2 不具备最佳反射率,但是其易于加工,并能有效减
少太阳电池表面的反射损失。

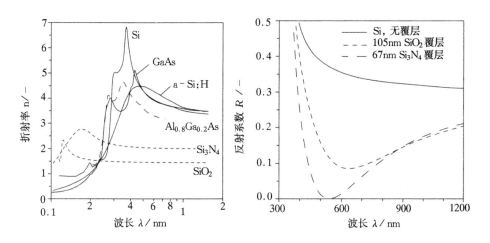

图 3.11 左:太阳电池基底材料(实线)与光学补偿表层(虚线)的光谱折射率走向
        右:未覆层硅基底与分别覆有 105 nm SiO_2 和 67 nm Si_3N_4 抑制反射层的反射系数
        光谱走向

第 4 章

太阳电池的晶态半导体材料基础

本章中讨论了应用在太阳电池中的晶体半导体二极管物理概念和模型公式推导,其中涉及转换效率和波形参数等相关物理参量。

4.1 太阳电池中的半导体二极管

半导体太阳电池是一种光电器件,当被光线照射时,其内部因受激而产生自由电子-空穴对,随后这些自由电子和空穴分离,并分别聚集在半导体二极管的两侧,由此太阳电池的内部产生电位差,从而得以形成电流。因此半导体二极管十分适于制作能量转换器件。半导体二极管内部的 n 型材料与 p 型材料的接触面附近,存在一个空间电荷区(RLZ :Raumladungszone。也称为耗尽区)。n 区中的电子作为多数载流子,浓度高于另一侧 p 区中的电子浓度。大量电子通过扩散运动从 n 区进入以空穴为多数载流子的 p 区;与之对应,p 区中的空穴也经扩散进入 n 区。分别进入对方区域的载流子作为少数载流子与对方区域中的多数载流子复合。这种复合不仅存在于空间电荷区中,而且还会在其邻近区域里发生。二极管区中的半导体材料缺陷因为无法移动而得以保留;同样,带正电的电离施主与带负电的电离受主也分别留在 n 区和 p 区中。由于 n、p 两区中的多数载流子分别被少数载流子复合抵消,空间电荷区的电中性无法继续维持,其内部由此产生了内建电场;内建电场方向与载流子扩散运动方向相反,由此阻止了 n 区和 p 区中少数载流子进一步扩散进入对方区域。至此,n 区和 p 区中的多数载流子浓度不再下降。

如果没有光线照射的二极管,同时也没有被施加外部电压,则扩散电流和漂移电流在器件内任意一点处相互抵消。这种情况下二极管的外接负载电路中没有电流。当二极管被光线照射,此时产生的光生电子-空穴对被空间电荷区电场分离。电子-空穴对的运动即产生可测量的光电流。

肖克莱(W. B. Shockley)提出,当不考虑空间电荷区中的复合运动时,光电流由分布在空间电荷区边界的两种少数载流子电流组成(分别是 p 区中的电子和 n 区中的空穴)。这种理论模型的另外两个前提是小注入(少子浓度远小于多子浓度)和 pn 结区保持近似电中性(外加电场均匀分布在空间电荷区中)。建立在这两个假设基础之上,被光照射的半导体二极管的电流电压曲线可以由仅与电压相关的二极管电流 $I_D(U)$ 和仅与照射强度相关的光电流 $I_{phot}(E)$ 通过叠加原理推导得出。这两种电流分量在叠加过程中是相互独立的(见图 4.1)。

根据实际应用,将二极管工作状态区分为 p-n 方向与 n-p 方向两种情况分别 44 加以分析:

(a)p-n 方向

(b)n-p 方向

$$I(U)=I_D(U)-I_{phot}(E) \qquad\qquad I(U)=-I_D(U)+I_{phot}(E) \qquad (4.1)$$

$$I(U)=I_0 \cdot [e^{U/U_T}-1]-I_{phot}(E) \qquad I(U)=-I_0 \cdot [e^{-U/U_T}-1]+I_{phot}(E)$$

其中 $I_K=I(U=0)=-I_{phot}(E)$ 其中 $I_K=I(U=0)=+I_{phot}(E)$

并且 $U_L=U(I=0)=U_T\ln(1+I_{phot}/I_0)$ 并且 $U_L=-U(I=0)=-U_T\ln(1+I_{phot}/I_0)$

其中热电压 $U_T=kT/q=25 \text{ mV}, T=300 \text{ K}$。

短路电流点 I_K(英文符号 I_{sc})和开路电压点 U_L(英文符号 V_{oc})是电流电压特

45

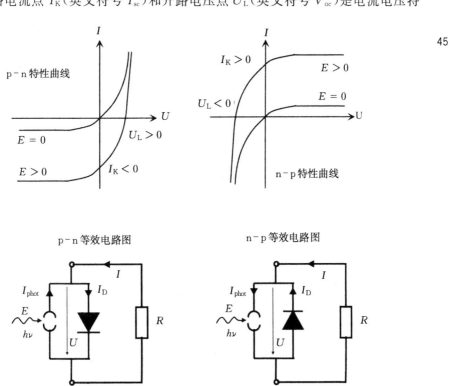

图 4.1 照射光分别在 p-n 方向(左)和 n-p 方面(右)时 pn 结的特性曲线与等效电路图

性曲线 $I(U)$ 分别与两条坐标轴的交点,正负号与光照射 pn 结结构的相对方向有关。当照射光在 p-n 方向上时,光照方向与光电流方向相反;照射光为 n-p 方向时,二者方向相同。考虑到太阳电池的几何层结构通常不对称,所以使用上述公式的时候要注意在光照射方向上的太阳电池层结构顺序。尽管如此在这里始终使用公式(4.1a),否则在计算中容易引发 I 和 U 的符号混乱。

4.2 晶体太阳电池的基本模型

我们现在研究突变 pn 结的肖克莱模型。图 4.2a 给出了所研究的 np 二极管的几何结构。左边是由 n 型半导体材料(nHL)构成的发射层,右边是厚度明显增加的 p 型半导体(p-HL)基底($d_{em} \ll d_{ba}$)。这种结构有利于电子在 p 型基底深处作为少数载流子构成光电流。因为电子的扩散系数远大于空穴的扩散系数,所以由此产生的光电流在电子和空穴作为过剩载流子密度相同的情况下,增加了 D_n/D_p (≈ 3)倍。发射层的掺杂浓度很高,导致其内部的空间电荷区延伸变小。因此可以将发射层厚度控制在很小的范围内,使发射层与其内部生成的空间电荷区恰好等宽。这样的器件可以用一维模型描述,同时将金属-半导体结中两种不同导电区域的接触点设为模型 x 轴零点。最后图 4.2c 表示了利用近似费米能级描述由光激发在器件内部产生的非平衡状态。(平衡状态下 $W_{fn} = W_{fp}$)。

图 4.2b 表示了位于工作点 $U > 0$ 上各种载流子在器件中的浓度变化情况。过剩载流子在 pn 结区中伴随光吸收呈指数函数形势变化。在空间电荷区边界上:

1.位于工作点 (U_A, I_A) 的少数载流子电流密度与其平衡状态值之间存在 $\exp(U_A/U_T) > 1$(玻耳兹曼因数,$U_T = kT/q$)的偏差;

2.在空间电荷区(RLZ)边界处,由载流子浓度的梯度差(图 4.2 中没有标出)造成的扩散光电流 $j_p(-w_n)$ 和 $j_n(+w_p)$,共同构成了光电流:

$$j_p(-w_n) \sim -\mathrm{grad}(p(-w_n)) > 0, \quad j_n(+w_p) \sim +\mathrm{grad}(n(+w_p)) > 0$$

这里容易得出,图 4.2 中 pn 结的光电流值取正号。

图 4.2b 中还显示了位于太阳电池上表面处($x = -d_{em}$)的表面复合与电池背面处($x = d_{ba}$)过剩载流子的完全复合。在这两个区域中(发射层和基底)的载流子密度变化特征与 3.5 节中讨论过的匀质半导体中的载流子密度变化特征相似。

在肖克莱条件下,半导体二极管中的总电流表示为空间电荷区边界处的两种少数载流子电流之和。由于硅太阳电池的基底对光电流有很大贡献作用,接下来我们将详细讨论这一部分。

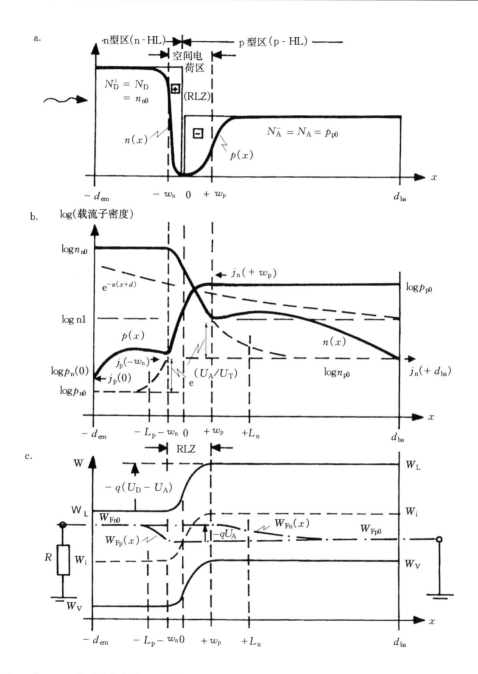

图 4.2[①] n 区受照射的突变 pn 结模型。图 b 中的箭头表示指向点处的电流密度,而非电流方向

---

①本图位于原书 46 页。

4.2.1 电子电流

首先假设 p 型掺杂区中的电场强度为零,这时可以求出少数载流子电流中的扩散分量。在基底中的电子扩散电流可以从 RLZ 边界处的电子密度梯度得到如下:

$$j_{n,\text{扩散}}(\lambda,U)\Big|_{x=w_p} = qD_n \frac{\partial n(x)}{\partial x}\Big|_{x=w_p} \tag{4.2}$$

48 此时电子的静态平衡方程为

$$0 = \frac{1}{q} \cdot \frac{\partial j_n(x)}{\partial x} - \frac{\Delta n(x)}{\tau_n} + G(x,\lambda) \tag{4.3}$$

其中

$$\Delta n(x) = n(x) - n_{p0}$$

其中 n_{p0} 是基底中电子的平衡浓度。这时代入公式 $L^n = D_n \cdot \tau_n$,可以得到电子的扩散方程

$$\frac{\partial^2 \Delta n(x)}{\partial x^2} - \frac{\Delta n(x)}{L_n^2} = -\frac{G_0(\lambda)}{D_n} \cdot e^{-\alpha(\lambda)(x+d_{em})} \tag{4.4}$$

该方程在引入边界条件后的解于附录 A.2 中给出。载流子浓度在空间电荷区边界上有指数式提升(在这里二极管正向导通电压出于教学原因采用正值符号计算,尽管其在 n-p 结构方向上实际为负值符号)。

$$\lim_{w_p \to 0} \Delta n(x=w_p) = n_{p0}(e^{U/U_T} - 1) \tag{4.5}$$

少数载流子扩散电流在器件背面全部转化为表面复合电流

$$-q \cdot s_n \cdot \Delta n(x=d_{ba}) = +qD_n \frac{\partial \Delta n(x)}{\partial x}\Big|_{x=d_{ba}} \tag{4.6}$$

该方程的解为

$$j_{n,\text{扩散}}(\lambda,U)\Big|_{x=0} = qD_n \frac{\partial \Delta n(x)}{\partial x}\Big|_{x=0}$$

$$= -qn_i^2 \frac{D_n}{L_n N_A}(e^{U/U_T} - 1) \frac{\dfrac{D_n}{L_n}\sinh\dfrac{d_{ba}}{L_n} + s_n \cdot \cosh\dfrac{d_{ba}}{L_n}}{\dfrac{D_n}{L_n}\cosh\dfrac{d_{ba}}{L_n} + s_n \cdot \sinh\dfrac{d_{ba}}{L_n}} + \frac{qL_n G_0(\lambda)}{1 - \alpha(\lambda)^2 L_n^2} \cdot e^{-\alpha(\lambda)d_{em}}$$

$$\cdot \left[-\alpha(\lambda)L_n + \frac{(D_n\alpha(\lambda) - s_n)e^{-\alpha(\lambda)d_{ba}} + \dfrac{D_n}{L_n}\sinh\dfrac{d_{ba}}{L_n} + s_n \cdot \cosh\dfrac{d_{ba}}{L_n}}{\dfrac{D_n}{L_n}\cosh\dfrac{d_{ba}}{L_n} + s_n \cdot \sinh\dfrac{d_{ba}}{L_n}} \right] \tag{4.7}$$

49 电子电流的第二部分是光电流中的电子载流部分 $j_{n,\text{phot}}$。根据式(4.1),pn 结中 n-p 方向的电流密度为

$$j_n(U,\lambda,x=0) = -j_{n0} \cdot (e^{U/U_T} - 1) + j_{n,\text{phot}}(\lambda) \tag{4.8}$$

n-p 方向上的暗电流带有负号,这与我们之前的设想一致。光电流的流向与

暗电流相反。假设基底厚度无穷大$(d_{ba} \to \infty)$，则电流方程可以简化为

$$j_{n, 扩散}(\lambda, U)\Big|_{x=0} = -qn_i^2 \frac{D_n}{L_n N_A}(e^{U/U_T}-1) + \frac{qL_n G_0(\lambda)}{1+\alpha(\lambda)L_n} \cdot e^{-\alpha(\lambda)d_{em}} \quad (4.9)$$

设太阳电池表面的空穴-电子对产生率为$G_0(\lambda) = \Phi_{p0}(\lambda) \cdot \alpha(\lambda)/A$，则有如下方程(忽略反射损失)

$$j_{n, 扩散}(\lambda, U)\Big|_{x=0} = -qn_i^2 \frac{D_n}{L_n N_A}(e^{U/U_T}-1) + \frac{q\Phi_{p0}(\lambda)}{A} \cdot \frac{\alpha(\lambda)L_n}{1+\alpha(\lambda)L_n} \cdot e^{-\alpha(\lambda)d_{em}}$$

$$(4.10)$$

人们由此认识到，扩散长度在太阳电池工作中起到了关键作用。在吸收常数快速下降的太阳光谱红外区，扩散长度的作用尤其重要。同时暗电流也受到L_n影响。扩散长度增大，导致暗电流减小，同时也使开路电压的提高成为可能。L_n在公式(4.10)中以其与吸收系数$\alpha(\lambda)$的乘积αL_n形式出现，这一乘积对电流计算影响突出。

4.2.2　空穴电流

发射层电流分量的推导过程中，仅利用 n 型半导体中的空穴扩散电流进行近似计算，却能很好地模拟前面章节中讨论过的基底电流分量结果。空间电荷区中发射层的空穴扩散电流由空穴密度的梯度决定

$$j_{p, 扩散}(\lambda, U)\Big|_{x=-w_n} = -qD_p \frac{\partial p(x)}{\partial x}\Big|_{x=-w_n} \quad (4.11)$$

此时空穴的静态平衡方程为

$$0 = -\frac{1}{q} \cdot \frac{\partial j_p(x)}{\partial x} - \frac{\Delta p(x)}{\tau_p} + G(x, \lambda) \quad (4.12)$$

其中

$$\Delta p(x) = p(x) - p_{n0}$$

综合上述二式可以得出空穴的扩散方程

$$\frac{\partial^2 \Delta p(x)}{\partial x^2} - \frac{\Delta p(x)}{L_p^2} = -\frac{G_0(\lambda)}{D_p} \cdot e^{-\alpha(\lambda)(x+d_{em})} \quad (4.13)$$

该方程同样具有边界条件:1) 载流子浓度在空间电荷区边界处的提升幅度为指数形式(同样在这里二极管正向导通电压出于教学原因采用正值符号计算，尽管其在 n-p 结构方向上的实际为负值符号)。

$$\lim_{-w_n \to 0} \Delta p(x=-w_n) = p_{n0}(e^{U/U_T}-1) \quad (4.14)$$

以及2) 少数载流子扩散电流在器件正面表面处全部转化为表面复合电流

$$-q \cdot s_p \cdot \Delta p(x=-d_{em}) = -qD_p \frac{\partial \Delta p(x)}{\partial x}\Big|_{x=-d_{em}} \quad (4.15)$$

方程结果可以沿用电子电流的推导方法得出(具体参见附录 A.2)，或者利用

式(4.7)中给出的电子电流结果直接作代换得到。详细代换方法如下：

1)将式中所有的电子参数用空穴参数代换：

$$n \to p, \quad -q \to q, \quad L_p \to L_n, \quad D_p \to D_n$$

2)将式中基底的电学与几何特性参数用发射层的特性参数代换：

$$N_A \to N_D, \quad d_{ba} \to d_{em}$$

3)基底表面激发率被发射层表面激发率取代：

$$e^{-\alpha(\lambda)d_{ba}} \to e^{\alpha(\lambda)d_{em}}$$

4)最后需要注意的是，每种少数载流子浓度梯度分别指向各自所处区域的表面。因此在器件背部表面的电子浓度梯度具有负号，而在器件正表面的空穴浓度梯度具有正号。所以在替换光生载流子扩散电流的符号的同时，也要相应地更换表面复合速度的符号(见式(4.6)和式(4.15))

$$s_n \to -s_p$$

51　　　　基于以上代换步骤，可以得到发射层电流分量如下

$$j_{p,\text{扩散}}(\lambda, U)\Big|_{x=0} = -qD_p \frac{\partial \Delta p(x)}{\partial x}\Big|_{x=0}$$

$$= -q \cdot n_i^2 \cdot \frac{D_p}{L_p N_D} \cdot (e^{U/U_T}-1)\frac{\dfrac{D_p}{L_p}\sinh\dfrac{d_{em}}{L_p} + s_p \cdot \cosh\dfrac{d_{em}}{L_p}}{\dfrac{D_p}{L_p}\cosh\dfrac{d_{em}}{L_p} + s_p \cdot \sinh\dfrac{d_{em}}{L_p}} + \frac{qL_p G_0(\lambda)}{1-\alpha(\lambda)^2 L_p^2} \cdot e^{-\alpha(\lambda)d_{em}}$$

$$\cdot \left[-\alpha(\lambda)L_p + \frac{(D_p\alpha(\lambda) - s_p)e^{-\alpha(\lambda)d_{em}} + \dfrac{D_p}{L_p}\sinh\dfrac{d_{em}}{L_p} + s_p \cdot \cosh\dfrac{d_{em}}{L_p}}{\dfrac{D_p}{L_p}\cosh\dfrac{d_{em}}{L_p} + s_p \cdot \sinh\dfrac{d_{em}}{L_p}} \right] \tag{4.16}$$

对于发射层也可以得到一个在 n-p 方向上符合式(4.1)的光电流表达式

$$j_p(U, \lambda, x=0) = -j_{p0} \cdot (e^{U/U_T}-1) + j_{p,\text{phot}}(\lambda) \tag{4.17}$$

4.2.3　总电流

现在可以根据分别由式(4.7/8)和式(4.16/17)得到的电子和空穴电流公式，推导出太阳电池 n-p 方向上的总电流为

$$j(U, \lambda) = j_n(U, \lambda, x=0) + j_p(U, \lambda, x=0)$$

$$= -(j_{n0} + j_{p0}) \cdot (e^{U/U_T}-1) + j_{n,\text{phot}}(\lambda) + j_{p,\text{phot}}(\lambda) \tag{4.18a}$$

$$= -j_0 \cdot (e^{U/U_T}-1) + j_{\text{phot}}(\lambda)$$

此时要再次注意式(4.1)中的符号规则。因此将公式改写为

$$j(U, \lambda) = j_0 \cdot (e^{U/U_T}-1) - j_{\text{phot}}(\lambda) \tag{4.18b}$$

在这里 $j_0, j_{\text{phot}} > 0$

这样一来就可以将原有假设在 n-p 方向的所有讨论转回到一般情形下的二极管特性描述(p-n 方向)。接下来将详细讨论反向饱和电流密度 j_0 和光电流密度

j_{phot}。反向饱和电流密度的表达式为

$$j_0 = qn_i^2 \cdot \left(\frac{D_p}{L_p N_D} \frac{\frac{D_p}{L_p}\sinh\frac{d_{em}}{L_p} + s_p \cdot \cosh\frac{d_{em}}{L_p}}{\frac{D_p}{L_p}\cosh\frac{d_{em}}{L_p} + s_p \cdot \sinh\frac{d_{em}}{L_p}} + \frac{D_n}{L_n N_A} \frac{\frac{D_n}{L_n}\sinh\frac{d_{ba}}{L_n} + s_n \cdot \cosh\frac{d_{ba}}{L_n}}{\frac{D_n}{L_n}\cosh\frac{d_{ba}}{L_n} + s_n \cdot \sinh\frac{d_{ba}}{L_n}} \right)^{52}$$

(4.19)

式中多次出现的表达式被定义为尺寸因数 G_{f0}，它描述了器件尺寸对电流密度的影响：

$$G_{f0} = \frac{\frac{D}{L}\sinh\frac{d}{L} + s \cdot \cosh\frac{d}{L}}{\frac{D}{L}\cosh\frac{d}{L} + s \cdot \sinh\frac{d}{L}}$$

(4.20)

如果 pn 结宽度远高于载流子扩散长度，则双曲函数 sinh 与 cosh 的值趋于等价，此时可以得出

$$G_{f0} \to 1$$

在这种情况下表面复合作用的影响可以忽略不计。假设基底尺寸为有限延伸（$d \leqslant L$），并且基底表面经过钝化处理（$s = 0$），此时

$$G_{f0} \to \tanh\frac{d}{L}$$

太阳电池器件二极管的有限宽度导致了电流密度 j_0 的降低，因为通过 pn 结进行扩散的少数载流子在有限空间电荷区内不能完全复合并进而形成电流。最终我们假设，载流子复合速度远高于扩散速度（$D/L \ll s$），这时就有

$$G_{f0} \to \coth\frac{d}{L}$$

在这种情况下大量载流子在器件表面通过复合作用而损失，而新产生的载流子穿过 pn 结不断补充至器件表面。饱和电流密度随之提高。

总而言之，太阳电池的几何因数 G_{f0} 是在有限器件尺寸条件下衡量器件内部和表面复合作用影响的标准。

总光电流密度（这里同样 $R(\lambda) = 0$）的表达式为

$$j_{phot}(\lambda) = j_{phot,基底}(\lambda) + j_{phot,发射极}(\lambda) = \frac{q\Phi_p(\lambda)}{A} \cdot e^{-\alpha(\lambda)}d_{em}$$

$$\cdot \left\{ \frac{\alpha(\lambda)L_n}{1 - \alpha(\lambda)^2 L_n^2} \cdot \left[-\alpha(\lambda)L_n + \frac{(D_n\alpha(\lambda) - s_n)e^{-\alpha(\lambda)d_{ba}} + \frac{D_n}{L_n}\sinh\frac{d_{ba}}{L_n} + s_n \cdot \cosh\frac{d_{ba}}{L_n}}{\frac{D_n}{L_n}\cosh\frac{d_{ba}}{L_n} + s_n \cdot \sinh\frac{d_{ba}}{L_n}} \right] \right.$$

$$+ \frac{\alpha(\lambda) L_p}{1 - \alpha(\lambda)^2 L_p^2} \cdot \left[\alpha(\lambda) L_p + \frac{(- D_p \alpha(\lambda) - s_p) e^{\alpha(\lambda) d_{em}} + \frac{D_p}{L_p} \sinh \frac{d_{em}}{L_p} + s_p \cdot \cosh \frac{d_{em}}{L_p}}{\frac{D_p}{L_p} \cosh \frac{d_{em}}{L_p} + s_p \cdot \sinh \frac{d_{em}}{L_p}} \right] \Big\}$$

$$(4.21)$$

上述表达式中,表示器件表面的光生载流子吸收能力的扩展尺寸因数 G_{fphot} 对光电流起到了重要影响。该因数在基底宽度很大($\alpha(\lambda) \cdot d_{ba} > 1$)的情况下等于 G_{f0}。同时要注意的是,当尺寸因数具有较高值 $G_{f0} = G_{fphot}$ 时,器件具有很高表面复合率或是极短扩散长度,导致了反向饱和电流升高,进一步表现为开路电压降低,同时光电流也会减少。这种情况下太阳电池的光伏特性会同时在这两方面受到影响。

最后我们要对太阳电池的最大光电流量进行估算。假设所有光电流在无限宽($d_{ba} \to \infty$)的基底中产生,也就是说此时发射层宽度可以忽略不计($d_{em} \to 0$),并且载流子在基底中达到最佳收集状态,即 $L_n \gg 1/\alpha$。这时根据式(4.21)可得 $j_{phot}(\lambda) = q \cdot \Phi_{p0}(\lambda)/A$。这个结果符合第 3 章中的假设,即一个被吸收的光子正好激发产生一个形成光电流的载流子对。

4.2.4　光谱灵敏度

太阳电池光谱灵敏度被定义为短路电流密度 j_k 与单色光辐射强度 E 的比值

$$S(\lambda) = \frac{|j_k(\lambda)|}{E(\lambda)} \tag{4.22}$$

上式前加上正负值符号即分别代表太阳电池为 n-p 型或 p-n 型。通过测量辐射强度 $E(\lambda)$(单位 $W \cdot m^{-2}$)的窄频谱光线($\Delta \lambda \approx 10 \sim 50$ nm)照射下产生的短路电流密度(单位:$A \cdot m^{-2}$)即可确定光谱灵敏度(见 5.1 节的专题:光谱灵敏度测量)。实验所确定的 $S(\lambda)$ 单位为 A/W。如果将短路电流用单位电荷、照射强度用单个光子能量度量,则可以得到太阳电池的外量子收集效率。该值为单位时间内太阳电池产生的电荷数量与表面接收的光子数量之比(单个光子产生的电荷)

$$Q_{ext}(\lambda) = \frac{|j_k(\lambda)|}{q} \cdot \frac{h\nu}{E(\lambda)} = \frac{hc}{q\lambda} \cdot \frac{|j_k(\lambda)|}{E(\lambda)} = \frac{hc}{q\lambda} \cdot S(\lambda) \tag{4.23}$$

这里要区分内外两种量子收集转换率。区别在于,并不是所有照射在太阳电池表面的光量子都能进入太阳电池内部并被吸收,而是有一部分在表面被反射而无法进入内部。在计算内量子收集效率时,只考虑那些进入太阳电池内部的光量子。

$$Q_{int}(\lambda) = \frac{Q_{ext}(\lambda)}{1 - R(\lambda)} \tag{4.24}$$

当 $R(\lambda) > 0$ 时,具有关系式 $Q_{int}(\lambda) > Q_{ext}(\lambda)$。因为根据式(4.23),进入太阳电

池内部的辐射强度 $E(\lambda)$ 在经过表面反射后会降低。

因而可以利用内量子收集效率从物理学角度更详细地描述载流子的分离与收集。因为辐射光的入射深度会因波长而改变，所以作为一种非破坏性测量方法，光谱灵敏度测量十分有效。入射深度与入射光波长的关联性揭示了半导体各部位的参数是分段作用于光谱灵敏度曲线的，因而可以对各项参数分别进行独立分析。在光谱"蓝区"中更多的是半导体电池的表面特性，即发射极的表面特性产生作用；而在光谱长波"红区"中则主要是基底参数施加影响。这样一来关于扩散长度、复合速度、层厚度和材料构成的理论解释才能够成立。图 4.3 中展示了理想光谱灵敏度曲线以及某些损失作用的影响。其中可以看到半导体禁带宽度对灵敏度光谱中大于边界波长 $\lambda_{\max}$（即 $W < \Delta W$）部分的显著影响。

55

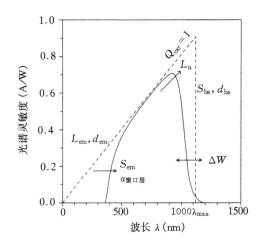

图 4.3 太阳电池的光谱灵敏度曲线与各部位参数对灵敏度的作用影响。测量得出的 $S(\lambda)$ 和 $Q_{\mathrm{ext}}(\lambda)$ 曲线将在后续章节中给出。

4.3 标准光谱照射

现在将研究光源进行扩展。之前的所有讨论是建立在这样的假设基础之上，即光伏作用产生的光电流密度 $j_{\mathrm{phot}}(\lambda)$ 为单色光作用的结果，也就是说照射光波是位于波长 λ 与 $\lambda + \Delta\lambda$ 之间，频谱波长宽度为 $\Delta\lambda$ 的窄带单色光。仅有极小频谱波长宽度的辐射光波也仅能释放极小的辐射能量，所以这样的能量也用"光谱"的概念确定并标示。根据定义，图 3.5 中各种光谱值都分别与波长的微分区间相对应，并且用单位纳米（nm^{-1}）度量。

现在要对给出的辐射功率密度的光谱曲线进行积分运算。一种原理简单、但难以得到的光谱具有如下特征:辐射强度在光谱中位于波长 λ_1 和 $\lambda_2(\lambda_2 > \lambda_1)$ 的区间内为常数。这种情况下较短波长 λ_1 对应的光电流密度 $\Phi_P(\lambda)/A$ 也较小。与假设光谱相反的是,稳定不变的光电流密度应当对应于随波长降低而增加的辐射强度(见式(3.12))。

在工程中具有研究价值的积分光谱是具有不同光谱曲线的太阳光谱(AM0,AM1.5 等)。在不同光谱分布的波长范围内(例如对应于附录 A.3 的太阳标准光谱 AM1.5)进行积分运算可以得到辐射强度的光谱走向曲线。根据图 3.5 可以得到积分辐射强度(例如对应光谱 AM1.5 中的范围 $0.305\ \mu m \leqslant \lambda \leqslant 4.045\ \mu m$)

56

$$E = \int_{\lambda_2}^{\lambda_1} E_\lambda(\lambda) \mathrm{d}\lambda \qquad \text{(单位:mW/cm}^2\text{)} \tag{4.25}$$

根据式(4.8)、式(1.17)和式(3.20)可以得到积分电流密度

$$\left. \begin{aligned} j_{\mathrm{n,phot}}(E) &= \int_{\lambda_1}^{\lambda_2} j_{\mathrm{n,phot},\lambda}(E_\lambda(\lambda)) \mathrm{d}\lambda \\ j_{\mathrm{p,phot}}(E) &= \int_{\lambda_1}^{\lambda_2} j_{\mathrm{p,phot},\lambda}(E_\lambda(\lambda)) \mathrm{d}\lambda \end{aligned} \right\} \qquad \text{(单位:mA/cm}^2\text{)} \tag{4.26}$$

对应式(4.25)中的积分辐射强度的积分总电流密度为

$$j_{\mathrm{phot}}(E) = j_{\mathrm{n,phot}}(E) + j_{\mathrm{p,phot}}(E) \tag{4.27}$$

这样一来就可以得到特定光谱和照射强度 E 条件下的 n-p 结构积分特性曲线,这种特性曲线在工程中具有重要意义

$$j(U, E) = j_0 \cdot (\mathrm{e}^{U/U_\mathrm{T}} - 1) - j_{\mathrm{phot}}(E) \qquad \text{(电流-电压特性曲线)} \tag{4.28}$$

图 5.2~5.4 显示了光谱 AM1.5($1000\ \mathrm{Wm}^{-2}$)中对应于范围 $0 \leqslant U \leqslant U_\mathrm{L}$ 的,根据所有发射极与基底参数变化的激发曲线 $j(U,E)$。人们从中认识到基底中的载流子扩散长度和掺杂对太阳电池性能有重要影响。

电流-电压特性曲线易于测量获得,并且与光谱灵敏度(或外量子转换率)一起,都是最重要的太阳电池性能评价标准。从电流-电压特性曲线中还可以得到负载电阻 R 的变化曲线(见图 4.1 和 5.1 节的专题:光谱灵敏度测量)。

4.4 太阳电池的技术参数

从连续光谱照射的太阳电池与其激发曲线可以推导出最大能量转换效率 $\eta_{\mathrm{AM}x}$

$$\eta_{\mathrm{AM}x} = \frac{j_\mathrm{m} \cdot U_\mathrm{m}}{E(\mathrm{AM}x)} \tag{4.29}$$

57 为解释上式的含义,引入太阳电池最大可转换光伏功率密度的相关概念。该

值是曲线值 j_m 和 U_m 对应于光谱 AMx 的辐射功率密度 $E(\text{AM}x)$ 的最大乘积值（见图 4.4）。相应的图像表示为以激发曲线 $j(U,E)$ 上的最佳工作点与坐标原点连线为对角线的矩形面积。能量转换率用单一数值直接反映了光伏能量转换效率，因而是太阳电池的最重要性能指标。在实验室中利用集束太阳光照射单晶硅所得到的最高转换率为 $\eta_{(100\times\text{AM}1.5)}=26.5\%$[Ver87]。而目前量产太阳电池产品的转换率约为 $\eta_{\text{AM}1.5}\approx 15\%\sim18\%$。

在最佳工作点上还要另外定义另一个重要的指标，即填充因数（或称曲线因数）

$$FF = \frac{j_m \cdot U_m}{j_k \cdot U_L} \tag{4.30}$$

式中对比了两个 $j \cdot U$ 矩形的面积：矩形 $j_m \cdot U_m$ 的面积始终小于矩形 $j_k \cdot U_L$。两个矩形的面积都与积分光谱相关。需求解的填充因数 FF 恒小于 1，并且对于单晶硅 c-Si（AM1.5 光谱照射），其值位于 0.75 与 0.85 之间。一个简单估算单晶硅太阳电池填充因数的经验公式[Gre82]为

$$FF = \frac{U_L}{U_T} \Big/ \Big(\frac{U_L}{U_T} + 4.7\Big) \tag{4.31}$$

其中 $U_L/U_T > 10$

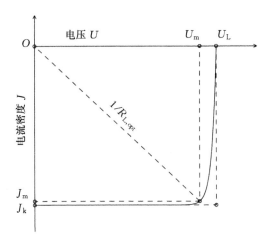

图 4.4 能量转换效率 η 与填充系数 FF 的定义

58 ## 4.5　晶体太阳电池的等效电路图

　　每种电子元件都可以通过由电流源、电压源、电阻、电容和电感组成的等效电路描述。实用太阳电池器件也不例外,其中最有兴趣的地方在于,如何利用等效电路参数表达暗电流与激发特性曲线。

　　简化描述器件时(图 4.5),半导体区及其接触中的总损耗电阻由两个寄生电阻组成:其中一个并联于光电流源,另一个则与其串联。理想情况下有 $R_\mathrm{S}=0$ 和 $R_\mathrm{P}\to\infty$。与光电流源同时并联的还有二极管,它们符合肖克莱模型。当空间电荷区宽度对器件性能没有影响,并且只考虑中性区复合时,多数情况下可以利用 e 指数函数描述太阳电池器件。在禁带宽度较大的半导体中还要额外加入这样一种随电压呈 e 指数形式增加的电流,它是由肖克莱模型中忽略不计的空间电荷区复合作用造成的。综合各种影响,可以得到如下形式的电流-电压曲线

$$I(U,E) = I_0 \cdot (\mathrm{e}^{(U-I\cdot R_\mathrm{S})/U_\mathrm{T}} - 1) + I_\mathrm{RLZ} \cdot (\mathrm{e}^{(U-I\cdot R_\mathrm{S})/2U_\mathrm{T}} - 1) + \frac{U - I\cdot R_\mathrm{S}}{R_\mathrm{P}} - I_\mathrm{phot}(E)$$

$$(4.32)$$

这里 I_0、I_RLZ 与 I_phot 的表达式分别见式(4.19)、式(7.2)以及式(4.21),电流密度 $j=I/A$。暗电流特性曲线在 $I_\mathrm{phot}=0$ 的条件下测得。图 4.6 中显示了以对数坐标形式表达的线性发电特性曲线和暗电流特性曲线实例。通过这两条特性曲线可以确定电流导通时的串联电阻和短路状态下时的并联电阻(当 $R_\mathrm{P}\gg R_\mathrm{S}$ 的情况时)。典型值为 $R_\mathrm{S}=0.05\sim0.5\ \Omega$、$R_\mathrm{P}>1\ \mathrm{k}\Omega$。

59

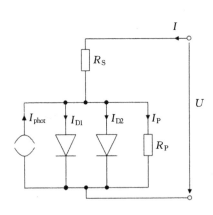

图 4.5　晶体 pn 结构太阳电池的双二极管等效电路

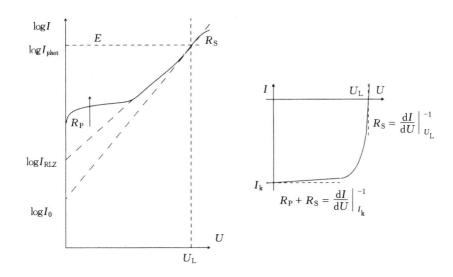

图 4.6　左:在对数坐标中,考虑了肖克莱模型电流、空间电荷区复合电流以及串
联/并联电阻影响的太阳电池的暗电流与光电流特性曲线

右:与左图相对应的,同样考虑了串联/并联电阻影响的激发特性曲线

4.6　硅二极管太阳电池的极限转换效率

在第 3 章中确定了不同半导体材料的极限转换率 η_{ult},并且从中得知,半导体吸收辐射波长的极限仅由材料的禁带宽度决定 $\Delta W = h \cdot \nu_{gr}$(见式(3.5)的下式)。图 3.4 显示了,半导体材料的转换效率被限定在 $\eta_{ult} < 44\%$。

我们现在将肖克莱和昆西(H. J. Queisser)的半导体二极管理论[Sho61]引入德福西(A. De Voss)的公式中[Vos92],继而可以得到更加精确的极限转换效率表述。当阳光照射太阳电池时,二极管 pn 结中不同掺杂区之间的费米能级差

$$W_{Fn}(x) - W_{Fp}(x) = -qU \tag{4.33}$$

作为两种掺杂载流子密度 $n(x)$ 和 $p(x)$ 的非平衡状态表达式,起到了关键作用(见图 4.2c)。该表达式与光电流直接相关。

二极管电流密度 $j(U)$ 由四个电流分量组成。这些电流分量由太阳电池的辐射平衡确定,描述了太阳电池接收与释放粒子的情况。第一个电流分量是积分量 Φ_S,它与太阳温度 T_S 下的太阳光子流密度相关。第二个电流分量是地球温度为

T_E 时，来自于地表环境的辐射光子流量的积分量 Φ_E。第三个电流分量为二极管中的电子电流密度 $j(U)$。第四个电流分量还是一个积分量，它是太阳电池的辐射光子流 Φ_{pn}，其与二极管电压 U 和电子共同相关。所有积分量的积分区间从半导体材料的最小禁带宽度 $W = \Delta W$ 开始，直至 $W \to \infty$。这些积分量都符合玻色统计律下的光子分布表达式。而电子电流密度 $j(U)$ 符合费米统计律。在该统计律中，费米能级描述了载流子的非平衡状态。这样一来可以描绘出电流—电压特性曲线 $j(U)$，并进而得到二极管有效象限的最大转换效率 η_{max}。

被吸收的光子流密度 Φ_S 与 Φ_E 之和等于太阳电池发射的电子流密度 $j(U)/q$ 与光子流密度 Φ_{pn} 之和

$$\Phi_S + \Phi_E = j(U)/q + \Phi_{pn} \tag{4.34}$$

式中的各个分量分别为（分别考虑到了电子能级能量 W 和温度 T_S、T_E）

$$\Phi_S = g \cdot f \cdot \int_{\Delta W}^{\infty} \frac{W^2 \, \mathrm{d}W}{\exp\left(\dfrac{W}{k \cdot T_S}\right) - 1} \tag{4.34a}$$

61

$$\Phi_E = g \cdot (1 - f) \cdot \int_{\Delta W}^{\infty} \frac{W^2 \, \mathrm{d}W}{\exp\left(\dfrac{W}{k \cdot T_E}\right) - 1} \tag{4.34b}$$

$$\Phi_{pn} = g \cdot \int_{\Delta W}^{\infty} \frac{W^2 \, \mathrm{d}W}{\exp\left(\dfrac{W - q \cdot U}{k \cdot T_E}\right) - 1} \tag{4.34c}$$

上列式中的第一个常数为 $g = 2 \cdot \pi / c^2 \cdot h^3 = 24.03 \times 10^{78}$ $W^{-3} \, cm^{-2} \, s^{-4}$。第二个常数 $f = 21.7 \times 10^{-6}$ 为地球轨道上的太阳辐射稀释因子（见式(2.1)）。

图 4.7 显示了硅（$\Delta W = 1.1$ eV）图表 $j(U)$ 的计算结果，即硅二极管太阳电池的激发象限。标示出的最大矩形包含了太阳辐射功率的 30.6%，也就是说，硅二极管太阳电池的最大转换效率为 $\eta_{max} = 30.6\%$。得到的最大转换效率 η_{max} 明显小于极限转换效率 $\eta_{ult} = 44\%$（见 3.2 节）。造成转换效率偏小的原因在于二极管模型中的限制：模型中在存在大小为 $q \cdot U$ 的化学势能，而基于此形成的能量势垒在不同掺杂区之间阻碍了载流子的流动。

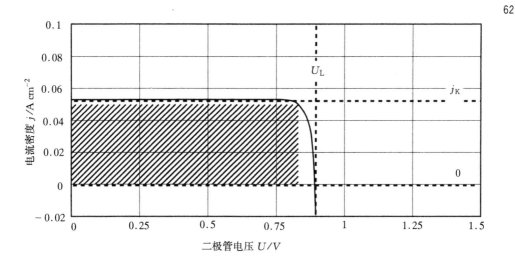

图 4.7 德福西根据肖克莱和昆西的二极管模型[Sho61]提出的以电压 $U(V)$ 为自变量的硅（$\Delta W = 1.1$ eV）电流密度 j(A/cm²) 方程[Bos92]。图中绘出了断路电压 U_L 和短路电流密度 j_K 的延长线，以及代表太阳辐射强度最大转换效率 $\eta_{max} = 30.6\%$ 的长方形阴影区域。从图中可以读出断路电压 $U_L = 0.9$ V 和短路电流密度 $j_K = 0.054$ A/cm²。同时可以计算出反向饱和密度 $j_0 = 1.006 \times 10^{-17}$ A/cm²。参数 U_L、j_K 和 j_0 都是理论极值参数，在现实中难以达到。常用实际参数将在 5.3 节中讨论。

目前实验室中的单晶硅太阳电池在非增强太阳光照射下所能达到的转换功率约为 $25\% \sim 26\%$，具体细节将在第 5 章中讲解。

第 5 章

单晶硅太阳电池

本章将讨论作为第一种实用光伏器件的单晶硅（c-Si）太阳电池。单晶硅材料极适于制作太阳电池，因为其禁带宽度约为 1.1 eV，接近半导体材料进行太阳辐射能量转换的最佳值（见第 3 章），并且硅加工技术也已经在微电子工业中通过深入研究而非常成熟。除此以外，硅材料还具有来源广泛和无毒害等特点。

在目前生产的太阳电池基本材料中，单晶硅约占 30%；多晶硅约占 60%，其材料特性将在第 6 章中讨论。非晶硅太阳电池（详见第 8 章）所占比例约为 5%。其他材料诸如砷化镓（见第 7 章）和 CIS 材料（见 9.2 节）构成了剩余 5% 的太阳电池的材料类型。

本章首先讨论晶体硅太阳电池的构造与功能，以及由其所决定的电特性；随后讲解材料的实际生产（晶体生长）和器件制作，并在相关章节中将介绍一种生产高功率太阳电池的材料制备程序；最后讨论器件在太空应用中的辐射风险。

5.1 关于光谱灵敏度的讨论

借助于前面章节内容和附录 A.2 的计算结果（式（A2.11）），可以得到基底中的光致过剩少数载流子浓度为

$$\Delta n(x) = n_{p0}\left(e^{U/U_T} - 1\right) \cdot \frac{\dfrac{D_n}{L_n}\cosh\dfrac{d_{ba} - x}{L_n} + s_n \cdot \sinh\dfrac{d_{ba} - x}{L_n}}{\dfrac{D_n}{L_n}\cosh\dfrac{d_{ba}}{L_n} + s_n \cdot \sinh\dfrac{d_{ba}}{L_n}} + \frac{G_0(\lambda) \cdot \tau_n}{1 - \alpha(\lambda)^2 L_n^2} \cdot e^{-\alpha(\lambda) \cdot d_{em}}$$

$$\cdot \left[e^{-\alpha(\lambda) \cdot x} + \frac{\left(D_n \cdot \alpha(\lambda) - s_n\right) \cdot e^{-\alpha(\lambda) \cdot d_{ba}} \cdot \sinh\dfrac{x}{L_n} - \dfrac{D_n}{L_n}\cosh\dfrac{d_{ba} - x}{L_n} - s_n \cdot \sinh\dfrac{d_{ba} - x}{L_n}}{\dfrac{D_n}{L_n}\cosh\dfrac{d_{ba}}{L_n} + s_n \cdot \sinh\dfrac{d_{ba}}{L_n}} \right] \quad (5.1)$$

与上式相类似,发射层中的空穴浓度方程也可借此建立起来。两个方程中都分别含有电子与空穴的扩散长度 L_n 或 L_p,以及载流子寿命 τ_n 或 τ_p,并以此作为这两个方程重要区分标志。通过乘积项 $G_0(\lambda) \cdot \tau$ 可以了解到光学激发和复合之间的相互抵消作用,这种作用产生了固定过剩少数载流子密度。光学激发率和载流子复合率都与其在器件中所处的位置相关联,这两项参数值最高都可以取到 1,它们由器件的几何尺寸和表面复合所决定。

由于晶体硅的光子吸收系数很低,以其为材料的太阳电池如果不采用额外措施,则必须制作成为厚度较大的器件(100 ～ 200 μm)以确保照射光被完全吸收。为了分离光生载流子对,必须借助扩散运动使载流子从没有电场的器件深处被驱至 np 结。太阳电池的发射层很薄,目的是降低表面处的载流子复合损失。同时基底材料选用 p 型半导体,这样可以充分利用电子的优良扩散特性($L_n \gg L_p$)。表 5.1 中给出了一种单晶硅(c-Si)太阳电池的重要参数典型值。

表 5.1 单晶硅太阳电池的标准参数值

单晶硅	n 型发射层	p 型基底
掺杂特征	$N_D \approx 10^{19} \sim 10^{20}$ cm^{-3}	$N_A \approx 10^{15} \sim 10^{16}$ cm^{-3}
少数载流子扩散长度	$L_p \leqslant 1$ μm	$L_n \approx 50 \sim 2000$ μm
少数载流子寿命	$\tau_p \leqslant 0.01 \sim 0.1$ μs	$\tau_n \approx 1 \sim 10^3$ μs

接下来讨论在无穷厚基底($d_{ba} / L_n \to \infty$)中,由不同辐射光波长产生的电子 $\Delta n(x) = n(x) - n_p(x)$ 作为过剩载流子的特征。在图 5.1 中分别给出了在短($L_n = 50$ μm)和中等($L_n = 150$ μm)扩散长度条件下,变化范围从 0(器件表面)～400 μm(传统硅太阳电池厚度)的过剩载流子浓度特征曲线。单色光辐射强度在计算中($\lambda = 300 \sim 1050$ nm)都取常量 $E_s = 100$ mW/cm^2。根据式(5.1),短路条件下器件表面处 $\Delta n(x=0)$(同时也是 np 结 n 型发射层边界)的剩余载流子密度降为 0。

所有特性曲线都在基底中明显地表现出了最大值,并且在趋向 np 结处和太阳电池背面时呈下降趋势。在扩散长度较长的条件下,最大值也随之向基底深处推移,同时最大值点向 np 结方向的曲线变化更加陡峭(这里注意两幅图中的 Y 轴刻度不同!)。通过这两种情况下曲线变化的对比可以得出,当扩散长度增加时,太阳电池器件深处的载流子数量也随之增长,从而提高了光电流密度。这种增长在 65 入射波长较长时愈发明显,因为此时器件内部深处有更多的载流子被激发。小入射波长情况下特征曲线的变化梯度很陡峭,直至光波的入射深度(与吸收系数成反比)超过扩散长度,导致出现明显复合损失,此时电子无法全部收集。在下列组合中可以观测到 Δn 的较高值:

图 5.1a：　　$L_n = 50\ \mu m$，　　　　$\lambda = 900\ nm$，　　　此时 $\alpha = 8 \times 10^2\ cm^{-1}$；

图 5.1b：　　$L_n = 150\ \mu m$，　　　$\lambda = 1050\ nm$，　　此时 $\alpha = 50\ cm^{-1}$。

式(5.1)中的载流子特征符合 $\alpha \cdot L_n \approx 1$。按照式(3.33)关于匀质半导体的相同思路可以推出，当 $\alpha \cdot L_n = 1$ 时 $\Delta n(x)$ 取值最高，即此时在特性曲线有明显最大值。但由于无法利用位于 np 结位置的载流子梯度确定光电流，更无法利用载流子浓度最大值对其施加的影响(见式(4.7)与式(4.16))，所以载流子浓度的最大值应受到限制，因为该最大值仅增加了载流子的复合损失。

现在我们将视线再次转向式(4.10)中的光电流密度 $j_{n,\,phot}$，从中可以得到

$$
\begin{aligned}
j_{n,\,phot}(\lambda) &= \frac{q \cdot L_n G_0(\lambda) \cdot e^{-\alpha(\lambda) d_{em}}}{1 + \alpha(\lambda) \cdot L_n} \\
&= \frac{q \cdot \Phi_{p0}(\lambda)}{A} \cdot e^{-\alpha(\lambda) \cdot d_{em}} \cdot \frac{\alpha(\lambda) \cdot L_n}{1 + \alpha(\lambda) \cdot L_n} \\
&= \frac{q \cdot E_\lambda(\lambda) \cdot \lambda}{h \cdot c_0} \cdot e^{-\alpha(\lambda) \cdot d_{em}} \cdot \frac{\alpha(\lambda) \cdot L_n}{1 + \alpha(\lambda) \cdot L_n}
\end{aligned}
\tag{5.2}
$$

该表达式同样取决于乘积项 $\alpha \cdot L_n$，但是与之前相比又有些不同。当 $\alpha \cdot L_n > 1$ 时(例如太阳光谱的蓝区)，表达式中含有 $\alpha \cdot L_n$ 的分式消失(此时该分式近似为 1)。在相反情况 $\alpha \cdot L_n < 1$(太阳光谱红外区)下，单色光电流 $j_{phot}(\lambda)$ 较之前减少了 $\alpha \cdot L_n$ 倍。这一点对于 np 结的光电流而言，其关系不同于之前讨论过的过剩少数载流子特征，即在 $\alpha \cdot L_n \approx 1$ 的情况下存在最大值。此时可以得到 $\alpha \cdot L_n > 1$ 时，符合式(5.2)的光谱光电流密度最大值。其前提条件为下式中的单色光子流量密度 $\Phi_{p0}(\lambda)$ 对于其自变量 λ 保持不变。

$$
\begin{aligned}
j_{max}(\lambda) &= j_{n,\,phot}(\lambda) \Big|_{\alpha(\lambda) \cdot L_n \gg 1} \\
&\approx \frac{q \cdot \Phi_{p0}(\lambda)}{A} \cdot e^{-\alpha(\lambda) \cdot d_{em}} = \frac{q \cdot E_\lambda(\lambda) \cdot \lambda}{h \cdot c_0} \cdot e^{-\alpha(\lambda) \cdot d_{em}}
\end{aligned}
\tag{5.3}
$$

总结上述讨论可以确定，当吸收因数 α 和少数载流子扩散长度 L_n 足够大时，可以获得最大光谱光电流。从光线的平均入射深度 α^{-1} 和基底厚度 d_{ba} 的对比中可以得到吸收因数的有效值。当太阳电池厚度大于吸收因数的倒数时，光线被有效吸收；当扩散长度大于太阳电池厚度时，大多数光生载流子能够被收集。同时注意，应保持发射层厚度 d_{em} 尽量小(式(5.3)中的因数 $e^{-\alpha \cdot d_{em}}$)，从而确保吸收过程主要发生在靠近空间电荷区的基底层中(小平均入射深度)，继而使在基底层中产生的，具有高扩散长度的过剩载流子同样可以扩散至空间电荷区。由此可以得出图 5.1a 和 5.1b 中相对较低的过剩载流子浓度特征。例如当 $\lambda = 700\ nm$ 或更短时，其变化曲线在基底接触处十分平缓，但在 $x = 0$ 处具有陡峭梯度变化，这种梯

度变化显示了这里存在大量光电流。这里必须再次强调的是:小注入光电流通过(扩散)梯度差向空间电荷区流动,而不是作为最大值保持固定不变。重要的是,不仅过剩载流子在基底中产生,而且要使其能够向 np 结扩散,从而在空间电荷区被分离。如果扩散和分离措施都不起作用,则过剩载流子就会沦为对光伏毫无价值的复合作用的牺牲品。在过剩载流子浓度的高极值条件下(如图 5.1a 中 $\lambda = 900$ nm),还须额外处理太阳电池背面基底接触处的非期望的复合效应。

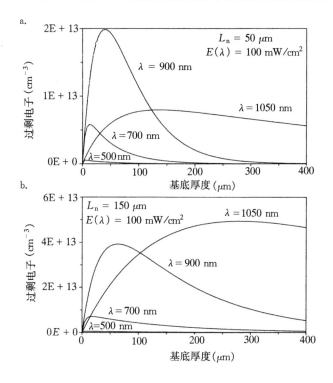

图 5.1 np 结晶体硅太阳电池(基本模型):短路条件下($U=0$),两种不同扩散长度 L_n 分别对应的太阳电池基底中由单色光激发产生的剩余电子浓度特征 $\Delta n(x)$。

将太阳电池的光电流密度 $j_{\mathrm{phot}}(\lambda)$ 除以照射光强度 $E(\lambda)$,即可得到 np 型太阳电池(见式(5.2))基底的(绝对)光谱灵敏度

$$S_{\mathrm{Basis}} = \frac{j_{\mathrm{n,phot}}(\lambda)}{E_\lambda(\lambda)} = \frac{q\lambda\,\mathrm{e}^{-\alpha \cdot d_{\mathrm{em}}}}{hc_0} \cdot \frac{\alpha L_n}{1 + \alpha L_n} \tag{5.4}$$

通过测量辐射能量密度为 E_λ 的窄带($\Delta\lambda \approx 20 \sim 50$ nm)光源照射下的短路光电流密度 $j_{\mathrm{phot}}(\lambda)$,可得光谱灵敏度 S;它的单位为 A/W(见 4.2.4 节和本节专题)。除了基底分量以外,还需要额外测量发射极分量,也就是实验数据总量

$$S_{\mathrm{exp}}(\lambda) = \frac{j_{\mathrm{phot}}(\lambda)}{E_\lambda(\lambda)} \tag{5.5}$$

通过对比测量曲线与计算曲线之间的差别,可以计算出诸如基底中的少数载流子扩散长度 L_n 或发射层厚度 d_{em} 等作用影响参数。测量曲线中应同时考虑光电流密度计算中的反射因数 $R(\lambda)$,并且在实际计算中作相应调整。

图 5.2~5.4 中分别展示了经计算得出的各种光谱灵敏度曲线。基底分量与发射极分量被分开展示。扩散长度 L_n 的变化范围为 $10~\mu m \sim 250~\mu m$。L_n 值越大,光谱灵敏度峰值 $S_{\max}$ 越深入光谱红外区。基底中的少数载流子扩散长度由此被证明了是一种重要的器件参数(图 5.4 左)。该扩散长度必须大于基底厚度。另外发射极厚度与表面钝化工艺的联系十分紧密。其厚度应做到尽量小,甚至与空间电荷区的宽度相同。发射极的厚度在高掺杂条件下仅为 $0.1 \sim 0.2~\mu m$。

图 5.5 中的测量曲线都作了以各自峰值 $S_{\max}$ 为基准的归一化处理。它们展示了一组"蓝色"和"紫色"的 np 型硅太阳电池。经测量得到的 $R(\lambda)$ 曲线也被相应给出。计算模拟的修正值在图中用小圆圈标出。在峰值 $S_{\max}$ 基础上经归一化处理过的数值被定义为相对光谱灵敏度,这一点与式(5.4)和式(5.5)中的绝对光谱灵敏度不同:

$$S_{\mathrm{rel}}(\lambda) = \frac{S(\lambda)}{S_{\max}} \ (\leqslant 1) \tag{5.6}$$

图中还给出了不同种类的弱化反射表面补偿作用于同型太阳电池光谱灵敏度的影响曲线。

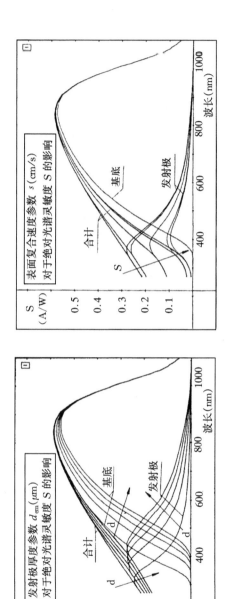

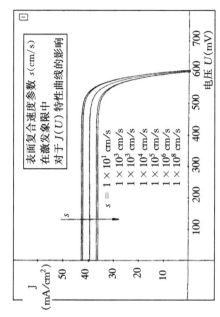

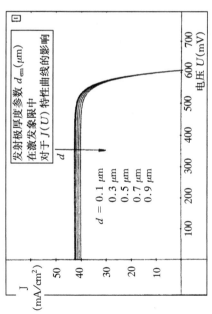

图 5.2 以发射极参数 d_{em} 和 s 为自变量的 np 型硅太阳电池的激发特性曲线和光谱灵敏度[Sch82]

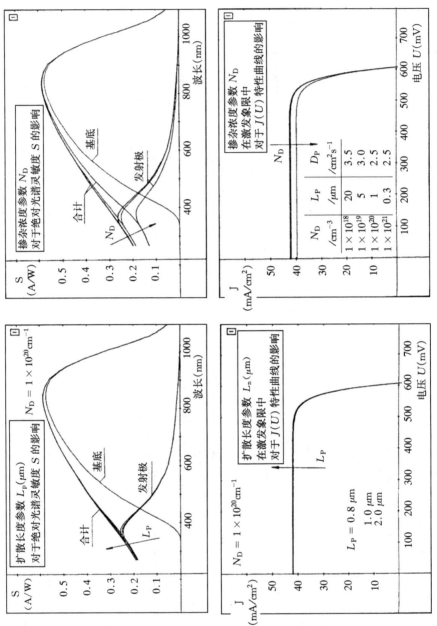

图 5.3 以发射极参数 L_p 和 N_D 为自变量的 np 型硅太阳电池的激发特性曲线和光谱灵敏度[Sa82]

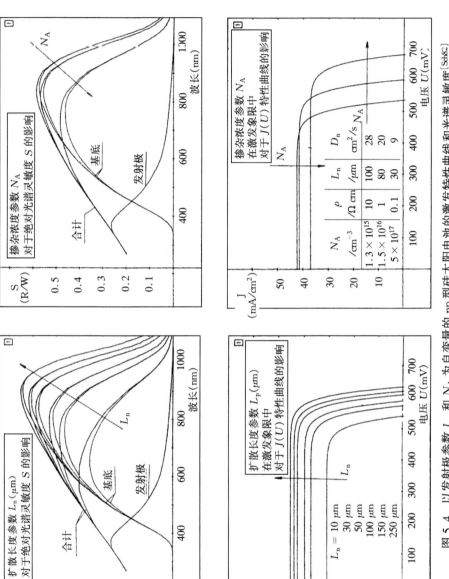

图 5.4 以发射极参数 L_n 和 N_A 为自变量的 np 型硅太阳电池的激发特性曲线和光谱灵敏度[Schk82]

71

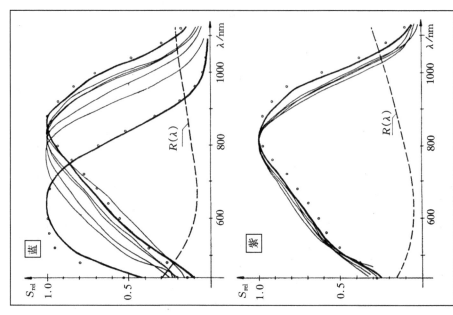

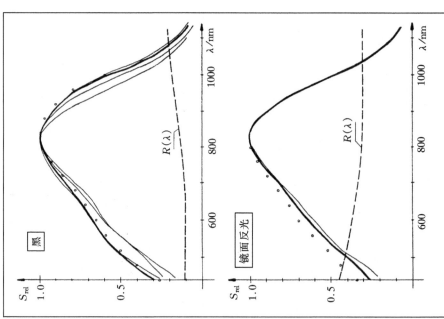

图 5.5　具有不同表面反射颜色的 np 型硅太阳电池的实际测得光谱灵敏度[Sch82]

光谱灵敏度测量

下图给出了一种用于测量光谱灵敏度和光谱反射率的简单仪器构造。卤素灯灯丝发出的光线首先通过凸透镜进入单色仪的入射缝,随后通过偏射镜和准直反射镜形成平行光线,并进入背面反射的三棱镜中。此时,被分离出的特定波长光束经凹面镜水平聚焦后,从出射缝射出。然后由单色仪外的凸透镜将聚焦分离出的单色光线再次作平行处理,使其均匀照射在需测量的太阳电池面板样品上。该测量样品放置于非透明避光箱中的稳热支架上。

测量仪器中的透镜由低折射率的冕玻璃制成,而三棱镜材料为高折射率玻璃(石英)。在这种测量仪器的自动测量中,光栅棱镜由于其线性散射特性而被广泛使用。

测量样品垂直放置于光轴,测得的光谱灵敏度同时与参考硅晶太阳电池的测量值做对比。实际硅晶太阳电池为定点接收角度可调式;或接收光线分量可调式。实际测量量为短路电流。通过对比实验测量值与校准样品测量值,可以抑制未知辐射强度的影响,从而确定测量样品的光谱灵敏度。

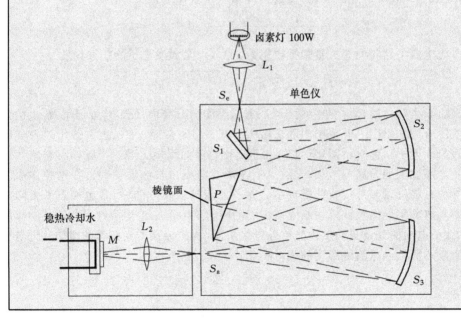

5.2   发电特性的温度特性

太阳电池的发电特性曲线与技术参数大多在标准条件下（AM1.5$_{地球}$,100 mW/cm^2,25℃）测量得出。这些标准测量值在实验室外的实际应用环境中很少出现。辐射能作用产生热能,在晴朗的天气条件下,或是在赤道地区,太阳辐射往往使太阳能器件的温度超过 70℃。此时半导体器件的温度特性导致了太阳电池的发电特性值与理想条件下测得的数据值之间出现明显偏差。下面将详细讨论晶体硅 np 结太阳电池中造成这种现象的主要原因和影响。通过第 4 章中所讨论的模型可以得出硅太阳电池中的短路电流密度为

$$j_k = j(U=0, E) = j_0 \cdot (e^0 - 1) - j_{phot}(E) = -j_{phot}(E) \tag{5.7}$$

并且开路电压为

$$0 = j(U=U_L, E) = j_0 \cdot (e^{U_L/U_T} - 1) - j_{phot}(E)$$

$$\Rightarrow U_L \approx U_T \cdot \ln\left(\frac{j_{phot}(E)}{j_0}\right) \tag{5.8}$$

由于发射极厚度小、掺杂浓度高,在这种情况下的电流密度可以利用基极中的光电流密度和反向饱和电流密度进行很好的近似表达

$$j_{phot}(E) = \frac{q\Phi_{p0}(\lambda)}{A} \cdot \frac{\alpha(\lambda)L_n}{1+\alpha(\lambda)L_n}, \text{ 其中 } j_0 = qn_i^2\frac{D_n}{L_nN_A} \tag{5.9}$$

光电流中的时间相关量为吸收系数 $\alpha(\lambda)$,以及激发电子的扩散长度

$$L_n = \sqrt{D_n \cdot \tau_n} = \sqrt{\frac{kT}{q} \cdot \mu_n \cdot \tau_n} \tag{5.10}$$

由于半导体晶体材料中的声子散射随温度的升高而加强,电子迁移率 μ_n 也会在实际应用的温度上升范围内随之略微下降。但是热能 kT 的上升强于这种现象所带来的电子迁移率下降,所以 L_n 的总变化趋势为缓慢上升。半导体材料的禁带宽度会随温度的升高而减小,导致了吸收系数向光谱长波段偏移。在这种作用下半导体材料可以额外吸收能量较小的光子。而扩散长度的增加,也加强了太阳电池对其内部深处的长波辐射激发载流子的吸收能力。在上述两种现象的共同作用下,太阳电池的光谱灵敏度向光谱"红"区扩展,从而导致了光电流的增加。光电流的吸收系数是光电流随温度的相对变化量

$$TK\{j_{phot}\} = \frac{1}{j_{phot}} \cdot \frac{\partial j_{phot}}{\partial T} \tag{5.11}$$

其范围在 $10^{-4} \cdot K^{-1}$ 数量级,也就是说,温度每升高 50 K,光电流就随之增加约 2%。随温度的升高而变窄的半导体材料禁带宽度为

$$\Delta W(T) = \Delta W_0 - \frac{a \cdot T^2}{b+T}, \text{ 其中 } \Delta W_0, a, b \text{ 为常数} \tag{5.12}$$

其作用结果不仅仅为光电流密度的上升,并且同时导致了反向饱和电流密度

j_0 上升和开路电压下降。下面将详细讨论这种相互作用关系。

表 5.2 计算禁带宽度随温度变化时所使用的参数

材料	ΔW_0(eV)	a(eV/K)	b(K)
Si	1.17	4.73×10^{-4}	636
GaAs	1.52	5.4×10^{-4}	204

首先,类似于对光电流密度的研究,需要确定出半导体禁带宽度 ΔW 的温度系数:

$$TK\{\Delta W\} = \frac{1}{\Delta W} \cdot \frac{\partial \Delta}{\partial T} = \frac{1}{\dfrac{a \cdot T^2}{b+T} - \Delta W_0} \cdot \frac{2abT + aT^2}{(b+T)^2}$$

$$\frac{1}{b+T} \cdot \frac{1 + 2b/T}{1 - \Delta W_0 \dfrac{b+T}{aT^2}} \tag{5.13}$$

对于硅材料,根据表 5.2 中所列参数可以得出:$T = 300$ K 时,$TK\{\Delta W\} = -2.26 \times 10^{-4}$ K^{-1};$T = 350$ K 时,$TK\{\Delta W\} = -2.49 \times 10^{-4}$ K^{-1}。热能和半导体禁带宽度通过玻耳兹曼分布函数,共同影响由热激发引起跃迁的电子数量;以及半导体中,自由载流子分别占据价带和导带的情况。温度对半导体性能的强烈影响也可以从本征载流子浓度表达式中得出:

$$n_i = \sqrt{N_L N_V} \cdot e^{-\Delta W/(2kT)}, \text{ 其中 } N_{L,V} = 2\left(\frac{2\pi \cdot m_{L,V} \cdot kT}{h^2}\right)^{3/2} \propto T^{3/2} \tag{5.14}$$

因为 ΔW 在式中以指数函数的形式出现。对于反向饱和电流密度

$$j_0(T) = n_i^2(T) \cdot \frac{\mu_n \cdot kT}{L_n \cdot N_A} \tag{5.15}$$

在忽略温度对迁移率和扩散长度的细微影响,同时假设掺杂全部电离($N_A \neq f(T)$)的前提下可以得到

$$j_0(T) \propto T^4 \cdot e^{-\Delta W/(kT)} \tag{5.16}$$

关于 n_i 值的近似计算详见习题(5.03)。

通过求解指数方程可以得到温度系数:

$$TK\{j_0\} = \frac{1}{j_0} \cdot \frac{\partial j_0}{\partial T} = \frac{4}{T} - \frac{\Delta W}{kT} \cdot \left(TK\{\Delta W\} - \frac{1}{T}\right) \tag{5.17}$$

带入 $T = 300$ K 后可得 $TK\{j_0\} = 0.168$ K^{-1}。可以看出当温度升高 50 K 时,光电流仅随之增加 2%,而暗电流在同一温度变化区间内的增幅却高于 1000 倍!这个结果对于开路电压的影响十分明显,因为发电曲线是由光电流曲线叠加暗电流曲线后获得的。暗电流的升高导致了发电特性曲线与横坐标轴的交点向电压减小的方向移动。该温度参数可由计算得出:

$$TK\{U_L\} = \frac{1}{U_L} \cdot \frac{\partial U_L}{\partial T} = \frac{1}{T} + \frac{1}{\ln\left(\dfrac{j_{phot}}{j_0}\right)} \cdot (TK\{j_{phot}\} - TK\{j_0\}) \quad (5.18)$$

该表达式的值主要由暗电流的温度特性决定。尽管这种温度变化量的系数很小($\approx 5 \times 10^{-2}$),但是这种变化幅度却超越了以热能形式给出的,同时随温度增加的开路电压的上升趋势。通常情况下开路电压的温度参数取值为 $TK\{U_L\} = -5 \times 10^{-3}\,K^{-1}$。在上述情况下开路电压随温度的下降速度高于光电流的上升速度;总体上表现为当温度升高时,能量转换率随之下降。在户外条件下,升温可以导致实际能量转换效率比实验室中测得的理论转换效率降低 20%。

76 5.3 改进型单晶硅太阳电池的参数

通过式(5A.3)可以估算出改进型单晶硅太阳电池的重要特性参数。根据 AM1.5 光谱(见附录 A.3)大致可得地球辐射强度为 $100\,mW/cm^2$。根据对极限转换率的计算结果(见 4.6 节),可知硅二极管将太阳辐射功率转换为电功率的最高转换率为 $\eta_{max} = 30.6\%$。假设太阳电池 np 结的基底作用可忽略、发射基厚度为 $0(e^{a \cdot d_{em}} \approx 1)$,并且反射损失同样忽略不计,此时 np 型单晶硅太阳电池的改良光电流密度为

$$j_{phot,opt}(AM1.5) \cdot U_{L,opt} \cdot FF_{opt} = \eta_{opt} \cdot E \quad (5.19)$$

同时根据式(5.8),改良后的开路电压为

$$U_{L,opt} \approx U_T \cdot \ln\left(\frac{j_{phot,opt}(E)}{j_0}\right) \quad (5.20)$$

改良系数 FF_{opt} 详见式(4.31)。在这里,$j_{phot,opt}(E)$ 中的辐射功率影响以反向饱和电流密度 j_0 的形式出现,j_0 由式(4.19)给出。假设基底厚度足够大($d_{ba}/L_n \to \infty$)、发射极厚度足够小($d_{em}/L_p \to 0$),并且忽略表面复合作用的影响($s \to 0$),此时基底分量仅包含电子扩散电流

$$j_0 \approx q \cdot n_i^2 \cdot \frac{D_n}{L_n \cdot N_A} \quad (5.21)$$

从上式中可以看到,与半导体工艺参数相关的扩散长度和基底掺杂浓度对 U_L 的直接影响。扩散常数在近似计算中可视为定值。扩散长度与掺杂浓度有关。当掺杂浓度很低时,对应的扩散长度值很高(见表 5.1)。在基础生产工艺中将式(5.21)中的乘积项设为 $(L_n \cdot N_A)_{opt} \approx 5 \times 10^{14}\,cm^{-2}$,从而可以得到优化开路电压 $U_{L,opt}$。利用之前的 4 个公式(式(4.31)、式(5.19)、式(5.20)、式(5.21)),对 $\eta_{max} = 30.6\%$ 进行数值计算后可得

$$j_{phot,opt} = 55\,mA/cm^2; \ U_{L,opt} = 0.65\,V; \ FF_{opt} = 0.84 \quad (5.22)$$

利用实验室工艺制成的单晶硅太阳电池的优化电流密度十分接近理论 $j_{phot,opt}$ 值。通过与 4.6 节中二极管太阳电池模型的极限转换效率值比较后得知:尽管二

者的 $j_{\text{phot,opt}}$ 相同,但是各自的 $U_{\text{L,opt}}$ 和 j_0 有很大出入(见图 4.7 及其注释)。

有几种方法可以改善器件特性:例如提高基底掺杂浓度,同时不降低载流子的 77 扩散长度;通过特殊工艺,例如太阳电池背场(BSF:Back Surface Field)改变 L_n 与 N_A 的相互关联。利用 BSF 技术可使乘积项 $L_n \cdot N_A$ 提高一到两个数量级,从而使太阳电池开路电压和转换效率分别提升至 $U_L \approx 700$ mV 与 $\eta = 27\%$。如果实际器件性能没有达到这样的数据,则是由寄生电阻 R_S 和 R_P(见 4.5 节),以及高反射损失造成的半导体材料不完全吸收等原因造成的。

5.4 晶体培育

太阳能级单晶硅的制备需要在高材料纯度和低生产成本之间权衡。在实际生产中使用两种单晶硅制备法:直拉法和悬浮区熔法。

CZ-硅晶圆来源于利用切克劳斯基生长法(见图 5.6 左图)生产出的单晶硅。这种晶体生长的原理是将籽晶伸入高温坩埚内熔融物中,并在籽晶生长的同时缓慢提高生长体而得到单晶体。利用这种方法得到的单晶硅棒在棒体轴向上存在掺杂浓度差,从而导致轴向电阻率变化(这种变化在晶格方向⟨111⟩上十分明显,⟨100⟩方向由于制备工艺的原因而受影响较小)。不仅如此,高温环境下来自于石英坩埚的氧原子溶解于硅晶体内部($N_O \geqslant 10^{17}$ cm^{-3}),也严重影响 CZ-单晶硅的特性。氧原子在缓慢冷却时在晶格内部形成施主缺陷,这种缺陷可以通过淬火法得到抑制:即晶体首先被加热至 650℃,而后快速降温。在淬火过程中晶体内部会产生应力,从而产生可以聚集杂质的位错网络,但是却同时降低了少数载流子的扩散长度。利用位错网络可以让杂质聚集,使局部降低杂质缺陷。通过特殊处理 CZ-硅晶圆,让晶圆的一面聚集杂质,可以提高另一面的少数载流子扩散长度。但由于太阳电池并非平面结构,而是利用整体晶圆厚度进行光伏转换,所以其转换效率不会因此而得到提升。另一方面,提高内部溶解的氧原子可以增加大尺寸 CZ-硅晶圆片(15×15 cm^2,或直径 6~8 英寸)的机械强度,这对于提升太阳电池片产量有着积极的意义。

FZ-硅晶圆来源于利用高频感应加热元件将多晶硅棒局域内部融解后得到的单晶硅(见图 5.6 右图)。多晶硅棒悬置于充满惰性气体的容器内,其被加热后晶体分子沿籽晶方向重新排列构成单晶体。由于制备过程中晶体不与外界接触,因 78 此不存在被污染过程。通过反复区域融解除杂的步骤,原先存在于多晶硅内部的杂质由于其本身分别位于固相和液相中的分布系数不同,从而使其含量得以明显降低。晶体硅中的几种主要杂质都具有 $k < 1 (k = C_S / C_l)$,因此这些杂质都可以在结晶过程中饱和析出,达到在逐级局域融解过程中除杂的效果。一般情况下,FZ-单晶硅的电阻率和少数载流子扩散长度值都高于 CZ-单晶硅。另一方面,FZ-硅晶圆片的机械强度较低。

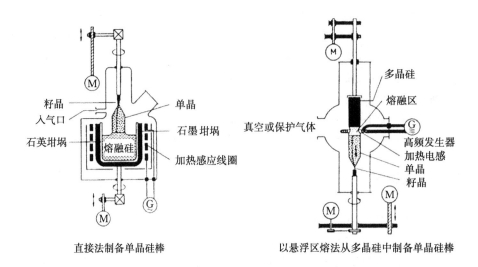

直接法制备单晶硅棒　　　　　以悬浮区熔法从多晶硅中制备单晶硅棒

图 5.6　单晶硅棒的生产工[Schu91]

在实际生产中,人们通常使用〈100〉方向的 CZ -单晶硅作为近地应用的太阳电池,而价格昂贵的 FZ -单晶硅通常应用于航天领域(例如通信卫星的太阳电池板)。尽管如此,航天工程中已经出现越来越多的 CZ 太阳电池。利用外圆切割和线锯切割技术得到厚度为 0.2～0.3 mm 的硅晶圆,其自身的机械强度可以保证尺寸为 15×15 cm² 或直径 6～8 英寸的太阳电池的生产与组装。

外圆切割锯由安装在外圆周、刀口向内的圆环形刀片进行切割。这种特殊的组装方式使其在切割过程中的刀刃振动远小于刀口向外、切割时产生轴向位移的圆形刀片。因此外圆切割锯在切割单晶硅棒时产生的边角料和材料损失更少,并且能切出更薄的晶圆。现实中更经济的方法是线锯切割。这种方法使用一组表面附着金刚石颗粒的金属线,通过驱动轴带动,同时来回切割单晶硅棒。

硅棒的切割过程中损失的纯硅以近似等量的粉尘形式存在。如何再次利用这些切割损失材料,成为了至今仍然无法完全解决的生产缺陷。目前所采用的替代方法有 EFG 工艺(见图 6.7)等。

5.5　制备

原料:　　　　　CZ -单晶硅(直径 6～8 英寸,2 米长,〈100〉晶向,1～10 Ωcm,p 型(硼掺杂))。

1.切割:　　　　外圆锯切割,晶圆厚度:200 ～ 400 μm。

2.研磨与清洁:　研磨料 Al₂O₃(10 μm 颗粒),双面研磨至晶圆厚度为 180、200 或 250 μm;KOH 刻蚀。

3. 背面 pp⁺ 结 注入掺杂： 注入硼(B)，在 p 型基本掺杂中产生 p 型高掺杂区，用于产生背场和接触区。

4. 发射极扩散掺杂：在背面覆盖扩散掩膜，然后在石英管中进行磷扩散(800℃，$PBr_3 + N_2$，扩散深度：$0.1 \sim 0.2\ \mu m$)。

5. 金属化镀膜： 背面：Al 在真空中进行全面积蒸发镀膜；正面：栅结构，真空环境下 Ti/Pd/Ag 蒸发镀膜，400℃烧结成型。

6. 光学补偿： 真空环境下 TiO_x($1 \leqslant X \leqslant 2$)或 Ta_2O_5 溅射镀膜，400℃烧结成型。

7. 切片： 切割成型：航天用太阳电池：$2 \times 4\ cm^2$，$4 \times 6\ cm^2$。

8. 测试： 目视检测：ARC 涂层均匀度；机械测试：接触附着度；光电测试：AM0 或 AM1.5 照射下的 I(U)特性曲线(照射测试——译者注)。

9. 串组与模块安装： 晶圆板组装成串组(I_K)，串组安装为模块(U_L)、导线焊接、玻璃保护层安装、载体安装、以及模块的闪光测试。

成品： n^+pp^+ 单晶硅太阳电池模块，电池厚度 $d_{SZ} \approx 200\ \mu m$ 时扩散长度 $L_n > 200\ \mu m$，转换效率 η_{AM0}($T = 28$℃)$\geqslant 15\%$，辐射测试($e/10^{-15}\ cm^{-2}$，$1\ MeV$)：$\eta/\eta_0 \geqslant 0.70$，卫星发电用模块化组装高功率太阳电池($1 \sim 20\ kW$)。

注释：BSF 注入掺杂(步骤 3)：

额外的背面注入掺杂形成 pp⁺ 结，并且产生额外空间电荷。过剩电子在这些空间电荷附近被驱回至太阳电池内部(反射)(见图 5.7)，造成扩散长度虚高，并且由此进一步引发背部表面复合速度虚低。高掺杂浓度驱使费米能级进一步向能带边缘靠近，从而额外提高了开路电压。除此以外金属覆层下的 p⁺ 掺杂更有利于形成欧姆接触[God73]。

图 5.8 中展示了一种典型的单晶 CZ 太阳电池在地表应用中的性能参数。

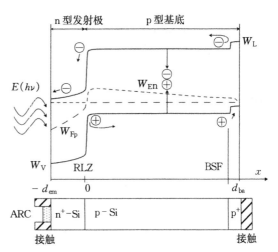

图 5.7 具有背电场的太阳能电池模型

Bosch Solar Cell M 3BB | Bosch Solar Energy

高阻单晶 CZ 硅

产品特性

尺寸	156 mm × 156 mm (±0.5 mm) 伪正方形
对角线长度	205 mm ±1 mm
平均厚度	200 μm (±40 μm) 180 μm (±30 μm)
正面接触(−)	3 x 1.5 mm　银制网状汇流条，氮化硅防反射层
背面接触(+)	3 x 4 mm　　银制网状汇流条，铝制 BSF 背电场
反向暗电流	I_{rev} ≤ 1.5 A @ −12V

电学参数：

功率级别	转换率(%)	P_{mpp}* (W)	V_{mpp}* (mV)	J_{mpp}* (mA)	V_{oc}* (mV)	I_{sc}* (mA)
4.19	17.27–17.47	4.19	520	8070	617	8650
4.14	17.07–17.27	4.14	514	8011	609	8595
4.09	16.87–17.07	4.09	509	8000	607	8584
4.04	16.67–16.87	4.04	507	7969	605	8567
3.99	16.47–16.67	3.99	504	7933	603	8527
3.94	16.26–16.47	3.94	503	7863	599	8476
3.89	16.06–16.26	3.89	497	7821	596	8400
3.85	15.86–16.06	3.85	496	7757	596	8377
3.80	15.66–15.86	3.80	495	7675	597	8349
3.75	15.45–15.66	3.75	490	7610	598	8342

以上数据在标准测试环境(STC)下测得：1000 W/m², AM 1.5, 25 ℃；宽容度 P：±1.5% rel **

温度参数：α (I_{sc}) +0.03%/K　β (V_{oc}) −0.37%/K　γ (P_{mpp}) −0.51%/K

贮藏条件：

▶ 防尘条件下室温贮藏

加工建议：

▶ 焊条

− 镀锡铜焊条

− 2.0 mm × 0.15 mm

− 焊点厚度：10 − 15 μm

弱光照射特性：

Intensität [W/m²]	V_{mpp} [%]	I_{mpp} [%]
1000	0.0	0
800	0.0	−20
700	0.0	−30
600	−0.9	−40
400	−2.1	−60
300	−2.9	−70
200	−5.1	−80
100	−8.7	−90

* 以上电学参数均为特定的时期内的产品平均参数 Bosch Solar Energy AG 公司不为未来同等产品提供相同参数保证

** 此宽容度由基准电池板测得，该电池板经过弗莱堡夫琅禾费太阳能研究(Fraunhofer ISE)校准

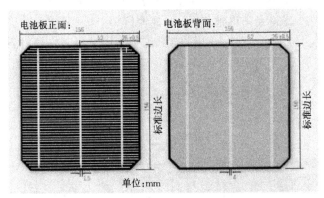

电池板正面：　　　　电池板背面：

单位：mm

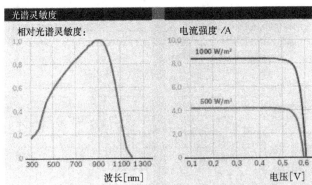

光谱灵敏度

相对光谱灵敏度：

波长[nm]

电流强度 /A

1000 W/m²

500 W/m²

电压[V]

图 5.8[①]　高阻单晶 CA 硅太阳能电池 M 3BB 的地表应用性能参数表 Bosch Solar Energy AG，Erfurt

① 本图位于原书 81 页。

图 5.9 显示了一种 np 结单晶硅太阳电池辐射电阻的测量结果:左图为光谱灵敏度 $S=f(\lambda)$,右图为 AM0 光谱的发电曲线 $I(U)$,同时标示出了最高功率点("P_{max}")。(辐射电阻详见 5.7 节)。测量样品为 4 cm² 的太阳电池板,测得的转换效率 $\eta=14.1\%$,填充因数 $FF=71.6\%$,以及最佳负载电阻 $R_L=2.8\ \Omega$。

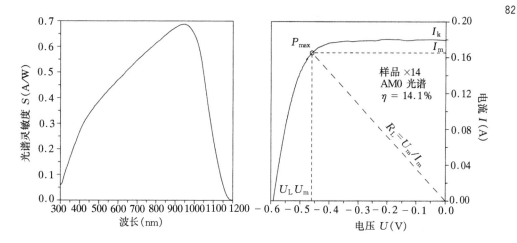

图 5.9　一种 np 型航天太阳能电池在 $T=25℃$ 时的测量数据(面积 $A=4$ cm²)

左图:光谱灵敏度 $S=f(\lambda)$,

右图:模拟 AM0 照射下的发电曲线 $I=f(U)$（136.7 mW/cm²）

5.6　高功率太阳电池

正如在第 4 章中得出的结论,太阳光谱的吸收系数 $\alpha(\lambda)$ 和吸收层内少数载流子的扩散长度(一般情况下为电子的扩散长度 L_n),即二者的乘积 $\alpha \cdot L_n$(见式(5.2))决定了能量转换程度。当 $\alpha \cdot L_n > 1$ 时,能量转换程度不再由该乘积项决定,此时光电流密度最大。对于单晶硅而言,其吸收系数 $\alpha(\lambda)$ 不受影响,而少数载流子的扩散长度 L_n 也是有限值。

一种改进方法:延长光线在太阳电池半导体中的光路。通过表面绒化(刻蚀或激光刻槽)可以达到这一目的。利用这种工艺可使入射光在太阳电池表面多次反射,反射光线还有二次机会进入半导体电池内部(见图 5.10)。太阳电池背面也可制成这种结构,使未被吸收的入射光线再次反射回半导体内。

通常情况下,当半导体表面经过刻蚀或刻槽处理后会增加表面复合机会。由于多次反射的入射吸收发生在半导体表面附近,所以应当把太阳电池正反面的表面复合速度尽量控制到最小,并且与发射极的扩散宽度或深度无关。

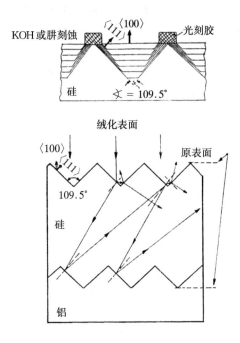

图 5.10　上图：利用 KOH 或肼在〈100〉硅表面进行各向异性刻蚀产生光陷阱。
　　　　　图示标出了硅材料两种不同方向上逐级刻蚀的刻痕。
　　　　　刻蚀速率取决于硅原子占据晶面的密度；密集占据的〈111〉面刻蚀速度快，
　　　　　相对低密度占据的〈100〉面刻蚀速度慢。
　　　　　下图：光线通过刻蚀形成的表面槽的光路图示。

　　通过研究硅材料高功率太阳电池的发展历史，可以更好地理解目前常用的太阳电池生产方式。

　　上世纪 80 年代中期，澳大利亚新南威尔士大学和美国斯坦福大学的科研人员分别提出了高功率单晶硅太阳电池概念，这种太阳电池的器件表面处理采用微电子工艺，可以达到之前讨论过的改进要求。但是这些处理工艺（光刻、热氧化层结构）使太阳电池的总生产成本提高。而另一方面，却因为这项重要的"瘦身"工艺便于工业规模生产，使成本大为降低。

　　这类高功率太阳电池的第一种型号是澳大利亚的 μg-PESC（见图 5.11）。这种太阳电池经过激光刻槽和氧化处理，具有 p^+ 型 BSF 背场层。

　　在此基础上的改进类型为单面激光刻槽埋层接触型太阳电池（见图 5.12）。其正反面经过各向异性刻蚀（例如使用 KOH）的表面绒化处理，使用激光正面刻槽（20 μm 宽，60 μm 深），最后通过高掺杂（n^{++}）并沉积镍与铜形成接触。最终的改进型号为双面激光刻槽埋层接触型太阳电池，其背面同样经过激光刻槽与金属

沉积处理,并且具有 p^+ 型 BSF 背场层(见图 5.13)。该类型单晶硅太阳电池的最 84
高转换效率为 $\eta_{AM1.5} = 24.8\%$。

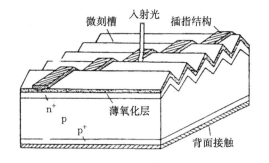

图 5.11 μg-PESC 太阳电池[Gre85],$\eta_{AM1.5} = 21.5\%$

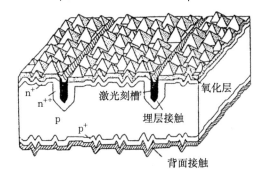

图 5.12 单面激光刻槽埋层接触型太阳电池[Gre87],$\eta_{AM1.5} = 19.4\%$

斯坦福大学于 1985 年提出了点接触型单晶硅高功率太阳电池,这种太阳电池的背面具有两种插指型接触(分别连接 n^+ 发射极和 p^+ 基底),使对复合作用敏感的器件背面得到钝化保护(见图 5.14)。通过 KOH 表面绒化和热氧化处理的高阻值 n 型 FZ 硅材料(厚度约为 150 μm)在集束太阳光照射下的转换率为 $\eta_{(100 \times AM1.5)} = 27.5\%$,单束太阳光照射下为 $\eta_{AM1.5} = 22.2\%$。值得一提的是其宣称的极低复合作用参数:$\tau > 1.5$ ms 和 $s < 8$ cm/s。

以上介绍的几种太阳电池为了达到最高转换率都需要付出高昂成本的代价。这些生产制造的思路可以借鉴,但对于绝大多数应用而言,其经济效益并不高。如何降低生产成本是一项持续性的挑战。

科研的重点一直着眼于如何降低生产成本与提高转换效率。具体来说就是如何尽量避免使用诸如高温与真空生产环境、光刻等高成本生产工艺,以及如何节省贵重材料在生产中的消耗。如果能够通过使用光线直射、表面绒化与沉积光学散射中心等方法,使入射光线被超薄层材料吸收,则可使硅太阳电池的厚度降低至约

85

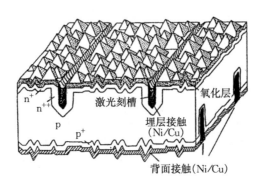

图 5.13　双面激光刻槽层接触型太阳电池[Gre90]，$\eta_{AM1.5}=23.5\%$

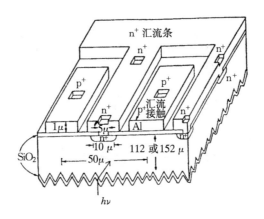

图 5.14　具有插指结构的点接触型高转换率太阳电池[Sin86]，$\eta(100\times AM1.5)=27.5\%$

20 μm。太阳电池对载体材料的要求很低，例如可以将硅薄层沉积在陶瓷基板上制成实用器件[Ehr00]。当扩散长度超出基底层厚度的 2～3 倍时，所有激发载流子
86　即可尽数收集。根据式(4.19)，基底层厚度减小会导致反向饱和电流减小。通过实验已经证实，这种现象所导致的开路电压升高[Kol93]。

5.7　航天应用中的太阳电池特性退化现象（即辐射损伤）

　　作为卫星能源供应的太阳电池板，在太空中受到太阳风里的电子和质子的不断冲击，性能逐步下降（辐射损伤）。地球磁场俘获太阳风中的带电粒子，使其围绕磁场线作圆周运动。此时带电粒子的运动轨迹为螺线形，且在赤道区的运动轨迹为大圆与长螺距；临近两极时轨迹圆直径与螺距都相应减小，直至进入极区的非均匀磁场后沿磁场线向另一极点作反向运动（磁反射）。带电粒子进入平流层后与空

气分子相互作用并释放能量（极光现象），直至最后中和，整个过程平均持续时间约为 30 天。太阳电子的能量范围为 $0.05 \leqslant E/\text{MeV} \leqslant 4.00$ ，质子为 $0.1 \leqslant E/\text{MeV} \leqslant 4.00$；其形成一条围绕地球的太阳粒子带（范艾伦辐射带）。

地球同步轨道卫星相对静止于地表某一点，运行在赤道上空约 36000 公里，因此位处范艾伦辐射带中心。宇宙空间中的带电粒子会与卫星材料发生相互作用，严重损坏卫星电子元件。这种影响对于卫星太阳能组建来说尤为严重，故其需要额外的屏蔽玻璃层保护。

在这里主要关注两种不同的半导体与高能辐射间的相互作用。在第一种作用下，高能粒子在穿过半导体材料时沿其运动轨迹产生正负电荷，一定时间后这两种电荷通过复合作用消失（瞬时电离作用）。另一种作用下，高能粒子与晶格层原子碰撞后形成弗伦克尔缺陷，在带到一定碰撞能量时甚至形成缺陷级联（剩余位错效应）。弗伦克尔缺陷可以通过高温处理（$T = 700 \sim 800℃$）得到修复。

半导体中器件的瞬时复合作用

87

对太阳电池而言，范艾伦辐射带中的高能粒子穿过半导体基板所产生的瞬时复合作用影响微弱：仅在太阳电池中产生小到无法测量的光电流。而对于具有电介质二氧化硅层的复合结构半导体器件来说，其氧化层会因此带电且电荷无法复合，最终性能会受到影响。这种器件包含了所有平面工艺器件，特别是 MOS 元件。这种情况下必须通过其他方法（辐射硬化处理）降低辐射损害风险。

半导体材料中的剩余位错作用

弗伦克尔缺陷密度 N_{Frenkel} 在半导体材料禁带区产生新能级：当缺陷密度 N_{Frenkel} 不高时，少数载流子的扩散长度减小；而高缺陷密度 N_{Frenkel} 则会影响半导体材料中的掺杂情况。一般情况下根据式（5.23），卫星在地球同步轨道运行中根据其工作时间 t 与高能粒子电离产生的粒子电流密度 φ 所产生的积累辐射剂量 $\varphi \cdot t$ 仅使原有扩散长度 L_0 缩短：

$$\frac{1}{L^2(\varphi \cdot t)} = \frac{1}{L_0^2} + K_L \cdot \varphi \cdot t \qquad (5.23)$$

这里，不同半导体材料扩散长度的损伤常数 K_L（单位：粒子数$^{-1}$）取决于各自的掺杂情况。硅在电子辐射下（$E = 1 \sim 2 \text{ MeV}$）的损伤常数约为 $K = 10^{-8}$/电子；砷化镓的损伤常数约为 $K = 10^{-6}$/电子。辐射中的质子分量一般可通过覆层玻璃消除至忽略不计。

以上介绍的两种辐射作用中，剩余位错作用对太阳电池的影响最为重要，因为这种作用会使少数载流子的扩散长度减小。除了因此而带来的转换率降低以外，还可以观察到光谱灵敏度的极大值向短波长段移动。实际应用中该影响效果用转换率的起始值(BOL，beginning of life)与终止值(EOL，end of life)之比衡量。卫星太阳电池的标准为：在卫星整个寿命期中，当辐射积累量 $\varphi \cdot t \leqslant 10^{15}$ 时，比值 EOL/BOL 不小于 70%(见图 5.15，发电数据/平均效率)。当太阳电池的设计使用寿命为 8~10 年时，该标准可用 III/V 族半导体材料轻易达到。

88

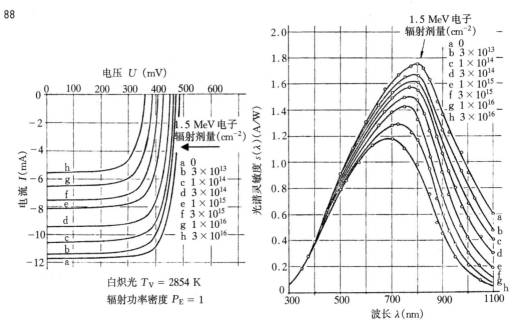

图 5.15　高能电子辐射(1.5 MeV)剂量逐级提高时，随之相应变化的发电曲线 $I(U)$(左)和光谱灵敏度 $S(\lambda)$(右)。照射强度为 10 mW/cm^2 [Spe68]

89

型号:S32

(倒置金字塔形光陷阱)

S32

设计与机械参数

基底材料	CZ,⟨1-0-0⟩
AR 覆层	TiO_x/Al_2O_3
尺寸	74.0×31.9 mm ± 0.1 mm
面积	23.61 cm²
平均重量	$\leqslant 32$ mg/cm²
生长层厚度	$130 \pm 30 \mu m$
银覆层厚度	$3 - 11 \mu m$
栅结构设计	3 接触板型增强栅系统
电阻率	p(B)2 ± 1 Ωcm
遮蔽保护	集成齐纳稳压二极管 $Irev = 55mA/cm^2(1.2\ Isc)@Vrev = 5 - 6V$

电力参数

		BOL	3E14	1E15	3E15
平均开路电压 V_{oc}	[mV]	628	0.914	0.888	0.851
平均短路电流 J_{sc}	[mA/cm²]	45.8	0.882	0.846	0.758
峰值功率电压 V_{pmax}	[mV]	528	0.912	0.885	0.844
峰值功率电流 J_{pmax}	[mA/cm²]	22.9	0.799	0.741	0.639
平均转换率 η_{bare}	[%]	16.9	0.799	0.741	0.639

测试条件:AM0 光谱;光强度 $E = 135.3$ mW/cm²;太阳能电池温度 $T_c = 28℃$

标准:CNES 01-23MV1

BOL 测量精度:$\pm 1.5\%$(相对精度)

温度梯度

开路电压	dV_{oc}/dT	[mV/℃]	-2.02	-2.14	-2.17	-2.20
短路电压	dJ_{sc}/dT	[mA/cm²/℃]	0.030	0.045	0.055	0.059
峰值功率电压	dV_{mp}/dT	[mV/℃]	-2.07	-2.22	-2.19	-2.25
峰值功率电流	dJ_{mp}/dT	[mA/cm²/℃]	0.004	0.023	0.027	0.035

参数要求

吸光系数	$\leqslant 0.78$(CMX 100 AR/IRR)
拉伸测试	$> 5N$ 45° 焊点测试(35 μmAg 焊条)
出场状态	合格

图 5.16 航天薄膜硅太阳电池 S32(表面具有降低光反射的倒置金字塔形光陷阱)数据表。
AZUR SPACE Solar Power GmbH Heilbronn

第6章

多晶硅太阳电池

用于生产微电子器件和功率电子器件的硅材料是具有极高纯度的电子级单晶硅。用于生产芯片和晶闸管的硅材料成本在器件总成本中所占比例不大;然而在太阳电池中,由于转换的电能直接正比于被照射的面积,所以在太阳电池中硅所占的生产成本相当可观。而且还要考虑太阳电池生产过程中的能耗:太阳电池究竟需要工作多长时间,才能将其生产能耗完全回收? 由这种观点引出了偿还时间或回收时间的概念(见 6.2 节中的专题页)。利用硅晶圆制造的晶体硅太阳电池还引出了新的问题:即为了保证太阳电池的机械强度(防止产品断裂),电池片需要一定的厚度(>0.2 mm)。为了平衡光伏生产中相互制约的两种特殊需求,工业中专门开发出了用于生产高强度薄型太阳电池的工艺。使用多晶硅材料必须考虑到一些重要参数(掺杂量和无损失晶体生长率)的下降,但是这种性能降低是可以估算的。在这种情况下,使用 SGS 材料(太阳能级硅)必须接受转换率略为降低的现实,因为少数载流子的扩散长度对掺杂物质和晶格一致性极为敏感,由此导致了转换率略为降低(见第 5 章)。本章将讨论硅的生产与精炼工艺,以便了解多晶硅太阳电池的大规模生产开销。

6.1 SGS 太阳能级硅生产原料的制备

石英和砂子是被普遍使用的硅制备原料:地壳的四分之一由 SiO_2 组成。但是高纯度硅的提炼消耗巨大,特别是其中的能耗(见 6.2 节的专题页)。

首先利用碳热还原法,将 SiO_2 与炭、焦炭和木材在电弧冶炼炉中以 1600℃ 的高温熔化(见图 6.1)。利用主要反应方程式

$$SiO_2 + 2C + 14 \text{kWh/kg-Si} \longrightarrow Si + 2CO \uparrow \qquad (6.1)$$

可获得纯度为 98% 的 MGS 冶金级硅。然后通过精馏除杂工艺提取 SGS 硅(硅烷

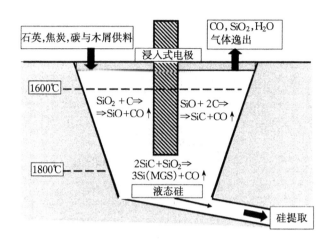

图 6.1 具有石墨隔板和石墨电极的电弧冶炼炉，内部装有炉
料。图中标出了提炼 SiO_2 的不同反应温度区

工艺法——译者注）。在这一过程中 MGS 硅被研磨成粉末，并与热盐酸反应生成气态氯硅烷。利用各种烷类物质的不同沸点可将其逐一分离。蒸馏过程利用的各种烷类的沸点为：$SiCl_4$（氯化硅）～57.6℃，$SiHCl_3$（三氯硅烷）～31.8℃，SiH_2Cl_2（二氯硅烷）～8.3℃，SiH_3Cl（一氯硅烷）～－30.4℃，SiH_4（硅烷）～－112.3℃。氯硅烷的蒸馏步骤详见沸点图（图 6.2），整个蒸馏过程以包含各种含硅的烷类和杂质混合物开始（即此时温度＞57.6℃），结束时仅有 SGS-SiH_4 气体得以保留（即此时蒸馏温度＜－30.4℃，并且在临近结束时再次加热）。

精馏工序主要在几个分馏塔中进行（每个蒸馏塔的工作温度处于两种沸点之间）。这种蒸馏塔往往体积很大，类似于原油提炼塔。图 6.2 展示了在沸点图中完全分离各种氯硅烷的步骤。

工业生产中主要提取利用三氯硅烷。图 6.3 展示了使用两个蒸馏塔提取高纯度三氯氢硅的原理。在这一过程中使用了两种适于工业生产的温度：20℃和40℃。图 6.4 则展示了使用两个蒸馏塔时的沸点图。

每个单独的蒸馏塔和分馏塔的内部有多个具有蒸馏钟的换热板结构（图6.5）。当气体混合物从温度恒定为某值的塔体中部导入时，其可通过蒸馏钟进入上层换热板，并在那里冷凝为液态，冷凝液中的易挥发成分吸收热量后再次被蒸发。在更高的换热板上也进行着相同的步骤，因而温度会有所降低。冷凝液从蒸馏塔顶端通过多层换热板流向底部。气体导入分馏塔中部后，其中较难挥发的分馏物也会冷凝并流向塔底部，并暴露在释放出的冷凝热环境中。根据气流入口的控制温度

（这里为 40℃）和气流总量，从塔底至塔顶产生了由高到低的温度梯度差。利用气流在分馏塔的多层换热板间的多次反复流动，可以达到近似完全分馏。

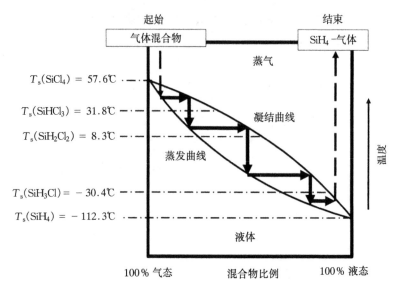

图 6.2[①]　氯硅烷沸点图，图中标出了沸点温度 T_s 与分馏物。分馏过程以高温下的气体混合物开始，($T>57.6℃$)，最后以 $T<-30.4℃$ 下气体充分冷却而结束，最终分馏出的硅烷气体再次被加热

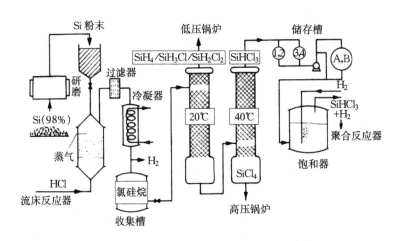

图 6.3[②]　利用温度为 20℃ 和 40℃ 的两种分馏塔提取高纯度三氯硅烷的流程图（来源：Wacker Siltronic）

---

①本图位于原书 92 页。
②本图位于原书 93 页。

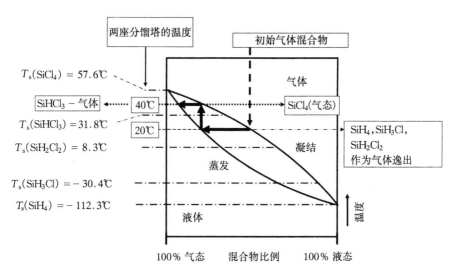

图 6.4[①]   氯硅烷沸点图和利用两座分馏塔分别在 20℃ 与 40℃ 下制备高纯度三氯化氢
硅 $SiHCl_3$(TCS)的原理示意图

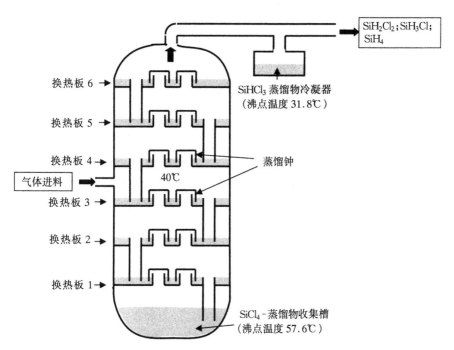

图 6.5   用于分馏三氯化氢硅(TSC)的分馏塔。塔内六层换热板温度均为 40℃。气体
供料的组成为所有氯硅烷的混合物

---

①本图位于原书 93 页。

　　根据沸点图(见图 6.4),蒸气聚集在第六层换热板上方的塔顶。而 $SiHCl_3$ 在排气管的冷凝器中凝结(见图 6.5)。其余易挥发的硅烷可利用过催化剂转化为 TCS。液态 $SiCl_4$ 以及所有不挥发的杂质流入第一层换热板下方的收集槽中。而挥发性杂质已经在前置的 20℃精馏塔中全部蒸发除去。

95　6.2　新型硅精炼工艺

　　SGS 太阳能级硅的流化床制备法和基于硅铝混合物的 UMG 高纯度冶金级硅提取法,以及这种材料与 EGS 电子级硅材料的对比

(SGS:Solar Grade Silicon,也缩写为 SoG,太阳能级硅;UMG:Upgraded Metallurgical Grade Silicon,冶金级硅)

　　光伏产业对硅原料的需求日益增增加,人们开始寻找可以降低成品硅材料生产成本——特别是降低生产能耗的替代工艺。由此而出现的几种新型硅提纯方法绕开了用于生产芯片级硅材料的传统西门子法,转而将从电弧炉生产的纯度为 98%的 UMG 冶金级硅直接提纯,并达到光伏应用的原料标准。

　　目前流行的**西门子法**主要用于生产芯片级的硅原料,其基本原理是在三氯硅烷和氢气的混合气体氛围中加热细硅棒,从而使三氯硅烷($SiHCl_3$,缩写为 TCS)中的硅逐渐沉积在细硅棒表面,并使其逐渐生长为较粗的多晶硅柱。这种硅柱可避开坩埚工艺生产 **EGS 电子级硅**("九九硅",即硅材料纯度达到 99.9999999%),即以自由悬挂的方式经过多次区域融化除杂提纯处理后制成高质量的 **FZ 硅**,其可用于生产晶闸管等功率半导体器件(图 6.6 最左侧分支)。而地表光伏应用中使用的硅原料则来自于利用切克劳斯基生长法制备的 **CZ 硅**("CZ"源于该方法的发明者波兰科学家 Jan Czochralski)。使用这种方法制备时,需要将多晶硅棒分解成小块后放入坩埚高温融化,因此 CZ 硅中的氧和碳杂质较多("七九硅",纯度为 99.99999%的单晶硅)。CZ 硅在半导体芯片工业中被广泛应用于生产制造各种器件,因而也是用于太阳能器件的 **SGS 硅**的重要生产原料(图 6.6 左侧中间分支)。

　　瓦克多晶硅公司(Wacker Polysilicon)开发的流化床法是一种连续无间断的原料加工法,使用该法可以生产直径为 0.3~0.7 mm 的微晶体硅。在这种新型工艺中仍然以三氯硅烷为原料,使其在反应器内分离出硅并沉积在硅籽晶表面,反应初始时使用的硅籽晶微粒的表面积远高于西门子法中使用的细硅棒表面积。该法制备的太阳能 SGS 级多晶硅颗粒纯度同样达到了 99.99999%("七九硅"),并且可以无间断生产(图 6.6 左侧右分支)。

相比传统工艺流程,流化床法制备太阳能级多晶硅的经济优势体现在很多方面。首先,在相同时间内沉积在微晶颗粒上的多晶硅多于西门子法中沉积在硅棒上的多晶硅;其次,流化床法中的热能耗也较低(节省约 50%)。而且流化床法中的反应器在连续生产中无需反复冷却、开启和重新装料等步骤,从长远来看流化床法生产的多晶硅颗粒避免了繁琐的硅棒分解步骤,更适合放置在模具中进行铸造加工。

以上介绍的三种硅提纯加工法在工业中得到广泛应用。此外还有一种新型工艺,该工艺将金属级 MGS 硅融入液态铝中,随后从这种合金熔融物中提取纯硅[Sol99]。相比较于传统工艺,即利用在氯硅烷的液相和气相之间反复进行蒸发和冷凝的相位转换以实现提纯,这种新工艺方法则是从液态硅铝合金中直接进行硅的固态分离。新工艺中使用的铝熔液温度约为 $T=800℃$,而金属级 MGS 硅在该温度下也同样融化(不像纯硅在 $T=1414℃$ 时才融化)。在冷却硅铝合金熔液的过程中硅首先结晶析出,而原先包含在 MGS 硅中的杂质(硼、磷、碳等)则由于分凝作用继续留在熔融态合金中,将铝熔液导出后即可将杂质从金属级硅中分离。经过该工艺处理后得到的纯度为 99.9999% 金属级 UMG 硅("六九硅")以薄片形态不断堆积,其仅在与铝熔液的接触面上留有一层很薄的铝膜(图 6.6 右)。经过硅提纯处理后的高硅含量铝合金同样是一种重要的工业原料,其金属强度远高于纯金属铝,因此十分适于某些工业部件(例如汽车上的铝合金轮毂)。

加拿大 6N Silicon 公司已经开始试运行这种利用熔融态铝提纯硅的新型工艺。太阳能级 SoG 硅的传统方法生产耗电量为 $200\sim300$ kWh/kg,6N Silicon 开发的新工艺能耗则小于 100 kWh/kg,并且得到的成品硅纯度为"6N",即六九硅等级,而硅材料成品中包含的两种主要杂质:硼和磷,含量均低于 0.0001%。这种 UMG 高纯度金属级多晶硅材料的质量等级达到了铸造模块标准,已成为太阳能级 SoG 硅的一种,并成功应用于光伏产业。

除了上述的这种工艺之外,光伏工业中还在尝试许多其他 UMG 生产制备法。这些制备法中采用了例如反复融化与结晶、蒸发、过滤分离以及电子束照射处理和等离子处理等工艺步骤。但是由于目前加工 UMG 材料以期达到 SoG 单位功率级别(单位硅原料能够实现的器件总功率)所需投入的成本太高,所以还无法预测哪种工艺可以在工业中获得应用。

96

97 **硅太阳电池生产的材料与能源消耗**

　　能耗可以通过两个步骤计算：

a. 根据高纯度原料(杂质含量为 1：10^{-7} 的 SGS 硅)的一定产量(例如100 kg)
　计算出的原料生产能耗。

b. 根据太阳电池的一定面积(例如 100 m^2)计算出的器件生产能耗。

1. 提纯采用的原料硅是利用碳热还原法,通过电弧冶炼炉从石英与粗砂中提
　取出的 MGS 硅(纯度为 98%),能耗约为 50 kWh/kg。接下来将原料硅提
　纯制备 SGS 太阳能级硅：首先把 MGS 材料研磨成粉后溶入盐酸(约
　50 kWh/kg),随之进行分馏提取出高纯度氯硅烷气体;或者采用硅铝合金
　提纯法(约 20~50 kWh/kg)。对于太阳电池中使用的多晶硅材料而言,还
　需要把多晶硅(mc-Si)铸成硅锭：先进行冷却和分凝除杂,最后置入模具中
　凝固成为 SGS 太阳能级硅(约 50 kWh/kg)。至此,单位质量的能耗量为
　200 kWh/kg。然而一般情况下该值还会升高：因为需要切割出尺寸为 15×
　15 cm^2,厚度为 0.2~0.3mm 的晶圆片,切割过程中存在原料损失。当晶圆
　片厚度为 0.2mm 时,1kg 的 SGS 太阳能级硅可以制成面积约为 1 m^2 的晶
　圆片。因此在 SGS 太阳能级硅晶圆的整个制备过程中所消耗的能量为
　300~400 kWh/kg 或者 300~400 kWh/ m^2(材料损失为 35%~50%)。

2. 太阳电池的生产工序从晶圆表面清洁开始,并且使用诸如晶圆氧化、氮化
　等高温工艺以及通过扩散制作发射层。光学补偿层和接触区的丝网印刷
　工序限制了印刷层的成型时间。以上工序总共消耗了约 50 kWh/kg 能量。

3. 至此得出生产太阳能用硅材料的总能耗为 400 kWh/kg,而生产太阳电池
　器件的总能耗则为 450 kWh/kg。生产出的太阳电池(转换率~15%)的功
　率为 150 W/m^2(根据标准 AM1.5 辐射功率 1 kW/m^2)。按照年均 1000
　小时(德国平均值,并不总是满足 AM1.5 的标准条件)的工作时间,每年可
　从 1 m^2 的太阳电池中获取的太阳能为 150 kWh。利用该值可计算出生产
　能耗的回收时间约为 3 年。

98　　　　在图 6.6 中表示了另外两种硅铸造法与传统电子级 EGS 单晶硅(图左)的生
产流程比较。图中部所示的生产流程中,能耗很高的晶体直拉法被 SGS 硅铸造法
取代。图右所示的流程中,利用铝热还原法将蒸馏提取出的硅烷粗料提纯,使太阳

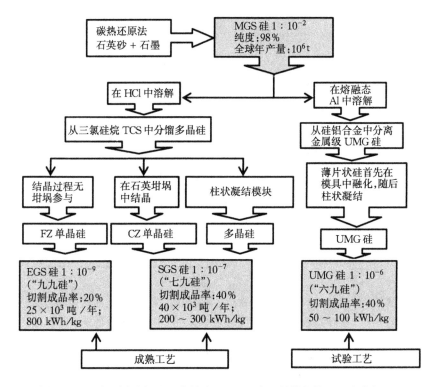

图 6.6 几种不同硅提纯工艺的步骤流程、成品材料性能和生产能耗

能级 SGS 硅的铸造生产能耗大为降低。

以上两种多晶硅铸造工艺中的硅原料利用率仅为 40%（但是高于单晶硅制备的硅原料利用率 20%）。以上两种硅铸造法与单晶硅制备法（这里不区分 CZ 硅与 FZ 硅）相比，前二者的能耗仅分别为后者的 25% 与约 10%。

除铸造法以外，多晶硅生产还使用 EFG 定边硅膜生长工艺。该法使用八边形细丝从熔融态硅中拉制出多晶硅中空八面管（图 6.7）。

6.3 多晶硅模块铸造法

将熔融的液态硅倒入模具中，逐渐冷却后凝固形成多晶硅铸造模块。这种材料由凝结过程中随机排列的单晶颗粒组成。受凝固条件的影响，单晶颗粒的尺寸会发生变化。单粒晶体颗粒与其周围的颗粒之间存在晶界，晶界即单个微晶体的表面。与单晶硅晶圆表面类似，微晶体表面的载流子复合率远高于其内部。当人们利用这种半导体材料制作太阳电池时，材料内部的过剩载流子并不能顺利扩散到 np 结中；因为每当载流子穿过一层微晶颗粒边界时，都有相当一部分被复合抵

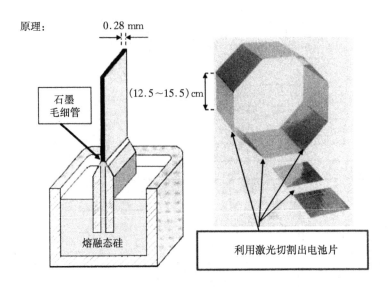

图 6.7　利用 EFG 工艺制作多晶硅八面中空管。液态硅在八边形石墨
毛细管逐渐升高,其与晶芽接触后以 10 cm/min 的速度结晶生
长成为多晶硅,直至生长长度达到 5 m 后取出。其生长厚度也
可控制(例如厚度为 0.28 mm)。与铸造法相比,EFG 法包含的
切割工序造成的原料损失极小(5%)。(EFG,美国 ASE Schott
公司开发)

消。在厚度较高的基底层中这种作用尤为明显。因此需要改善铸造硅的凝结条
件,使过剩载流子在通往空间电荷区的移动过程中不必穿过材料内部的晶界。柱
状多晶硅材料中的微晶体大体垂直于 np 结平面,呈平行状排列,因而可以很好地
满足以上要求(图 6.8)。

　　柱状多晶硅通过将模具置于真空环境里,利用特殊工艺逐渐冷却成型。要点
是模具内熔料的凝结层在自下而上的移动过程中始终保持水平。当熔料上表面还
在加热时,下表面(还有侧面)同时逐渐冷却,以使柱状微晶体在模具中由底至顶生
长。需要注意的是,应精心控制模具底部与侧面的冷却过程,确保微晶体成核过程
只发生在模具底部而非侧面(图 6.9)。由于熔料中杂质分别位于固相和液相时的
分布系数不同,所以凝固过程结束后,大部分杂质分布在最后凝固成型的铸造模块
顶部薄层区域内(铸头)。铸头材料不适用于制造太阳电池,但可以回收再利用。
这种分凝除杂法无法去除铸造材料中的硼(B)和碳(C)杂质,后者在多晶硅材料内
部虽不起掺杂作用,但是其导致的晶体缺陷降低了载流子扩散长度。

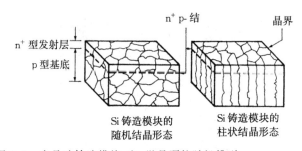

图 6.8 多晶硅铸造模块:左:微晶颗粒随机排列

右:微晶颗粒柱状排列,并且具有 $n^+ p$ 结

101

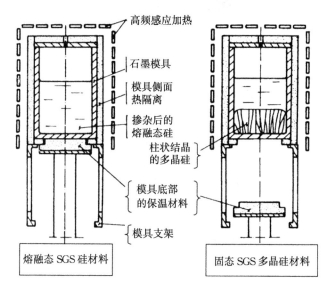

图 6.9 柱状多晶硅的生产技术:左:液态硅置于具有石墨内衬的模具内

右:模具底部保温层分离后,柱状微晶体自下而上生长

多晶硅材料的质量可以在线锯切割和预刻蚀工艺后通过检测微晶粒的结构而加以判断:平行排列的柱状微晶体区域越大,材料质量越高(图 6.8)。利用线锯将铸造多晶硅模块(最重至 300 kg)垂直于柱状微晶体排列切割成片(例如:$15 \times 15 \times 0.03 \ cm^3$),然后将其加工成为 np 结型太阳电池。这种太阳电池表面的不同微晶区很容易辨认,因为材料中具有不同结晶方向的微晶体在统一切割过程中的切割方向各异,因而每个单晶体的表面对光线的反射也各不相同(图 6.10)。因为这种半导体材料含有硼掺杂,所以为 p 型。

通过不同工艺所得到的微晶结构不同。工业中最先采用的是 SILSO 工艺 102
(Wacker/Heliotronik 公司,德国)。目前常用的工艺包括 SEMIX 工艺(Solarex公司,美国)、BAYSIX 工艺(Bayer 公司,德国)以及其他多种新型工艺。最后还有

图 6.10[①]   具有正面接触的 2×2 cm² SILS0 太阳电池(多晶硅:p 型基底,n⁺ 型
发射层)表面放大图片。图中可见柱状微晶体的横截面。经过 KOH
各向异性刻蚀处理后的表面上具有不同晶体方向的微晶区清晰可见

之前提到过的用于生产多晶硅八面中空管的 EFG 工艺。

6.4   多晶硅中的晶界模型

多晶硅太阳电池的分析模型比单晶硅器件模型的建立难度更大。其中最大的难
点在于,多晶硅中的晶界(grain boundary,缩写为:gb)对器件的影响难以建模精确描述。

晶界是晶体中的面缺陷。单晶微粒的周期性晶格排列在自身晶界处结束,并
以随机角度交汇入邻近单晶微粒(图 6.11)。相互交汇的微晶粒没有优先生长方
向,同时也没有明显的晶界。晶界的一个明显特征是组成晶体界面的硅原子非饱
和原子健("悬挂"键),另一个特征为晶界中和晶界两侧的硅原子失配饱和原子键。
在能带模型中,这两种位错都能在硅的禁带里产生额外能级。由于存在大量不同
的 gb 状态值,能量密度可视为连续分布。而 gb 状态对微晶体中载流子平衡的影
响则被用于解释 MOS 器件的 SiO_2/Si 系统中的硅表面能量相界状态波动。根据
载流子的不同类型可将 gb 状态区分为施主状态和受主状态,并依据其在禁带中以
及相对费米能级的位置分别定义为俘获状态或复合状态。

太阳电池基底的 p 型多晶硅材料中的 gb 状态在禁带中大多为施主状态。因
此晶界上存在大量正电荷,因为 gb 施主能级高于费米能级,位于 gb 施主能级的电
子可跃迁进入导带,失去电子而带正电的施主原子无法移动,留在晶界中。紧靠着
晶界的 p 型硅微晶体中的电子浓度很低,由此导致了自由电子向其扩散,直至这种扩

---

①本图位于原书 101 页。

散作用与由电离施主原子产生的电场迁移作用相互抵消。由电中性原理可知,相邻微晶体的两侧边界区如同空间电荷区,分别带有符号相反的等量电荷(图 6.12b)。在 p 型微晶体中由此产生了一层耗尽边界层(也称作反型边界层),在能带图中,该边界层对应晶界能带弯曲 ψ_{gb}(图 6.12a)。

103

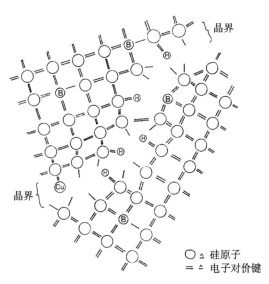

○ ≙ 硅原子
= ≙ 电子对价键

图 6.11 p 型多晶硅中微晶体的物理模型。从图中可以辨认出两块微晶体中的硼掺杂原子,还有电子对形成共价键的氢原子,以及金属原子(例如铜)

大量存在于晶界上的施主能级这一事实说明了,为达到中性相界条件,需要通 104 过电子对键合的方式弥补电子的缺失。减少 gb 施主状态的最有效方法是利用氢离子沿晶界扩散,并使其与非饱和硅原子键结合,形成稳定结构(氢钝化)。通过这种方法也可以在晶界表面内生成电子对键合(图 6.11)。

晶界 gb 施主原子对太阳电池的损害作用表现在光学注入方面。电子费米能级 W_{Fn} 作为近似费米能级从少子空穴的费米能级 W_{F0} 中分裂出来(小注入条件下有 $W_{Fp}=W_{F0}$),并向导带底方向移动。此时位于 W_{Fn} 和 W_{F0} 之间的施主能级俘获电子,遵循费米统计率进行反向充电。由于微晶体中固有的自由空穴的密度很高,获得电子而反向充电的施主原子最后大多扮演复合中心的角色。这种作用体现在能带模型中为(图 6.12a):受到 gb 施主电荷的影响,晶界处的 W_{Fn} 与 W_{Fp} 分别向禁带中部移动,并得到晶界复合的优化条件 n≈p。由此得到的能带结构有利于微晶体边界处少子电子的收集,并形成由晶界深入至微晶体体积内部的浓度梯度。该浓度梯度造成的额外扩散电流加剧了晶界处的复合率。

类似于半导体表面的复合,晶界复合作用可以通过晶界复合速度 s_{gb} 进行量化计算,并进一步得到晶界复合电流。晶界复合电流等于晶界两侧的扩散电流(式

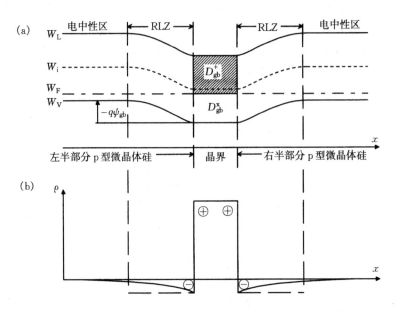

图 6.12[①]   (a)位于两块 p 型微晶体硅之间的耗尽型晶界的能带模型。图中
显示了晶界-受主状态和晶界能带弯曲 Ψ_{gb}；
(b)耗尽型晶界区内的载流子分布

(6.2)中的系数 2 表示其来自于微晶体两侧边界)

$$j_{gb} = q \cdot s_{gb} \cdot \Delta n(y_{gb})$$

$$j_{diff,n} = 2q \cdot D_n \cdot \frac{\partial \Delta n}{\partial y}\bigg|_{y_{gb}} \qquad (6.2)$$

$$j_{gb} = j_{diff,n}$$

这里需特别指出的是,晶界复合速度 s_{gb} 与晶界状态数量有直接的关系。

6.4.1   光谱剩余载流子密度的计算

多晶硅太阳电池内部的柱状微晶体结构是必要的,因为剩余载流子(即位于 np 太阳电池近似中性 p 区中的电子)在扩散到空间电荷区的过程中不能穿过晶界。由于晶界上的复合速度很高($10 \leqslant s_{gb}/cm \cdot s^{-1} \leqslant 10^6$),剩余载流子密度会在该位置大为降低。现在以柱状多晶硅结构(图 6.8 右)为前提,将该类太阳电池器件描述为利用多个硅微晶体并联而成的替代电路形式。微晶体表面由微晶界面构成,并且平行于载流子扩散流。构成发射层的 n^+p 结垂直于晶界面。

这种器件模型中存在相互连接、不同类型的空间电荷区(图 6.13):

(1) n^+ 型发射区与 p 型基底之间:由于非同型掺杂以及掺杂浓度的差别,空间

---

①本图位于原书 103 页。

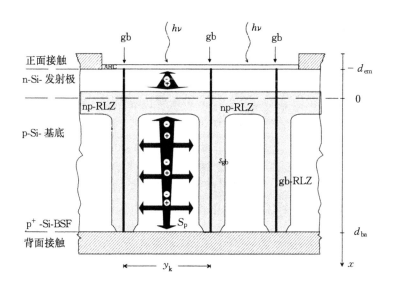

图 6.13 柱状多晶硅材料 np 太阳电池,以及电子-空穴对在基底与发射极中的扩散

电荷区在 n+ 发射区中很浅,而在 p 型基底中较深。

（2）在相邻的 p 型基底区域之间,空间电荷区被耗尽型晶界隔离。在这种情况下,空间电荷区在晶界两侧 p 型基底中的延伸范围由带正电荷的晶界受主密度 D_{gb}^+ 决定。受到 BSF 背场的 p+ 掺杂影响,背面接触中的空间电荷区 p 型区宽度减小（见图 5.7）。背场区通过提高半导体与金属相接触薄层中的掺杂浓度而形成对电子的势垒,以及对空穴的低阻欧姆接触[God73]。

当我们仔细研究位于 p 型与 n 型微晶体中的晶界施主能级时,发现晶界耗尽区仅存在于 p 型基底区,而不是 n 型发射区。在基底中,两种空间电荷区内的电导率都小于近似中性区内的电导率,而高掺杂的发射区却越过所有微晶体晶界连接在一起且具有良好的电导率。这一点十分重要,因为电流在发射极中需要通过较长的水平距离到达接触条。因此需要详细研究的是,如何描述柱状多晶硅太阳电池 p 型基底区中的耗尽型晶界在光致载流子分离过程中的影响。这个问题将从单个微晶体开始计算分析。

当分析恒定照射强度 E 下的电流密度-电压特性曲线 $j(U, E)$ 时,我们希望从叠加原理（式(4.28)）开始着手,在小注入情况下有:

$$j(U, E) = j_0 (e^{U/U_T} - 1) - j_{phot}(E) \tag{6.3}$$

式中的电压 U 与照射强度 E 为相互独立的变量。因为优先关注的是多晶硅材料的光伏作用,所以我们把注意力放在如何与电压无关的光电流密度上,也就是测得的发电特性曲线中的短路电流密度（负值）$-j_k$。首先计算单色光照射下的光电流密度 $j_{phot}(\lambda)$。

106

6.4.2　单一微晶体中光电流密度的二维边界值问题

我们现在研究 n^+p 型多晶硅太阳电池中的一个单独（单粒）微晶体。首先选择图 6.13 中所示的几何结构，并取柱状晶界的平行方向为 x 轴方向，垂直方向为 y 轴方向。x 值零点位于 p 型基底的空间电荷区边界中点。由于简化条件 $w_p \rightarrow 0$，其位置随 np 结的位置变化而同时改变。x 轴的正向方向指向下（与 p 型基底方向相同）。y 值的零点位于对称微晶体结构的中轴线上，且 y 轴正向指向右。在以下的处理中我们继续沿用在第 4 章中使用到的，根据肖克莱模型（Shockley-Model）而得到的简化条件：①小注入，②近似电中性以及③微晶体晶界利用晶界复合速度 s_{gb}，在其两侧边界上通过个各自边界条件（边界条件 3 和 4）对载流子施加的显著影响。

根据 4.2.1 节中的二维电子电流密度以及二维静态电子分布二者的扩散分量

$$j_n(x, y, \lambda) = +qD_n \cdot \mathrm{grad}n(\lambda)$$

$$0 = +\frac{1}{q} \cdot \mathrm{div}j_n(x, y, \lambda) + G(x, \lambda) - \frac{\Delta n(x, y, \lambda)}{\tau_n} \tag{6.4}$$

其中：

$$G(x, \lambda) = G_0(\lambda) \cdot e^{-\alpha(\lambda) \cdot (x + d_{em})}$$

$$G_0(\lambda) = [1 - R(\lambda)] \cdot \alpha(\lambda) \cdot \Phi_{p,0}(\lambda)/A$$

107　得到微晶体 p 型基底中的剩余电子浓度 Δn 的二维扩散微分方程

$$\frac{\partial^2 \Delta n}{\partial x^2} + \frac{\partial^2 \Delta n}{\partial y^2} - \frac{\Delta n}{L_n^2} = -\frac{G_0(\lambda)}{D_n} \cdot e^{-\alpha(\lambda) \cdot (x + d_{em})} \tag{6.5}$$

在这里：
$$\Delta n = \Delta n(x, y, \lambda) = n(x, y, \lambda) - n_p$$

并且
$$L_n^2 = D_n \cdot \tau_n$$

求解这个具有二元变量 x 和 y 的二阶非齐次偏微分方程需要四个边界条件（图 6.14）

边界条件 1：$\Delta n(x=0, y) = 0$，位于 $x=0$ 的空间电荷区边界上的短路条件；

边界条件 2：$\Delta n(x=d_{ba}, y) = 0$，位于 $x=d_{ba}$ 的背面欧姆接触；

边界条件 3：$+qD_n \cdot \left.\dfrac{\partial \Delta n}{\partial x}\right|_{y=-\frac{1}{2}y_k} = +\dfrac{1}{2}qs_{gb}\Delta n$，位于 $y=-\dfrac{1}{2}y_k$ 的微晶体晶界；

108

边界条件 4：$+qD_n \cdot \left.\dfrac{\partial \Delta n}{\partial x}\right|_{y=+\frac{1}{2}y_k} = -\dfrac{1}{2}qs_{gb}\Delta n$，位于 $y=+\dfrac{1}{2}y_k$ 的微晶体晶界。

$$\tag{6.6}$$

接下来根据伯努利分离法将微分方程的齐次项分离（等号左边项）

$$\Delta n = \Delta n(x, y, \lambda) = X(x, \lambda) \cdot Y(y, \lambda) \tag{6.7}$$

然后将其代入式（6.5）的齐次项，可得

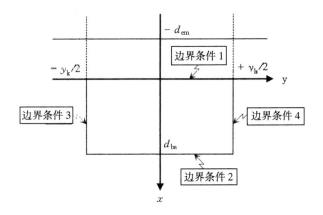

图 6.14[1]　边界条件与方位坐标

$$\frac{\partial^2 X}{\partial x^2} \cdot Y + \frac{\partial^2 Y}{\partial y^2} \cdot X - \frac{X \cdot Y}{L_n^2} = 0$$

$$\frac{1}{X} \cdot \frac{\partial^2 X}{\partial x^2} + \frac{1}{Y} \cdot \frac{\partial^2 Y}{\partial y^2} - \frac{1}{L_n^2} = 0 \tag{6.8}$$

由两种不同变量的互不相关性可知其分别等于常量 c^2：

$$\frac{1}{X}\frac{\partial^2 X}{\partial x^2} - \frac{1}{L_n^2} = -\frac{1}{Y}\frac{\partial^2 Y}{\partial y^2} = c^2 \tag{6.9}$$

由此可得两个二阶常微分方程：

$$\frac{\partial^2 X}{\partial x^2} - c'^2 \cdot X = 0 \tag{6.10}$$

其中：$c'^2 = \left(\frac{1}{L_n^2} + c^2\right)$　对应于 $0 \leqslant x \leqslant d_{ba}$

以及　　$\dfrac{\partial^2 Y}{\partial y^2} + c^2 \cdot Y = 0$　　　　对应于 $-1/2 y_k \leqslant y \leqslant +1/2 y_k$ 　　(6.11)

以上两个微分方程分别描述在 x 和 y 的给定变量区间中的特征值问题。这两个方程分别涉及与参数 c 与 c' 相关的齐次边界值问题。c 与 c' 只有在边界值问题具备有效解，即具备特征值 c_v 与 c'_v 的情况下才能确定。

根据特征值理论，有效解仅存在于 $c^2 > 0$ 与 $c'^2 > 0$ 的条件下。此时方程的通解形式为：

$$X(x) = A \cdot e^{+c' \cdot x} + B \cdot e^{-c' \cdot x} \tag{6.12}$$

$$Y(y) = C \cdot \cos(c \cdot y) + D \cdot \sin(c \cdot y) \tag{6.13}$$

式(6.13)中的正弦项在 $y = \pm 1/2 y_k$ 无法满足在 y 轴上的对称条件，因此有

109

$D=0$。为确定特征值,引入边界条件 3 和 4 并构造超越方程(6.14)

$$\left.\frac{\partial Y}{\partial y}\right|_{y=\pm 1/2 y_k} = \mp C \cdot c_\nu \sin(1/2 c_\nu y_k)$$

$$\pm D_n \cdot C \cdot c_\nu \sin(1/2 c_\nu y_k) = \pm 1/2 \cdot s_{gb} \cdot C \cdot \cos(1/2 c_\nu y_k) \qquad (6.14)$$

$$\frac{2 D_n c_\nu}{s_{gb}} = \cot(1/2 c_\nu y_k) \quad 其中:\nu \in N(\nu 必须取自然数)$$

为确定特征值 c_ν,图 6.15 给出了式(6.14)的图像解。从图中可知,特征值 c_ν 越大,其近似精度越高

$$c_\nu \approx \frac{2\pi}{y_k} \cdot (\nu - 1) \qquad (6.15)$$

其中:$\nu > \nu_{边界} = f(s_{gb})$

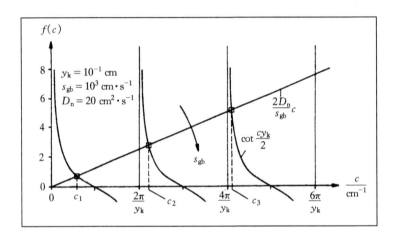

图 6.15   特征方程式(6.14)的图像解

而另一方面,小 s_{gb} 值对应的精度高于较大值的精度,因为晶界复合速度决定了图 6.15 中的直线斜率。根据 y 方向上的特征值 c_ν 可以通过式(6.10)确定 x 方向上的特征值 c'_ν(L_ν=对应特征值 ν 的有效扩散长度)

$$c'^2_\nu = \left(\frac{1}{L_n^2} + c_\nu^2\right) \equiv \frac{1}{L_\nu^2} \qquad (6.16)$$

$$X(x) = A \cdot e^{+c'_\nu \cdot x} + B \cdot e^{-c'_\nu \cdot x} \qquad (6.17)$$

借助于一个特解可将非齐次项引入方程解形式(见附录 A2)。常数 A 和 B 可利用边界条件 1 和 2 通过常数变易法计算得出。根据微分方程的线性特征(式(6.5)),方程解的任意有限线性组合也是方程的解。因此通过计算最终可以得到

$$\Delta n(x, y, \lambda) = \sum_{\nu=1}^{\infty} n_\nu(x, y, \lambda)$$

$$= \sum_{\nu=1}^{\infty} \left[C_\nu \cdot \cos(c_\nu y) \cdot (A_\nu \cdot e^{+c'_\nu \cdot x} + B_\nu \cdot e^{-c'_\nu \cdot x}) \right] \qquad (6.18)$$

最后得到带有正交特征方程项 $\cos(c_\nu \cdot y)$ 以及特征方程 f(确定 A_ν 和 B_ν 后得到)
的通解

$$\Delta n(x, y, \lambda) = G_0(\lambda) \cdot \sum_{\nu=1}^{\infty} f_\nu(x, y, \lambda) \cdot \cos(c_\nu y)$$

其中：

$$f_\nu(x, y, \lambda) = \frac{s_{gb}}{D_n^2} \cdot \frac{L_\nu^2}{c_\nu(1-L_\nu^2 \cdot \alpha^2(\lambda))} \cdot \left(\left[\frac{c_\nu y_k}{\sin(c_\nu y_k)} + 1 \right] \cdot \sin(\frac{1}{2c_\nu y_k}) \right)^{-1}$$

$$\cdot \left(e^{-\alpha(\lambda) \cdot x} - e^{\alpha(\lambda) \cdot d_{ba}} \cdot \frac{\sinh((x+d_{em})/L_\nu)}{\sinh((d_{em}-d_{ba})/L_\nu)} \right.$$

$$\left. + e^{\alpha(\lambda) \cdot d_{em}} \cdot \frac{\sinh((x+d_{ba})/L_\nu)}{\sinh((d_{em}-d_{ba})/L_\nu)} \right) \qquad (6.19)$$

并且：$\dfrac{1}{L_\nu^2} = \dfrac{1}{L_n^2} + c_\nu^2$；$L_n^2 = D_n \tau_n$ 以及 $G_0(\lambda) = (1-R(\lambda)) \cdot \alpha(\lambda) \cdot \varphi_{p,0}(\lambda)/A$

通解对 x 的依赖度分别显示于式(6.19)第三行中的三处,该结果对应于式
(A2.11)的一维解。空间扩散长度 L_n 始终大于新定义的有效扩散长度 L_ν。方程
解的收敛性很好,在大多数情况下求和至 $\nu=10$ 即可。图 6.16 中的四种不同波长
$n^+ p$ 微晶体的 p 型基底中二维单色光致**剩余电子浓度 $\Delta n(x, y, \lambda)$**,显示了晶界复
合作用($s_{sb} = 10^4$ cm/s)对相同单色光照射功率密度($E(\lambda) = 100$ mW/cm^2)下的光
致激发的影响。图中除了电子浓度极大值沿 x 轴分布(蓝光比红外光更接近空间
电荷区)之外,还显示了其在接近晶界时开始降低。

6.5　光谱灵敏度与光电流密度的计算

太阳电池基底的光谱灵敏度可以通过式(4.22)的定义并结合式(6.19)而确
定。这里再次假设太阳电池的基底部分由并联的柱状微晶体构成,通过宽度为 y_k
的微晶体的平均扩散电流为

$$S_{基底}(\lambda) = \frac{j_{phot,基底}(\lambda)}{E_0(\lambda)}$$

其中

$$j_{phot,基底}(\lambda) = \frac{1}{y_k} \cdot \int_{-y_k/2}^{y_k/2} q \cdot D_n \cdot \frac{\partial \Delta n}{\partial x} \Big|_{x=0} \, dy \qquad (6.20)$$

通过计算上式可得

$$j_{phot}(\lambda) = \sum_{\nu=1}^{\infty} j_{phot,\nu}(\lambda)$$

其中

$$j_{\text{phot},y}(\lambda) = \frac{q}{y_k} \cdot G_0(\lambda) \frac{s_{\text{gb}}}{D_n} \cdot \frac{2L_\nu^2}{c_\nu(1-L_\nu^2 \alpha^2(\lambda))} \cdot \left\{ \frac{c_\nu y_k}{\sin(c_\nu y_k)} + 1 \right\}^{-1}$$

$$\cdot \left\{ \frac{e^{\alpha(\lambda) \cdot d_{\text{em}}}}{L_\nu \tanh\left(\dfrac{d_{\text{em}}-d_{\text{ba}}}{L_\nu}\right)} - \frac{e^{\alpha(\lambda) \cdot d_{\text{ba}}}}{L_\nu \sinh\left(\dfrac{d_{\text{em}}-d_{\text{ba}}}{L_\nu}\right)} - \alpha(\lambda) e^{\alpha(\lambda) \cdot d_{\text{em}}} \right\} \quad (6.21)$$

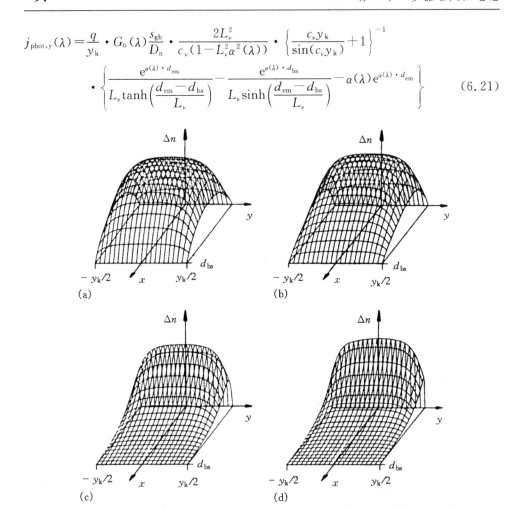

图 6.16　多晶硅太阳电池 p 型基底材料中的单个微晶体中的少数载流子在单
色光照射、短路连接情况下的分布（a：$\lambda=1100$ nm；b：$\lambda=1050$ nm；
c：$\lambda=820$ nm；d：$\lambda=520$ nm）[Böh84]

113　重要的是，当 $s_{\text{gb}} \to 0, d_{\text{em}} \to 0, d_{\text{ba}} \to -\infty$ 时，式（6.21）中冗长的二维表达式便转化为式（4.9）中所示的一维情况：

$$j_{\text{phot}}(\lambda, \; s_{\text{gb}} \to 0, \; d_{\text{em}} \to 0, \; d_{\text{ba}} \to -\infty) = \frac{q \cdot \Phi_{p0}(\lambda)}{A} \cdot \frac{\alpha(\lambda)L_n}{1+\alpha(\lambda)L_n} \quad (6.22)$$

（注释：根据式（6.6）与式（6.19），特征值 c_ν 和有效扩散长度 L_ν 都是 s_{gb} 的函数。因此当 $s_{\text{gb}} \to 0$ 时，式（6.22）不为零）。

　　图 6.17 显示了光谱灵敏度 $S(\lambda)$ 的曲线：左半边为微晶体宽度 y_k 对电子扩散长度 L_n 的比值分别等于 0、0.2、1.0、2.0 和 ∞ 时所对应的曲线（上半部分的晶界复合速度为 $s_{\text{gb}} = 10^3$ cm/s，下半部分为 $s_{\text{gb}} = 10^4$ cm/s）；右半边是当晶界复合速度 s

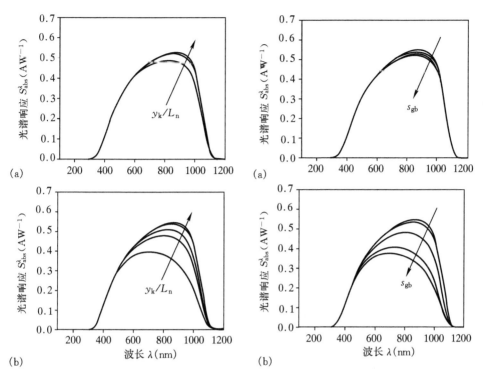

图 6.17　多晶硅材料微晶体的光谱灵敏度 $S_{基底}(\lambda)$，详细解释见文字部分说明[Böh84]

分别为 0、10^4、10^5、10^6 cm/s 时对应的曲线（上半部分的微晶体宽度与电子扩散长度之比为 $y_k/L_n = 10$，下半部分为 $y_k/L_n = 1$）。利用 AMx 太阳光谱可以计算出太阳电池（基底部分）的光电流密度（见 4.3 节）

$$j_{phot}(AMx) = \int_{AMx} S(\lambda) E_\lambda(\lambda) d\lambda \qquad (6.23)$$ 114

以及该太阳电池的 AMx 灵敏度

$$S(AMx) = j_{phot}(AMx)/E(AMx) \qquad (6.24)$$

由于太阳光谱 $E(AMx)$ 曲线不封闭，所以上式的计算只能通过数值分析法实现。晶界活动对柱状 np 多晶硅太阳电池 AMx 灵敏度 $S(AMx)$ 的影响显示于图 6.18 中，图中标示出了对应于晶界复合速度 s_{gb} 的不同 $S(AMx)$ 曲线：实线代表粗颗粒柱状微晶体，虚线代表细颗粒柱状微晶体。当晶界复合速度很快时，粗颗粒微晶体的灵敏度只有略为下降，而细颗粒微晶体的灵敏度则大幅降低。

从图 6.17 和图 6.18 中可以得出结论：晶界钝化（例如通过氢气钝化处理）程 115
度应与少数载流子扩散长度损失相协调。从 5.1 节中得知少数载流子的扩散长度越长越好（例如 $L_n > 200$ μm），从而保证光电流密度足够大，因此太阳电池制造商要么使用大颗粒微晶体多晶硅（SILSO 工艺材料：$y_k \approx 2 \sim 8$ mm），要么设法降低晶

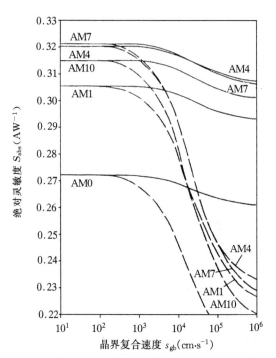

图 6.18[①]　在不同太阳光谱 AMx 照射下，多晶硅太阳电池微晶体的绝对灵敏度与晶界复合速度之间的关系。粗晶粒：直线；细晶粒：虚线[Boh84]

界复合速度（$s_{gb}<10^3$ cm/s）。实际应用中从上述两方面同时着手，使多晶硅太阳电池的转化效率仅略低于（对于商业产品：2% ～ 4%（绝对差））单晶硅太阳电池的转化效率。图 6.21 显示了一块现代商业多晶硅太阳电池（Q-Cells Thalheim 公司）。

6.6　制备

原料：　　　　　　　　柱状结晶硅锭（$50\times50\times40$ cm^3），

　　　　　　　　　　　0.5～5 Ωcm，p 型（硼掺杂），太阳能级 SoG 硅。

1. 切割：　　　　　　　使用线锯组同时切割 10～20 片，每片尺寸为 15×15 cm^2，厚 200～300 μm。

2. 清洗：　　　　　　　使用 HCl/HNO$_3$ 腐蚀清洁。

3. 发射极扩散掺杂：　　硅片表面喷涂磷乳液扩散层，然后送入隧道炉中加热扩散（扩散深度：0.3～0.5 μm）。

4. 晶界钝化：　　　　　将硅片置于氢等离子氛围中，$T=300$℃下进行处理（1

①本图位于原书 114 页。

小时)。

5. 光学补偿覆层： 离子沉积 SiN_x 或 Si_3N_4 光学补偿层并烧结。

6. 金属化： 丝网印刷覆膜(背面 Ag/Al 金属膏,正面 Ag 金属膏)后送入隧道炉加热。

7. 测试与筛选： 通过在标准测量条件(AM1.5)下获得的 $I(U)$ 特性曲线将太阳电池片分级。

8. 模块组装： 将多个单片串联成单元(决定 I_K),然后将多个单元并联为模块(决定 U_L)。

9. 产品参数： n^+p 多晶硅太阳电池模块,电池片厚度为 $d_{SZ} > 200\ \mu m$ 时的扩散长度为 $L_n > 100\ \mu m$,标准条件下的转化效率 $\eta_{AM1.5}(T = 25℃) = 15\% \sim 17\%$,标准模块功率有 20 W_p,30 W_p,40 W_p(下标 p 代表"peak watt",即标准条件 AM1.5 下的最佳功率匹配)。

1. 对步骤 6 中的丝网印刷工艺说明：

丝网印刷工艺首先将膏状薄膜覆盖于多晶硅片表层,而后再将多晶硅片送入隧道炉中烧结(图 6.19)。这种简化工艺取代了真空条件下利用在保护气体氛围($N_2 + 3\%O_2$)中的连续烧结流程($650 \sim 750℃$)制备薄膜的气相沉积工艺。在丝网印刷工艺中,昂贵材料例如接触金属银被 Al-Ag 混合物替代,ARC 层则通过 LPCVD 工艺制备(LPCVD:低压化学气相沉积)。

116

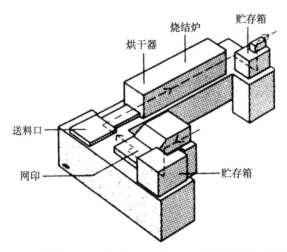

图 6.19 太阳电池制备的丝网印刷工艺。太阳电池片从贮存箱中送出后首先通过网印覆盖,随后网印膏覆层通过烘干器和烧结炉定形[Ras82]

2. 对步骤 4 中的晶界钝化工艺说明：

晶界实质上是通过不饱和硅原子健而形成的具有明显表面复合作用的平面。在上面描述的工艺中,利用氢处理将高活性氢原子扩散到晶界中,并使其与不饱和硅原子健相结合形成共价键。通过这种钝化处理可以降低晶界复合率,但无法将其完全抑制。

117

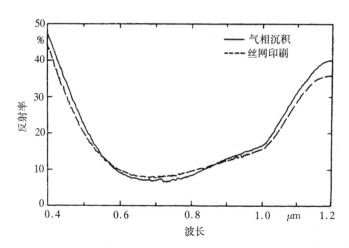

图 6.20　两种分别使用气相沉积和丝网印刷工艺制作的多晶硅太阳电池 ARC 光补偿层之间的参数比较[Ras82]

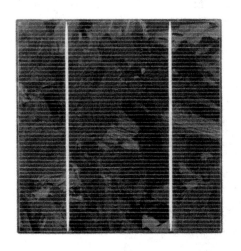

图 6.21　标准铸造多晶硅太阳电池(Q-Cells Thalheim 公司),面积:15×15 cm²;转换效率
η=15%(插指结构接触)。
左:电池片正面(可清晰辨认出不同颜色的微晶体区);右:电池片背面

118

MECHANICAL DATA AND DESIGN

Product	Multicrystalline silicon solar cell
Format	210 mm x 210 mm +/- 0.5 mm
Average thickness	300 µm/270 µm +/- 40 µm
Front (-)	3 x 2 mm bus bars (silver), acid textured surface, blue anti-reflecting coating (silicon nitride)
Back (+)	3 x 4.5 mm wide soldering pads (silver/aluminium), back surface field (aluminium)

ELECTRICAL DATA

	Q8TT3-1410	Q8TT3-1440	Q8TT3-1460	Q8TT3-1480	Q8TT3-1500
Current at 0.5 V	≥12.14 A	≥12.52 A	≥12.74 A	≥12.88 A	≥13.05 A
Ø Isc	13.78 A	14.00 A	14.04 A	14.10 A	14.17 A
Ø Uoc	601 mV	602 mV	603 mV	604 mV	606 mV
Ø Pmax	6.22 W	6.35 W	6.44 W	6.53 W	6.62 W
Ø Efficiency	14.1 %	14.4 %	14.6 %	14.8 %	15.0 %

	Q8TT3-1520	Q8TT3-1540	Q8TT3-1560	Q8TT3-1580
Current at 0.5 V	≥13.21 A	≥13.39 A	≥13.52 A	≥13.70 A
Ø Isc	14.26 A	14.34 A	14.43 A	14.62 A
Ø Uoc	608 mV	610 mV	611 mV	611 mV
Ø Pmax	6.70 W	6.79 W	6.88 W	6.97 W
Ø Efficiency	15.2 %	15.4 %	15.6 %	15.8 %

All data at standard testing conditions: STC = 1000 W/m², AM 1.5, 25 °C, Pmax: +/- 1.5 % rel., Efficiency: +/- 0.2 % abs.

图 6.22 Q-Cells Thalheim 公司生产的多晶硅高能太阳电池 Q8TT3 的性能参数表节选。单片面积:210×210 mm²，转换效率至 η=15.8%

第 7 章

化合物半导体太阳电池

化合物半导体是指由化学元素周期表中的两种不同主族元素——诸如 III 族和 V 族元素（例如 GaAs、InP）或者 II 族和 VI 族元素（例如 CdS、ZnSe）——所组成的二元材料。三元和四元材料则分别由三种或四种元素构成。三元化合物半导体有 AlGaAs，四元化合物半导体有 AlGaAsP。

人们在近代物理研究中认识到，半导体化合物中的阳离子和阴离子的价电子都倾向于形成 8 个电子壳层的稳定共价键。以砷化镓 GaAs 为例：其作为化合物半导体所包含的两种原子为了形成共价键，都分别需要 4 个外层电子形成 s^1p^3 外层电子排列，它们由砷原子的 $5\ s^2p^3$ 和镓原子的 $3\ s^1p^2$ 电子排列演化而来。对于砷原子，其具有 5 个电子的外层电子壳释放一个电子后形成 $4\ s^2p^3$ 电子排列，从而成为带正电的阳离子；而对于只有 3 个外层电子的镓原子，其俘获一个电子后形成了 $4\ s^1p^2$ 的带负电阴离子。而在 CdS 中，具有 6 个外层电子的硫原子甚至释放其中的 2 个电子，以便只有 2 个外层电子的镉原子也能获得两个额外电子而形成 4 个电子的外层结构。人们从而得知，除了半导体共价键之外，还有相当一部分的离子键存在于类似 CdS 的半导体化合物中。只有单质半导体，例如 Si 和 Ge 不包含离子键。

最后还需提到的是，在保证共价键能够形成半导体特性的情况下，同样存在由 II、III、IV、V 和 VI 族元素共同组成的化合物半导体。例如由 II/IV/V 族原子组成的半导体材料 $ZnGeP_2$ 和 $CdSiAs_2$，以及共同出自 I/II/VI 族原子的 $CuInSe_2$ 和 $AgGaS_2$。

出于工业主流的影响，本章将详细讲解 III/V 族化合物半导体太阳电池原理。II/VI 族化合物半导体将在第 9 章中作为新型太阳电池材料讲解。

7.1　太阳电池材料硅和砷化镓的对比

在第 4 章中建立的晶体硅太阳电池基本模型同样适用于晶体砷化镓（GaAs）

材料,只是二者的某些特性不尽相同。基本上这些特性偏差都可以从硅和砷化镓之间的基本差异中推导得出:GaAs 为直接半导体,而 Si 是间接半导体(见 3.2 节)。因此,GaAs 的关于波长的吸收系数 $\alpha(\lambda)$ 曲线比 c-Si 的曲线变化陡峭许多(见 3.6 节)。硅的吸收系数从其对应于能带波长(辐射吸收起始:$\alpha = 10 \text{ cm}^{-1}$)开始上升至 $\alpha = 10^4 \text{ cm}^{-1}$ 时(表面光吸收深度 $\alpha^{-1} = 1 \text{ }\mu m$)的波长变化范围为 $1.1 \text{ }\mu m > \lambda > 0.50 \text{ }\mu m$,而 GaAs 对应于相同吸收系数变化区间的波长范围为 $0.88 \text{ }\mu m > \lambda > 0.78 \text{ }\mu m$。在地表标准辐射光谱 AM1.5 中辐射强度最大值波长 $\lambda_{max} \approx 480 \text{ nm}$ 对应的吸收系数中,GaAs 比 Si 高出一个数量级。综上所述,当硅材料层厚度约 10 倍于 GaAs 层时,二者的太阳辐射吸收部分才大致相同。典型厚度为硅:$20 \sim 50 \text{ }\mu m$;GaAs:$1 \sim 3 \text{ }\mu m$。

由此可知,硅中产生的电子-空穴对必须远距离扩散到 np 结区,而后在结区电场中被分离。这一过程主要取决于少数载流子(即 p 型基底中的电子)的扩散长度(空间扩散长度)。其值应至少等于基底厚度:$L_n \approx d_{SZ}$(见 4.2.4 节)。而在 GaAs 中的电子-空穴对就在表层中生成,并且在原地被分离-如果在分离过程前没有在表面被复合的话。GaAs 材料受表面复合速度的影响更加强烈,而在 np 硅太阳电池的发射极中,该影响只有当表面复合速度达到 $s > 10^4 \text{ cm/s}$ 时才开始逐渐显现。未经充分表面钝化处理的 GaAs 太阳电池的复合损失十分明显。

7.2 具有 AlGaAs 窗口层的 GaAs 太阳电池

为了保持 GaAs 材料的高吸收系数,应谨慎处理其表面,以降低表面复合作用带来的负面影响。经验显示,未经钝化处理的表面复合速度可达 $s > 10^5 \text{ cm/s}$。通过在 GaAs 基底表面上制备一层晶格匹配的透明三元半导体材料 AlGaAs 窗口层,可以达到如同利用 SiO$_2$ 处理 Si 器件的良好钝化效果。晶格匹配的意思是,窗口层材料沿着 GaAs 晶格以相似的晶格常数周期性向外延伸。经过精心表面钝化处理($s < 10^4 \text{ cm/s}$)的 np 器件可以用于制作高效太阳电池,因为此时发射极内作为少数载流子的电子具有更高的扩散系数 D_n 和迁移率 μ_n,可以因此获得优良的光伏特性。但是 GaAs 中 μ_n 比 μ_p 高出 10 倍(见图 7.2),因此存在这样的疑问:是否同样可以通过调整几何尺寸和掺杂以使 GaAs 的 np 器件获得高转换效率?这个问题已经由具有 AlGaAs 窗口层的 pn 型 GaAs 太阳电池工艺(图 7.1)解决,我们将在下节中详细介绍。

GaAs 太阳电池可利用由 Al$_x$Ga$_{1-x}$As 钝化层、p 型发射极和 n 型基底构成的 pn 模型描述(构成价键的三价原子中的铝分量为 x,镓分量为 $(1-x)$,五价原子为砷),钝化层上方还有一层利用折射率匹配原理而制作的防反射层(ARC),使用

121 SiO$_2$ 材料制作 ARC 可以达到这种功效，或者使用折射率更高（因而更合适）的 Si$_3$N$_4$ 材料。下面我们将比较 pn 模型与 np 模型的差异。

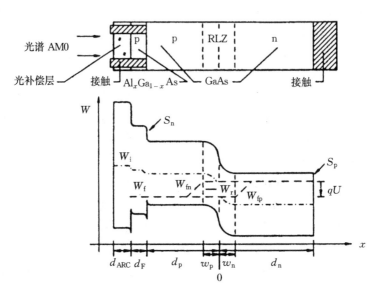

图 7.1　具有 Al$_x$Ga$_{1-x}$As 窗口层和 ABC 光补偿层的 pn-GaAs 太阳电池模型

7.3　AlGaAs/GaAs 太阳电池的模型计算

对于该模型的计算可以沿用第 4 章中使用过的整套公式，除此之外还有一点补充，即必须考虑 GaAs 材料中空间电荷区复合作用对暗电流曲线的作用影响。GaAs 的禁带宽度（$T=300$ K 时 $\Delta W_{\mathrm{GaAs}}=1.42$ eV）明显高于 Si（$\Delta W_{\mathrm{Si}}=1.1$ eV）。因此本征（未掺杂）GaAs 中的自由载流子很少，从而抑制了其本身的本征载流子密度 n_i

$$n_i = \sqrt{N_V N_L} \cdot e^{-\frac{\Delta W}{2 \cdot kT}} \tag{7.1}$$

由此带来的结果是：GaAs 导带和价带中的有效状态密度 $N_{\mathrm{L,V}}$ 与硅相比少了许多（$N_{\mathrm{L,GaAs}}=4.7\times10^{17}$ cm^{-3}；$N_{\mathrm{V,GaAs}}=7.0\times10^{18}$ cm^{-3}）。室温下（$T=300$ K）有 $n_{\mathrm{i,GaAs}}=1.79\times10^{6}$ cm^{-3} 和 $n_{\mathrm{i,Si}}=1.0\times10^{10}$ cm^{-3}。这一点说明了根据肖克莱理论（Shockley，式（4.19）），GaAs 中来自电中性区的与 n_i^2 成正比的饱和电流 j_0 与其它电流机制相比开始下降。从现在起由空间电荷区中复合作用引起的电流不能被忽略，因为其与 n_i 成线性关系

122

$$j_{\mathrm{RLZ}}(U) = \frac{q \cdot n_i}{2\tau_{\mathrm{eff}}} w_{\mathrm{RLZ}}(U) \cdot \frac{U_{\mathrm{T}}}{U_{\mathrm{D}}-U} \cdot e^{U/2U_{\mathrm{T}}} \cdot \frac{\pi}{2}$$

其中

$$w_{\text{RLZ}}(U) = \sqrt{\frac{2\varepsilon_0 \varepsilon_{\text{GaAs}}}{q}\left(\frac{1}{N_{\text{D}}} + \frac{1}{N_{\text{A}}}\right)(U_{\text{D}} - U)}$$

对应于 $0 < U < U_{\text{D}}$，并且 $\varepsilon_{\text{GaAs}} = 13.1$ （7.2）

该电流分量通过其在半对数图中的缓慢上升趋势对整体电流-电压特性曲线变化的影响最为明显。当忽略空间电荷区中其余无足轻重的电压影响时

$$\log(j_{\text{RLZ}}(U)) \sim \frac{U}{2U_{\text{T}}}$$ （7.3）

额外复合电流所引发的另一个结果是高禁带宽度材料太阳电池的填充因数和开路电压的（微小）降低。

计算模型的初始值是作为电参数并分别于掺杂相关的迁移率和扩散长度（图 7.2/7.3）。模型使用由折射率 n 和所采用材料系统的消光系数 κ（图 7.4）共同表达的复折射率

$$N(\lambda) = n(\lambda) - \text{i} \cdot \kappa(\lambda)$$ （7.4）

该复数被用来描述单色辐射的吸收和折射。在这里 κ 和吸收系数 α 的关系为

$$\alpha = \frac{4\pi\kappa}{\lambda}$$ （7.5）

吸收系数（图 7.8）是通过电场强度的平方，即辐射功率密度由吸收材料表面至其内部的降低幅度来定义的

$$\boldsymbol{E}(x,t) = \boldsymbol{E}_0 \text{e}^{\text{i}(\omega t - kx)} = \boldsymbol{E}_0 \text{e}^{\text{i}(\omega t - Nk_0 x)}$$

$$\boldsymbol{E}^2(x,t) = \boldsymbol{E}_0^2 \text{e}^{2\text{i}(\omega t - nk_0 x)} \cdot \text{e}^{-2\kappa k_0 x}$$

$$= P_0 \text{e}^{2\text{i}(\omega t - nk_0 x)} \text{e}^{-\alpha x}$$ （7.6）

123

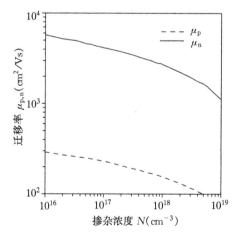

图 7.2　GaAs 中电子和空穴的
迁移率[Cas78]

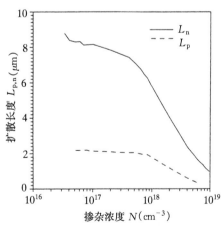

图 7.3　GaAs 中电子和空穴的
扩散长度[Cas73]

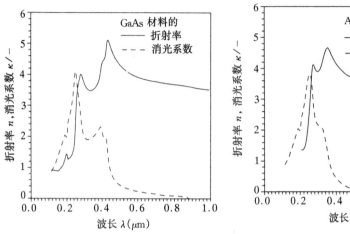

图 7.4　GaAs 的折射率和消光系数[Pa185]　　图 7.5　Al$_{0.8}$Ga$_{0.2}$As 的折射率和消光
系数[Asp86]

124

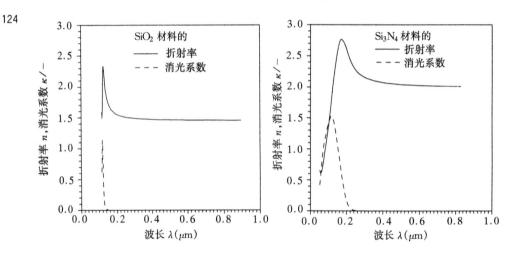

图 7.6　SiO$_2$ 的折射率和消光系数[Pa185]　　图 7.7　Si$_3$N$_4$ 的折射率和消光系数[Pa185]

125　　　　模型计算涉及窗口层材料 Al$_x$Ga$_{1-x}$As 中的分量值 x。通过分析吸收系数 α
（图 7.8）可知，由直接半导体 GaAs 到间接半导体 AlAs 的转换阈值约为 $x \approx 0.45$
（见图 7.17）。图 7.5 显示了当 $x=0.8$ 时 n 与 κ 的关系。最后由图 7.6 和 7.7 分
别显示了两种防反光层材料 SiO$_2$ 和 Si$_3$N$_4$ 的折射率 $n(\lambda)$ 和消光系数 $\kappa(\lambda)$。

对基本模型（第 4 章）的模拟计算考虑到了两种表面复合速度 s_n 和 s_p，它们对
应于 pn 模型中的 p 型发射极表面和 n 型基底背面接触表面。电流密度的发射极

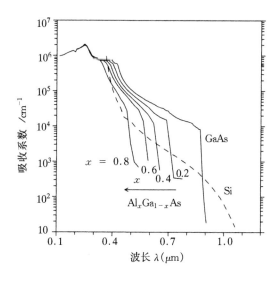

图 7.8[①]　三元晶体系数 $Al_xGa_{1-x}As$ 与 GaAs 和 Si 的吸收系数比较

与基底分量 $j_{phot\,发射极}$ 和 $j_{phot,基极}$ 可分别用式(4.21)中的两种形式表达。在掺杂量固定的条件下,可以根据发射极与基底层的厚度 d_{em} 和 d_{ba} 确定 AM0 条件下的太阳电池转换效率。从生产工艺角度出发,通过优化计算可以得到发射极和基底层厚度的最佳值。通过研究 np 型太阳电池(图 7.9 上)可以得到结论:太阳电池正表面的高复合率($s_p > 10^4$ cm/s)导致能量转换效率降低,而背面复合率 s_n 在基底层厚度超过 10 μm 时对转换效率几乎没有影响。经过表面钝化处理($s_p \leqslant 10^4$ cm/s)的发射极优化厚度小于 0.3 μm。对于结构顺序倒转的 pn 型太阳电池(图 7.9 下)而言,与其对应的发射极优化厚度为 0.3 ～ 2.0 μm。图 7.10 中给出了明暗两种情况下的载流子浓度特性曲线。上述两种结构的光谱灵敏度分别在图 7.11a/b 中显示。根据层结构对光谱光电流的贡献大小,可将 np 型太阳电池定义为基底层活跃型,pn 型为发射极活跃型。

由于以上两种结构的太阳电池的转换效率几乎没有差别($\eta_{np} = 26.6\%$,$\eta_{pn} = 26.5\%$),所以在生产中主要从实际工艺的角度在这两种互为转置的结构中进行选择。用于生产 GaAs 太阳电池液相外延生长法(LPE,liquid-phase epitaxy)无法制造小于 0.1 μm 的层结构厚度。只有利用薄膜工艺,例如气相外延生长(MOCVD,metal organic chemical vapour depositon)或者分子束外延生长(MBE,molecular

_____

①本图位于原书 124 页。

beam epitaxy)才能实现可用于生产的小于 0.1 μm 的层结构。我们将在下一章节中介绍传统的 LPE 生产流程。为此我们特意选择对生长层精细度要求不高的 p-Al$_x$Ga$_{1-x}$As/p-GaAs/n-GaAs 器件为例进行说明(图 7.11 右)。

126

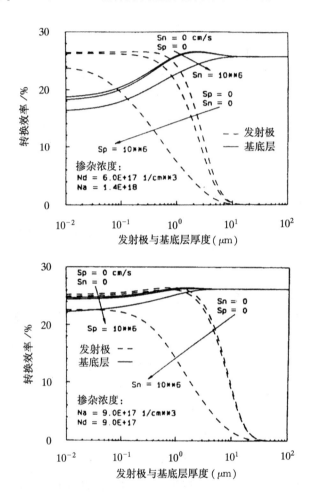

图 7.9 理想 GaAs 太阳电池在不同表面复合速度情况下,其转换效
率与发射极、基底层厚度的关系
上:np 结构 下:pn 结构[Ne192]

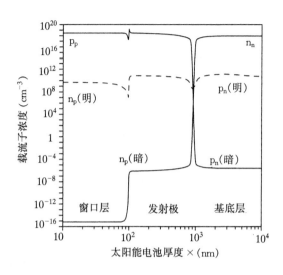

图 7.10 明(AM0)暗条件下 pn 型 GaAs 太阳电池在短路时的多子和少子浓度分布

127

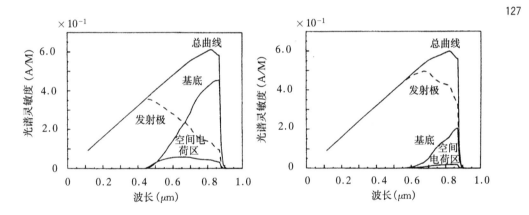

图 7.11 理想 GaAs 太阳电池的光谱灵敏度,图中分别标出了发射极、空间电荷区和基底分量。左:np 结构,右:pn 结构[Ne192]

7.4 晶体培育

在砷化镓生产流程中通常选择单晶材料作为原料,该单晶材料类似于利用直拉法(图 5.6)制备的单晶硅。然而在 III/V 族化合物半导体晶体的制备过程中为了防止蒸发,必须考虑到两种熔融单质的蒸气压之比。III/V 组化合物的熔点高于其组成部分的任一单质熔点(InSb 除外)。二元化合物系统镓/砷的相图正显示了这一特性(图 7.12)。具有整比组成的 GaAs 正是在液相曲线附近成型,而 GaAs 化合物的液相曲线上不存在两种组成单质的最低共熔温度点。因此熔融态反应物需要在压力容器(热压罐)中的高温环境下处理:对于 GaAs,反应温度为 $T>1238℃$。为防止具有较高蒸气分压的砷元素在反应过程中蒸发损失,并进一步影响化合物晶体组成的整比性,该反应的压力环境被设定为约 910 hPa(≈ 0.9 atm)。相比起 GaAs 生产所需的压力环境,用于 LED 生产的 GaP 结晶反应压力要高出许多:该反应过程需要维持 40 atm 的压力环境,用以确保在反应进行时磷元素不会蒸发损失!另外在生产 GaAs 过程中为防止砷元素泄露,可在 GaAs 熔融物表面覆盖一层惰性液体(例如不含杂质的 B_2O_3 熔化物)。GaAs 晶体就在较轻的 B_2O_3 和较重的 GaAs 熔融物之间的分隔层上生长。这种生产技术被命名为 LEC 工艺。

另外一种重要技术为布里德曼工艺,该工艺中结晶过程在具有独立砷供给源的封闭石英管内横向进行(图 7.13)。在加热炉中设定温度特性曲线(熔融物与凝固体之间的温度梯度)并保持稳定。石英管内有可水平移动的坩埚,用于盛放熔融态 GaAs 及其籽晶。独立砷源在反应过程中被单独加热,目的是控制反应氛围中的砷元素蒸气分压,使其不会从 GaAs 熔融物中蒸发泄露。为了抑制生长晶体中的杂质(例如来自 SiO_2 坩埚中的 Si)含量,特意选用石墨或氮化铝材料的坩埚。通常情况下,来自于石英管的 Si 杂质在布里德曼工艺制备的 GaAs 晶体中起施主作用。对于高欧姆材料("半电阻"GaAs),通常需要添加 Cr、Fe、Mn 等元素进行平衡掺杂。

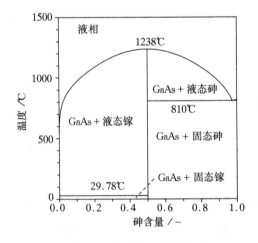

图 7.12   镓砷化合物的相图

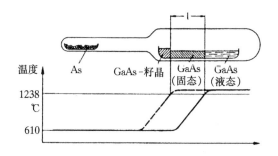

图 7.13　GaAs 单晶生产设备图示

---- 使用布里德曼法在结晶初始阶段的温度特性曲线

——经过时间 t 后的温度特性曲线[Mün69]

7.5　GaAs 太阳电池的液相外延生长

129

通过 Ga/As 相图(图 7.12),使用液相外延生长技术(liquid-phase epitaxy / LPE)可以在 GaAs 基底上生长出具有不同掺杂的 GaAs 层,并由此获得 pn 结。当人们选择相图中富含镓的一侧,并利用镓熔点低的特点,可使混合熔融物由液态 Ga/As 直接过渡到 GaAs 固体从富含镓的熔融物中析出。这种现象在相图中表示为穿过液相曲线后由上而下垂直方向的状态改变。当选定反应温度(例如 $T=$ 800℃)后,即可计算出使 Ga 熔融液饱和的砷含量(图 7.12 中对应的摩尔分子含量约为 3%),从而可以导致固体 GaAs 析出(相图中 $T=$800℃的水平线)。图中的砷含量为熔液里砷摩尔分子数所占百分比。当生长基底为 GaAs 时,析出的 GaAs 固体(视情况配以 Be、Sn、Mg 等掺杂元素)即在其之上生长出单晶层。该技术的关键为含砷熔液的过饱和过程必须总是先于外延层生长。

人们并不满足于利用这种外延沉积法只"生长"一层砷化镓 pn 结外延层,而是想利用该工艺流程同样制备 $Al_xGa_{1-x}As$ 窗口层。最终选择了通过精心控制温度使 AlGaAs 材料进行晶格匹配的生长。为了达到该目的,科研人员在制备过程中分步利用 Al/Ga/As 三维相图:在确定了化合物中的 Al 含量后,将其加入饱和 GaAs 熔液后沉淀出 AlGaAs 结晶并使之生长于 GaAs 基底上。同时添加的掺杂元素(例如受主铍)可以通过固体扩散进入 GaAs 基底。利用这种工艺可以制备如图 7.1 中所示的 p-AlGaAs/p-GaAs/n-GaAs 结构层。最后在图 7.14 中展示了用于 LASER 工艺的 LPE 多层生长机。利用这种机器可以使四种不同熔融物质依次经过基底层(可移动式坩埚),同时制备出所需混合层结构。用于生产 GaAs 太阳电池的 LPE 工艺最多只需要两种熔液(窗口层和可选的缓冲层)。

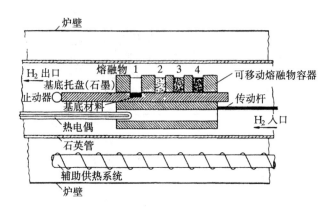

图 7.14 用于生产多层结构的 LPE 设备[Rug84]

130 **7.6 制备 GaAs 太阳电池的 LPE 工艺流程**

与先前介绍的单晶硅和多晶硅材料的工业生产工艺一样,现在介绍 GaAs 太阳电池的制作工艺。

生产原料:布里德曼工艺材料,切割成片(例如:2.0 cm×2.0 cm×300 μm)并研磨表面,n 型 GaAs,掺杂 $N_D(Si)=2×10^{18}$ cm^{-3}

1. 样品制备:检查缺陷密度,表面清洁(例如置入 TCE 三氯乙烯、丙酮或甲醇中),刻蚀(例如使用 HCL:HO=1:1 的溶液)并清洗

2. 液相外延:温度 $T=700\sim900$℃时,在充足熔融物条件下使用 LPE,温度变化速率为 $-dT/dt=0.2\sim0.5$ K/min

   2.1 缓冲层外延:$10\sim12$ μm,n-GaAs,$N_D(Sn)=2×10^{17}$ cm^{-3},随后清洁表面

   2.2 窗口层外延与发射极扩散:$0.1\sim0.3$ μm p-Al$_{0.85}$Ga$_{0.15}$As,同时利用 Be 掺杂熔融物进行发射极扩散:d $=0.3\sim0.5$ μm,$N_A(Be)=2×10^{18}$ cm^{-3}

3. 欧姆接触

   3.1 正面接触:插指结构:使用光刻和金属剥离工艺在 p 性 GaAs 表面制作接触条,Au/Zn(3%)-Ag(溅射成型并电镀加固)

   3.2 背面接触:整面接触:Ni-Au/Ge(12%)-Au-Ag(金属蒸发覆盖)

4. 光学补偿:双层 ARC 结构:TiO$_2$/Al$_2$O$_3$,$d_{ARC}=140$ nm(金属蒸发覆盖)

5. 测试:模拟 AM0 光谱下的 $I(U)$ 特性曲线,$S(\lambda)$,照射测试

产品参数:航天用途的 p^+-$Al_{0.85}Ga_{0.15}As$-pn-GaAs 太阳电池,转换效率:
$$\eta(T=28℃)=22\%\sim24\%,辐射测试(e/10^{15}\ cm^{-2},1\ MeV):$$
$$\eta/\eta_0\approx0.85$$

图 7.15 显示了两种使用 LPE 工艺制作的 pn-GaAs 太阳电池的内量子效率 $Q_{int}(\lambda)$ 与参数匹配后的模拟结果(考虑到少数载流子扩散长度和表面复合速度后的优化窗口层厚度 d_w,扩散深度 x_j,基底层厚度 d_{ba})。窗口层吸收引起了短波长区("蓝光段")的功率下降,而长波长区("红光段")中 $\lambda=850$ nm 附近也存在功率突然下降,这是由直接半导体材料 GaAs 的高带隙所造成的($\Delta W=1.42$ eV)。

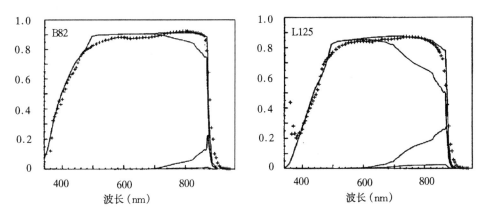

图 7.15[①]　两种 pn-GaAs 太阳电池("+")量子效率的实际测量曲线和考虑了窗口层吸收后的模拟曲线(实线)。模拟参数 B82(左图):$d_{em}=2\ \mu m$,$L_n=5\ \mu m$,$s_n=10^4$ cm/s,$L_p=3\ \mu m$,$s_p=10^4$ cm/s;125L(右图):$d_{em}=1\ \mu m$,$L_n=3\ \mu m$,$s_n=10^5$ cm/s,$L_p=2\ \mu m$,$s_p=10^4$ cm/s。模拟结果符合图 7.11 中右图所示结果[Rei90]

7.7　用于制备薄膜结构的 III/V 族半导体气相外延技术

气相沉积(CVD,chemical vapour deposition)是在气相环境中生长半导体薄膜层的工艺方法。利用这种工艺可以精确调整生长层厚度,进而生产出高效太阳电池。半导体基片与某种或多种反应气体一起置于低压反应容器中,气体与基片表面发生反应并形成外延层。反应中同时产生的附产物须及时排出。根据反应容器中的不同压力可进一步区分为 **APCVD**(atmospheric pressure CVD,常压 CVD)和 **LPCVD**(low pressure CVD,低压 CVD)。

另一种重要的半导体薄膜外延技术是分子束外延生长(molecular beam epi-

①本图位于原书 131 页。

taxy,**MBE**)。这种技术利用泻流盒(Effusor-Zelle)将高纯度原材料例如镓和砷分别进行蒸发。在泻流盒中蒸发产生的分子束或原子束进入超真空环境中的生长室,并聚集在基片表面与其产生反应,从而形成具备晶格结构的新表层。利用分别从两个独立泻流盒中产生的镓砷原子束可以制备具有相应晶体结构的砷化镓分子层。MBE 的一个重要特征是极慢的外延层生长速度,利用这一特点同样可以制备高纯度的单原子层结构。分子"束"的概念是指在 MBE 生长中采用的超真空生长环境($<10^{-6}$ Pa)。在这种超真空环境下,分子在生长室中的平均移动自由程远高于生长室的自身尺寸,从而可以避免不同分子束在基片表面聚集之前互相反应或是与生长室中的其他剩余气体发生反应。每个泻流盒的开口处都有一个电脑控制闭合的快门,利用相应的快门控制配合可以制备多种单原子晶体层的混合层结构。制备具有量子特性的现代纳米结构(量子阱和量子点)直到 MBE 技术的出现才成为可能。利用 MBE 技术可以生产 III/V 族半导体太阳电池所需的薄膜层,并进一步制备高性能的多层与串联结构太阳电池(见图 7.16～7.22,以及 7.6 节)。

132

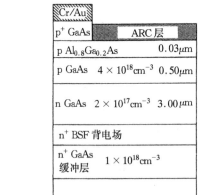
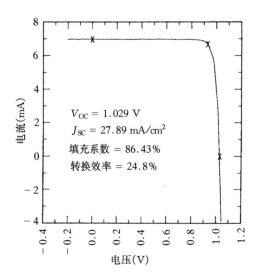

图 7.16　一种材料顺序为 GaAs/AlGaAs 的早期 III/V 族半导体多层结构太阳电池(1990)的结构图(左)和发电特性曲线图(右)。GaAs 区可由 LPE 工艺完成。而 AlGaAs 区则只能采用 CVD 工艺制备[Tob90]

7.8　III/V 族半导体材料的叠层结构太阳电池

使用三元和四元半导体化合物材料生产的叠层构造太阳电池(多层结构太阳电池,stacked solar cells)可使转换效率极大提升至并超越 $\eta = 30\%$。通常使用

MBE 技术在锗材料表面外延生长晶格匹配的 Ⅲ/Ⅴ 族材料层。在本节中将介绍使用不同半导体材料的多层结构太阳电池构造(关于"串联"与"多层"的说明:两种定义之间没有严格的区分,但是通常将双层结构称为"串联",而三层以上结构为"多层")。

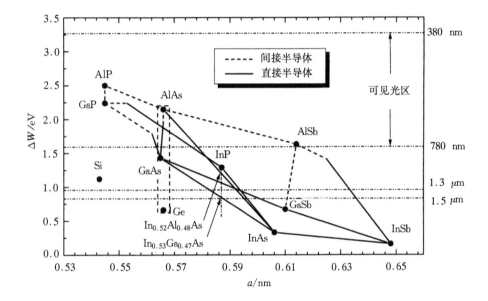

图 7.17 按照晶格常数 a 排列的重要二元、三元和四元半导体化合物的禁带宽度 $\Delta W(T=300\ \mathrm{K})$。图右标示出了不同禁带宽度根据关系式 $\lambda = hc/\Delta W$ 确定的特征波长 $\lambda(\lambda/\mu\mathrm{m}) = 1.24/\Delta W/\mathrm{eV}$。由 Ge 开始沿 ΔW 垂直升高方向的窄带内可见适于外延生长在 Ge 基底上的 Ⅲ/Ⅴ 族半导体化合物[Wag98]

图 7.17 中标示出了一条窄带,其中包含了适于生长在锗基底上的化合物元素如镓、铝、铟、磷、砷和锑。这些元素的晶格常数近似,组成混合晶体时不会产生较大晶格应力(镓、铝和铟是元素周期表中的第三主族元素;而磷、砷和锑是第五主族元素)。这些元素各自组成特定的化合物,正如图 7.17 中显示出的一样。

制造多层太阳电池(图 7.18)应遵循以下原则:最内层选择禁带宽度最小的半导体材料,在图 7.18 中是锗。然后由内而外依次生长禁带宽度逐级增加的半导体层。

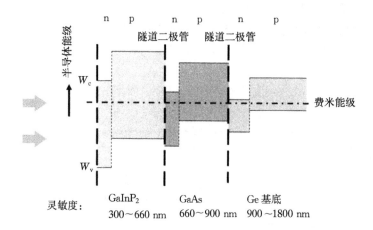

图 7.18　由 Ge/GaAs/GaInP₂ 构成的三层太阳电池的能带结构。能带图中显示了(省略空间电荷区后的简化表示法)n 型区和 p 型区的位置。在图示的能带结构中,光致激发电子向左传输,而空穴向右传输。在两个方向上都存在由不同半导体材料组成的异质 pn 结,这些 pn 结会阻碍载流子的传输运动。采用突变高掺杂的隧道二极管结构可以减少这种抑制作用

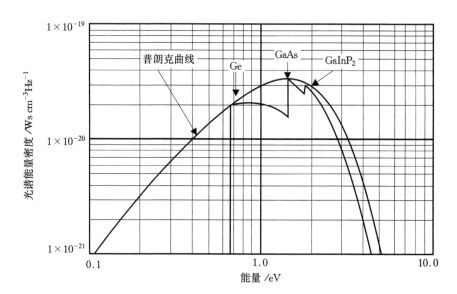

图 7.19　一种 Ge/GaAs/GaInP₂ 三层太阳电池在温度 $T = 5800$ K 下的普朗克曲线,图中光谱能量密度是转换能量和最大可转换分量的函数

这种多层太阳电池由于采用薄膜构造,重量轻且可实现高转换效率,因而十分适合航天应用。三层结构太阳电池的理论极限转换率可达到 $\eta_{ult} = 67\%$。而可实现的最高转换则有 $\eta_{max} = 38\%$。目前达到的转换效率为 $\eta = 30\%^{[Kin04]}$。

多层结构太阳电池应用于航天的另一个优点是高可靠性。宇宙空间中的各种射线会造成太阳电池的转换效率降低。在抗辐射性方面,III/V族化合物半导体太阳电池优于硅材料太阳电池(见5.7节)。

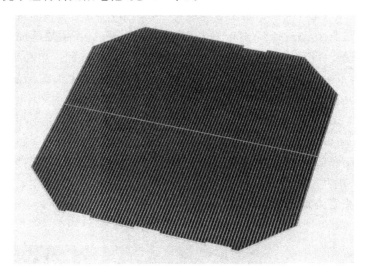

图 7.20　AZUR SPACE Solar Power GmbH Heilbronn 的航天用三层太阳电池产品。

性能参数:AM0 = 1367 W/m² 条件下 $U_{MP} = 2371$ mV, $I_{MP} = 1012$ mA, $\eta(BOL) = 28.0\%$;经 1×10^{15} cm⁻² 1 MeV 的电子辐射后 $\eta(EOL) = 24.6\%$。尺寸结构为按照 GaInP₂/GaAs/Ge 的顺序生长在面积为 60.35 cm² Ge 基底上的三层结构,重量为 10.4 g(BOL:使用寿命起始;EOL:使用寿命结束)。图中显示了这种超轻多层太阳电池的正面,其中可见下端的三处接触端和上端的旁路二极管

（资料来源:AZUR SPACE Solar Power GmbH Heilbronn）

7.9　III/V族化合物半导体太阳电池的聚光技术

具有高转换率($\eta > 30\%$)的单晶 GaInP/GaInAs 太阳电池结合聚光技术后同样适合地表应用。其高昂的生产成本被均摊至数目巨大的微小单元,而制作这些单元的半导体材料可通过分割整块晶圆获取。

在 FLATCON 工艺[ISE06]中,4英寸 GaInP/GaInAs 单晶晶圆被平均切割成为885块微小太阳电池单元,每个单元面积为 $A = 0.0314$ cm²(图 7.21)。利用面积

为 $B=15.5\ \mathrm{cm^2}$ 的菲涅尔透镜可将入射阳光强度聚集 500 倍（$E_{500 \cdot \mathrm{AM1.5}}=500\times$
$100\ \mathrm{mW/cm^2}=50\ \mathrm{W/cm^2}$）后投射在单个太阳电池单元表面，即 1.6 W/单元。
FLATCON 系统模块由 60 组（$=5\times12$）面积为 B 的菲涅尔透镜构成，总覆盖面积
为 $C=0.095\ \mathrm{m^2}$（20 cm×48 cm），该面积上的阳光照射功率为 94 W。因此，当系
统转换效率为 $\eta=20\%$ 时，聚光条件下的转化功率为 19 W/模块，约等于 200 $\mathrm{W/m^2}$。
科研人员希望将来能使系统换效率进一步提升。

但是 FLATCON 系统造价高于硅材料太阳电池，尽管后者在非聚集阳光条件
下的转换率仅为 $10\%\sim12\%$（$100\sim200\ \mathrm{W/m^2}$），但是其并不需要菲涅尔透镜和冷
却设备。FLATCON 系统的优势在于可以十分经济地充分利用单片半导体晶圆。
相比之下，标准的硅太阳电池模块（非聚光式）则需要数目庞大的硅晶圆片覆盖。
通过半导体晶圆成品的价格比较，这种经济优势显而易见：当生产 14 片上述尺寸
的 GaInP/GaInAs 单晶晶圆用于 FLATCON 系统模块时，为了达到相同的模块数
（使用 $15\times15\ \mathrm{cm^2}$）和总功率则需要超过 100 片硅晶圆。

此外 FLATCON 系统还需要一套实时追踪最佳照射角度的双自由度伺服系
统，这又是一笔额外费用。尽管如此，人们还是希望在不久的将来这种高效光伏产
品能够在阳光富集地区作为发电站单元发挥其高科技的优势。

图 7.21　安装在铜散热片上的晶体　　图 7.22　ISE-FLATCON 模块。图中
GaInP/GaInAs 太 阳 电 池　　　　　　的菲涅尔棱镜清晰可见，棱
单元　　　　　　　　　　　　　　　镜后的太阳电池模块配有铜
　　　　　　　　　　　　　　　　　散热片

（资料来源：弗莱堡太阳能系统研究所/ISE Freiburg 2006）

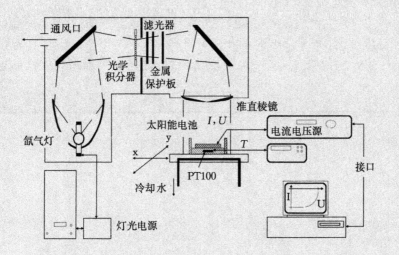

图 7.23 太阳电池特性曲线测试系统:包括了氙气灯、曲面镜和光学积分器、滤光部件、金属保护板、转向镜和准直棱镜,以及带有可在 xy 方向移动的恒温样品托盘的测试台。测得数据通过转接口在电脑屏幕上显示

　　发电特性曲线测试系统由太阳光模拟器和外围测试电子设备组成。太阳光模拟器置于气冷机箱中。辐射光源是功率为 $1000\mathrm{W}$ 的石英高压氙气灯。氙气灯的短电弧发射光符合普朗克定理中的光谱能量密度分布。灯管位于椭球形反射面的焦点处,光线在反射面处被反射后通过转向镜聚焦在光学积分器上。光学积分器由一组相互平行的平面棱镜构成,其作用是将通过其中的入射光均匀分布于光路中,以此消除由光源几何结构造成的辐射强度不均。用于光谱匹配的滤光器位于光学积分器后方,其作用是修正光源光谱。此外还有一块金属保护板用于遮挡光线和防止测试台过热。经过转向镜反射,修正后的光束通过准直棱镜形成平行光束照射在热平衡的测试样品上。待测太阳电池被固定在黑色托盘上。

　　待测样品的正表面接触为金丝联接方式。发射极和基底分别与两组供电电源和两根电位探针连接(开尔文连接,KELVIN-Verdrahtung)。样品下方另有传感器测量温度和测量电阻。每次测试前需要使用一块标准硅太阳电池进行辐射强度校正。测量得出的电流电压特性曲线在电脑显示屏上的坐标象限中被标示。测试初始阶段使用电压源将样品工作区间控制在反向区。当特性曲线超越功率最大值点,测试样品的微分电阻开始下降时,继而转为电流源控制。

　　发电特性曲线的测量在高功率光源的聚集辐射下进行,为了避免测试样品温度过高,光源发出的 500～1000 倍 AM1.5 聚集光以脉冲宽度为 10 ms的极小占空比波形产生。此外测试样品还需要冷却装置维持温度稳定。

第8章

非晶硅薄膜太阳电池

从上世纪 80 年代开始,非晶硅逐渐被引入光伏发电领域,人们期待这种材料可以降低太阳电池的生产成本。这种半透明的薄膜材料可以附着在玻璃基板上用以生产大面积太阳电池模块。然而非晶硅材料在经过长时间的阳光照射后暴露出不稳定的缺点。目前非晶硅太阳电池多应用在手表和计算器等小型电子产品中。

非晶硅材料制作的薄膜 pin 型太阳电池中的二极管构造不同于普通半导体二极管。因此本章重点介绍克兰德二极管模型,其可视为肖克莱二极管的反向模型。

8.1 非晶硅特性

非晶体材料与晶体材料的重要区别在于,非晶体材料内没有固定的原子结构(图 8.1)。然而原子结构的长程有序缺失并不是形成非晶半导体特性的主要原因。这一结论可以由薛定谔方程和布洛赫定理推导得出。形成非晶半导体特性的决定因素是晶体结构的短程有序,这种晶体结构特点在非晶材料中较为普遍。图 8.2 中分别给出了在规则排布的晶相(上)、不规则排布的非晶相(中)和完全无规律分布的液相(下)中,观测点原子在空间距离上的相邻原子出现机率。当相邻原子的空间距离较长(图中显示从第五或第六个相邻原子起)时,非晶材料中的原子随机分布显示出气体原子的特征。

非晶半导体在小范围内具有明显的晶体特征,例如非晶硅(a-Si)中的原子通过电子对,以与晶体硅中相同的共价键形式连接(即两种形态的相邻原子数相同,平均价键长和价键夹角相似)。具有原子随机网络的材料,例如玻璃,其结构可以通过高密度的配位缺陷表示。配位缺陷描述相邻原子间的价键缺失(或过量)情况。尽管晶态原子网络中也存在诸如空位和间隙原子等缺陷,以及与主晶格配位数不符的掺杂原子(施主、受主),但是在绝大多数周期性晶格的能带模型中均有由分立能级构成的禁带区结构。非晶态半导体的配位结构在禁带中产生了可被电子占据的额外能级。价键长度和角度的波动引起能带偏移（尾带状态，tail states），配位缺陷则造成间隙状态（gap states）（图 8.3）。

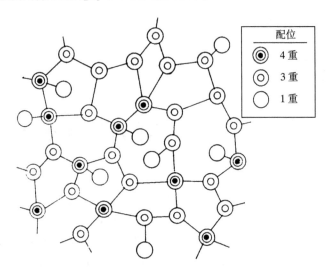

图 8.1　非晶固体中的原子随机网络和不同的原子配位数
（根据 R. A. Street[Str91]）

142

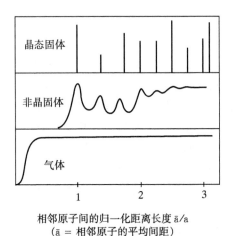

相邻原子间的归一化距离长度 ā/a
（ā = 相邻原子的平均间距）

图 8.2　晶体（上）、非晶相（中）和气相（下）中相邻原子
的方位分布概率（根据 R. A. Street[Str91]）

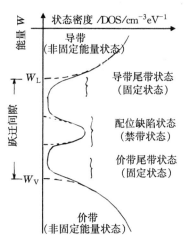

图 8.3 被划分为非固定能带以及固定尾带和禁带状态的能级状态,图中还同时标出了跃迁间隙的边界 W_L 和 W_V

电子布洛赫波在非晶半导体中传播时会衰减,但是其在无缺陷的晶体内近似自由地以平面波形式非固定传播。此外,非晶体内的晶格反射影响了布洛赫波的相干性,并使平均自由程降低。当电子的平均自由程降低至与原子间距(两个相邻原子的平均距离 $\bar{a}$)相似时,根据海森堡不确定原理,电子-空穴对的激发与复合过程不再满足动量守恒:

$$\left.\begin{array}{l} \Delta x \cdot \Delta p \geqslant h \\ \Delta x \approx \bar{a}, \Delta p = \hbar \cdot \Delta k \end{array}\right\} \quad \Rightarrow \quad \Delta k \geqslant \frac{2\pi}{\bar{a}} \tag{8.1}$$

此时,可取值的波数不确定量为 $\Delta k \geqslant 2\pi/\bar{a}$ (即大于等于第一布里渊区的动量范围——译者注)。根据热平衡理论,间接半导体中的载流子能带跃迁过程总是需要一个额外产生的声子作为晶格振动量子参与完成(其作用是改变载流子的动量,从而促成载流子的间接能带跃迁——译者注),但是由上述推理结论可得,在非晶硅材料中,载流子不需要该额外声子就能实现能带跃迁(因为非晶硅中的载流子自身即具备较大的动量改变量——译者注)。此时的半导体特性由间接半导体的晶体硅转变成为(近似)直接半导体的非晶硅。这一特性可以从 a-Si 的陡峭吸收系数曲线 $\alpha(\lambda)$ 中得到印证(见图 3.6)。

另一方面,a-Si 的禁带宽度 ΔW 高于 c-Si,即 $T = 300$ K 时 $\Delta W_{a\text{-}Si} = 1.65$ eV。该能量描述了电子跨越迁移边界 W_L (mobility edge)后,在禁带中的连续非固定状态(延伸状态,extended states)和固定偏移状态(尾带状态,tail states)中完成跃迁所需的光子能量。当高于该能量值时,a-Si 样品的光导率提升显著。非晶硅中的可占据能级随能量变化连续分布,此时导带底 W_L 被重新定义为跃迁边界 W_L,原因是非晶硅中的电子可以占据价带顶 W_V 和导带底 W_L 之间的能级,这一点与晶体

143

硅中的情况不同。但是电子在这些能级中始终处于被捕获状态(固定状态),不能自由移动。通常情况下,只有当电子占据 W_L 之上的能级时才能重新在非晶网络中移动。禁带也基于相同原因而被重新定义为跃迁间隙。

电子和空穴在跃迁边界上以迁移率 μ 运动。该运动同时反映了 a-Si 非晶态材料中,当平均自由程 $v_{th} \cdot t_0$ 为原子间距数量级($a \approx 0.2 \sim 0.5$ nm)时,载流子的散射会增强。t_0 为平均碰撞时间

$$\mu = \frac{qt_0}{2m_{eff}} \approx 1 \sim 5 \, \text{cm}^2 \text{V}^{-1} \text{s}^{-1} \quad \text{其中}, t_0 \approx a/v_{th} \tag{8.2}$$

即使位于跃迁边界 W_L 之下的电子同样可以通过热激活("hopping"工艺)后以明显变小的迁移率($\mu = 0.01 \sim 0.1 \, \text{cm}^2 \text{V}^{-1} \text{s}^{-1}$)移动(对于空穴为 W_V 以上能级)。前提为存在足够的偏移状态密度,同时还需提供足够场强和热激活。

144

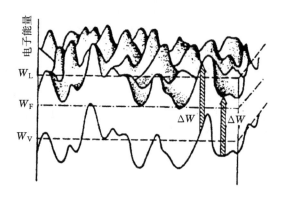

图 8.4　非晶硅中的能级表示[E1183]

图 8.4 中直观地给出了跃迁间隙 $\Delta W = W_L - W_V$ 和载流子迁移率降低,以及波动的能带对载流子输运的影响:电子和空穴必须从能量势垒中找到能量消耗最少的移动路径。

8.2　非晶硅的掺杂

非晶硅原子网络中的缺陷(波动的价键长度和夹角、原子失配)和掺杂原子相互作用,共同影响掺杂效果。掺杂水平通过费米能级 W_F 的位置描述。接下来分析这样一种虽然未经掺杂,却不一定为本征型的半导体:为了满足整体电中性条件,该半导体的费米能级将依据费米统计率进行位置调整。我们假设施主原子的浓度为 N_D 并且其在 Si 晶格网络中额外占据的能级为 W_D,根据材料本身的电中性需要重新调整费米能级(图 8.5),即由初始值 W_0 向导带方向推移至 W_F。费米能级的推移使得密度为 $g(W)$ 的禁带状态被电子占据,这些被俘获的电子来自于禁

带以上,即能量高于 W_L 的能带。由此可以得到的电中性条件

$$\rho = q\left[N_D^+ + p - \int_{W_0}^{W_F} \frac{g(W)\,dW}{1+e^{\frac{W-W_0}{kT}}} - n\right] = 0 \tag{8.3}$$

式中 N_D^+ 为电离施主密度,n 为导带电子密度,p 为价带空穴密度,$g(W)$ 为位于 W_0 和 W_F 之间带负电的禁带状态密度。这样我们就可以把带电状态在电中性和负电性之间转换的禁带状态视为受主。

$$[g(W) \cdot dW]^x + e^- \longleftrightarrow [g(W) \cdot dW]^- \tag{8.4}$$

当禁带状态密度过低时,来自于施主的电子并不完全被禁带状态俘获,根据式 (8.5)可知当 $\rho=0$ 时的电子密度

$$n = N_D^+ - \int_{W_0}^{W_F} \frac{g(W) \cdot dW}{1+e^{\frac{W-W_0}{kT}}} < N_D^+ \tag{8.5}$$

空穴密度 p(少数载流子)根据之前的讨论可以忽略不计。

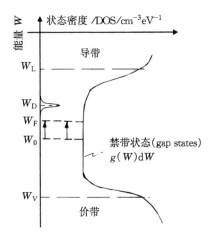

图 8.5 具有禁带状态 $g(W) \cdot dW$ 的非晶硅掺杂效果。N_D 和 W_D 分别为掺杂浓度和掺杂能级

因此,通过引入密度为 N_D 的施主原子可以提高特征电导率。现在我们建立一个简单计算模型,模型中费米能级的位置因为 N_D 的引入而发生改变。首先假设如下前提:1) 在先前提到过的 W_0 和 W_F 之间的能带区中状态密度函数 $g(W)$ 近似为常数;2) 积分式中的指数函数项<4,其对计算结果的影响在这里可以忽略不计;3) 所有施主原子完全电离。这样可以根据式(8.3)估算出

$$N_D \approx g(W) \cdot (W_F - W_0) \tag{8.6}$$

由于特征电导率的增加量可以通过 $\sigma(W_F)$ 与 σ_0 的比值确定

$$\left(\frac{\sigma(W_F)}{\sigma_0}\right) = e^{\frac{W_F-W_0}{kT}} \tag{8.7}$$

因此可以近似得出

$$\left(\frac{\sigma(W_F)}{\sigma_0}\right) \approx e^{\frac{N_D}{kT \cdot g(W)}} \tag{8.8}$$

假设磷掺杂密度 $N_D \approx 10^{18}\,\mathrm{cm^{-3}}$ 以及禁带状态密度为 $g(W) \approx 5 \times 10^{19}\,\mathrm{cm^{-3}\,eV^{-1}}$，此时有 $\sigma(W_F)/\sigma_0 = 2.2$。尽管选择了较高的 N_D 值，但是这种电导率的调制作用并不明显。

根据式(8.3)比较晶态与非晶态半导体材料可以发现：晶态材料的禁带状态密度相对于自由多数载流子(这里为电子)密度可以忽略不计，而在非晶态材料中的情况则正好相反：当禁带状态密度 $g(W) \cdot dW$ 大幅下降时，式(8.5)中的自由载流子求差项($p-n$)才能得以保留。

通过在非晶硅晶格网络中加入氢原子可将其禁带状态密度降低至可利用范围。具体方法是利用氢原子与悬挂键(dangling bonds)结合形成共价键结构，从而降低非晶硅材料的配位缺陷密度(氢钝化——译者注)。工业生产中通常使用在反应器内的硅烷和掺杂气体(磷化氢 PH_3 和乙硼烷 B_2H_6)混合氛围中辉光放电，从而沉积具有不同电导率的非晶硅薄膜。由于除少量掺杂原子外还加入了大量氢原子(摩尔分数至 20%)，所以将非晶硅成品区分为 n 型 a-Si:H 和 p 型 a-Si:H(通过辉光放电沉积产生的 n 型和 p 型氢化非晶硅)。图 8.7 中的特征电阻非对称特征曲线显示了仅掺杂少量 B_2H_6 即可使 ρ 迅速升高，这一特性揭示出跃迁间隙内的禁带状态分布同样具有非对称的特性。由此可以得知未掺杂的 a-Si:H 本身为轻微 n 型半导体("ν 型")。

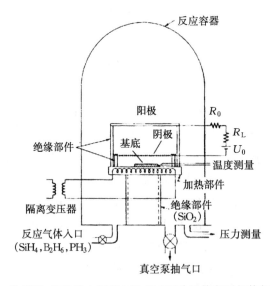

图 8.6[①]   在 SiH_4 反应器中沉积 a-Si:H 层(硅烷等离子气体辉光放电)

---

①本图位于原书 147 页。

伴随着添加钝化作用氢原子出现的是光退化效应[Sta77]，即在长期光照下 a-Si:H太阳电池的光电导率和暗电导率会减小。这种退化效应可以通过在 $T\leqslant$ 200 ℃的退火处理后完全恢复。通过研究后发现，光退化效应中 Si-H 共价键断裂后形成悬挂键，这一结果导致了作为复合中心的禁带状态形成。由于光退化效应的存在，a-Si:H 太阳电池的头 200～300 工作小时内即会出现能量转换率下降现象。

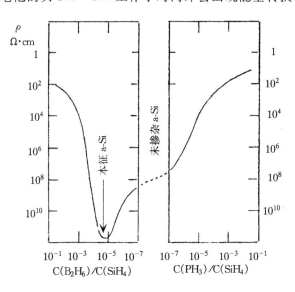

图 8.7 利用乙硼烷（B_2H_6）和磷化氢（PH_3）掺杂 a-Si:H 后得到的特征电阻率曲线，x 轴为两种掺杂气体分别相对于硅烷（SiH_4）的浓度（根据 Spears[Spe75]）

8.3 a-Si:H 太阳电池的物理模型

由于非晶硅具有陡峭的吸收常数曲线（见图 3.6），所以以其为基本材料的薄膜结构即可完全吸收阳光。考虑到非晶硅材料中的高缺陷密度及其导致的剩余载流子的高复合几率，必须采用特殊方法分离光致电子-空穴对。晶态硅中常用的扩散分离法则由于载流子扩散长度过小而无法在非晶硅材料中使用。因此必须利用高电场将剩余载流子在其产生的地点立即分离，以避免其再次复合。

利用 pin 二极管可以达到以上目的。这是一种可在两侧接触之间形成高电场的半导体器件结构：通过特殊工艺，可使极薄的高浓度掺杂区（p^+、n^+）宽度不超过二极管空间电荷区的宽度。

$$w_{p^+ RLZ}(N_A = 10^{20} \text{cm}^{-3}) \approx 5 \text{ nm} \tag{8.9}$$

且有　$w_{RLZ} \approx \sqrt{\dfrac{2\varepsilon_{Si}\varepsilon_0}{qN_A} \cdot U_D}$，其中 $U_D \approx 1.25$ V

149　　　　假设在 n$^+$ 和 p$^+$ 高掺杂层之间有一层厚度为 $l=$ 1 μm 的 a-Si 非掺杂层，此时 pin 二极管非掺杂层中的内建电场为

$$E = \frac{U}{l} \approx 10^4 \text{ V} \cdot \text{cm}^{-1} \tag{8.10}$$

　　　　通过场强为 E 的电场可使剩余载流子对分离。此时的特征长度为漂移长度 L_{Drift}。该长度定义为剩余载流子在其密度降至原有值的 $1/e$ 时所通过的平均距离。除复合作用以外，剩余载流子的损失主要原因还包括了被迁移间隙中的能带俘获。这一过程称为载流子被 DOS 状态（DOS：Density of States）俘获。因此很显然 pin 二极管的非掺杂层厚度和载流子漂移长度应调整至相互协调。正如晶体硅太阳电池中的载流子扩散长度调整一样，非晶硅太阳电池中的载流子漂移长度应越长越好且不能小于电池板的厚度，只有这样才能尽量避免载流子在收集过程中损失。漂移长度 L_{Drift} 的提升以非掺杂层中载流子迁移率 μ 和（少数载流子的）平均寿命 τ 的共同提高为前提，而这两种条件的实现在生产中相互冲突，因此仅需满足以下条件：

　　　　　　　电池厚度 $\approx$ 非掺杂层厚度 $\approx$ 载流子的平均漂移长度　　　　(8.11)

　　　　由于对 a-Si：H 模型的精确解析计算无法实现，因而采用迭代数值计算方法求解模型中的具体数值。

　　　　接下来我们将建立一个 a-Si：H 材料 pin 太阳电池的简易物理模型，用于解析分析模型中的各种物理量。首先定义模型中的总电流密度为 $j(U, E)$。此时叠加原理在这里不再适用，因为电压和光照各自对电流的影响不再相互独立，因此它们分别引发的电流项不能线性叠加（对比式（4.1））

$$j(U, E) = j_{pin}(U, E) - j_{phot}(U, E) \tag{8.12}$$

式中的第一项为 pin 二极管电流，其中的载流子寿命 $\tau = f(E)$ 与光照相关。式中的第二项则通过克兰德（CRANDALL）模型[CRA82] 中的恒定电场得到确定。

8.3.1　暗电流

　　　　在图 8.8 中给出了 pin 结构、电场 $E(x)$ 中的空间电荷密度 $\rho(x)$ 分布，以及分 150　别对应电压零点处以及电压正向 $U>0$ 的能带结构 $W(x)$。假设 pin 二极管的掺杂浓度呈对称分布，因此在空间电荷区内两种不同掺杂区域内的扩散电压相等，各为总电压的一半。

$$U_{D1} = U_T \cdot \ln\left(\frac{p_0^+}{n_i}\right), \qquad U_{D2} = U_T \cdot \ln\left(\frac{n_0^+}{n_i}\right), \qquad \text{其中 } U_T = \frac{kT}{q},$$

$$U_D = U_{D1} + U_{D2} = U_T \cdot \ln\left(\frac{n_0^+ p_0^+}{n_i^2}\right) \tag{8.13}$$

当外加电压 $U>0$（正向电压）时，非掺杂区的自由载流子边界浓度增加至玻耳兹曼因数的整数倍，这种情况下根据掺杂浓度的对称性可计算出外加电压对称分布于两种掺杂区中

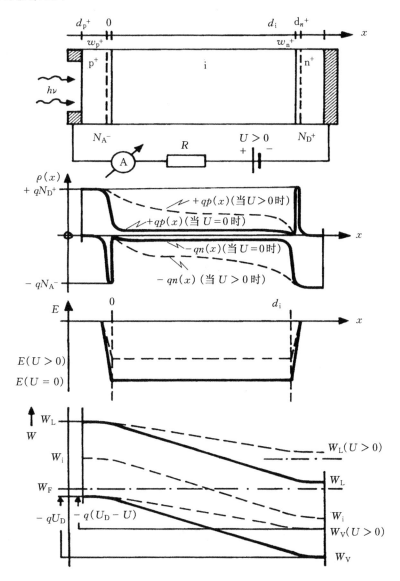

图 8.8[①] 对称掺杂的 pin 太阳电池结构（$N_D{}^+=N_A{}^-$），以及分别对应于无光照、$U=0$（实线）和 $U>0$（虚线）情况下的载流子密度 $\rho(x)$、电场强 $E(x)$ 和电子能量 $W(x)$

———————————————

①本图位于原书 151 页。

$$\frac{p}{n_i} = \frac{n}{n_i} = e^{U/2U_T} \qquad 其中\ \begin{aligned} p &= p_{i0} + \Delta p(U) = n_i + \Delta p(U) \\ n &= n_{i0} + \Delta n(U) = n_i + \Delta n(U) \end{aligned} \qquad (8.14)$$

　　在该模型中假设非掺杂区内存在恒定内建电场。在导通状态下($U>0$)内建电场减小,截止状态($U<0$)下自建电场增强。非掺杂区内的电流主要由来自两侧高掺杂区内的多数载流子组成。电场效应在这里会减弱,原因可能是掺杂区和非掺杂区的接触面附近的电流扩散分量增加。根据少数载流子的浓度可知 $U>0$ 情况下非掺杂区内的复合效应开始加强。由此可得两种类型载流子在非掺杂区内的少子复合电流方程。该方程是考虑到式(8.14)后,对连续性方程进行积分后而得。

152

$$\frac{\partial j_p}{\partial x} = +qR \qquad 其中\ R = \frac{p - n_i}{\tau_p}$$

$$\frac{\partial j_n}{\partial x} = -qR \qquad 其中\ R = \frac{n - n_i}{\tau_n} \qquad (8.15)$$

$$j = q\int_0^{d_i} \frac{n_i}{\tau}(e^{U/2U_T} - 1)\mathrm{d}x$$

$$= \frac{qn_i d_i}{\tau}(e^{U/2U_T} - 1) \qquad (8.16)$$

上式中的载流子寿命 τ 视为常数。然而该式的适用范围有限:实际太阳电池中的载流子寿命在高电场和光照情况下会产生明显改变。

8.3.2　光电流

　　光电流计算的难点在于,如何将 pin 光电流在太阳电池内部的复杂空间分布用方程描述。因此在这里通过厚度为 d_i 的非掺杂层内的电压来计算电场强 E,计算时将其视为与空间方位无关的常数:

$$E = U/d_i, \qquad 其中\ U = U_L - U_A$$

　　这里为 U_A 外加电压,U_L 为开路电压,且假设二者可以相互叠加。除此以外进一步假设与位置无关的电场分布既不受跃迁间隙内固定位置的能量状态影响,也不会因为光致剩余载流子而发生改变。

　　唯一的改变量是电场强度,其原因可由非掺杂层中固定不变的载流子寿命 τ 解释。最后还有一个适用范围极为受限的假设,即非掺杂层内没有扩散电流,只存在漂移电流。该假设是基于非掺杂层内载流子对的产生不受位置限制,始终为常量。由此可利用漂移速度 v_n 和 v_p 将一维条件下的电流方程和连续性方程分别写为(见式(3.15)/式(3.16))

$$j_n = q\mu_n nE = qv_n n, \qquad 其中\ v_n = \mu_n E$$

$$j_p = q\mu_p pE = qv_p p, \qquad 其中\ v_p = \mu_p E \qquad (8.17)$$

$$0 = +\frac{1}{q}\frac{\partial j_n}{\partial x} - R + G$$

$$0 = -\frac{1}{q}\frac{\partial j_p}{\partial x} - R + G \tag{8.18}$$

然后将两式合并成为

$$\frac{\partial \Delta n}{\partial x} = +\frac{1}{v_n}(R-G)$$

$$\frac{\partial \Delta p}{\partial x} = -\frac{1}{v_p}(R-G) \tag{8.19}$$

根据肖克莱、里德(Read)和霍尔(Hall)[Wag03,p.103]在非掺杂区内的空间电荷区复合率为

$$R = \frac{np - n_i^2}{\tau_n(p+p_t) + \tau_p(n+n_t)} \tag{8.20}$$

在正向导通区($n \cdot p \gg n_i^2$),也就是太阳电池的发电区内,复合中心位于跃迁间隙的中间区域($p_t \approx n_t \approx n_i$),因此可将式(8.20)简化为

$$R = \frac{np}{\tau_n p + \tau_p n} \tag{8.21}$$

由于从非掺杂区的两边界至中点处($x=x_c$)的两侧区域内的过剩载流子复合率 R 分别由两种不同的载流子分布确定,因此在本节起始处提到的载流子复合率的位置近似应该从非掺杂区的两侧区域内分别取值。从物理角度来看,复合率变化由浓度相对较小的剩余载流子类型确定,即 p$^+$ 区附近一侧由电子,n$^+$ 区附近一侧由空穴浓度确定复合率。

$$0 \leqslant x \leqslant x_c : p > n : \quad R = \frac{n}{\tau_n + \tau_p \cdot n/p} \approx \frac{n}{\tau_n} \approx \frac{\Delta n}{\tau_n}$$

$$x_c \leqslant x \leqslant d : n > p : \quad R = \frac{p}{\tau_p + \tau_n \cdot p/n} \approx \frac{p}{\tau_p} \approx \frac{\Delta p}{\tau_p} \tag{8.22}$$

由此可得两种载流子在两侧区域内的密度 $n(x)$ 和 $p(x)$ 的一阶非齐次方程,其作为少数载流子分别在各自所在区域内限制了复合作用。其中电子在从 p$^+$ 接触区边界开始到 $x < x_c$ 处的区域内

$$0 \leqslant x \leqslant x_c : \quad \frac{\partial \Delta n}{\partial x} - \frac{\Delta n}{v_n \tau_n} = -\frac{1}{v_n}G \tag{8.23a}$$

而空穴在从 $x > x_c$ 起始至 n$^-$ 接触区边界的区间里

$$x_c \leqslant x \leqslant d : \quad \frac{\partial \Delta p}{\partial x} + \frac{\Delta p}{v_p \tau_p} = +\frac{1}{v_p}G \tag{8.23b}$$

复合率最大值出现在 $x=x_c$ 处。这种分区逐步使用复合率替代值的方法被称为区域近似法。上述方程的一般求解步骤为:首先求出方程通解,然后将干扰项(式(8.23)的等号右边项)代入方程通解,最后引入边界条件并利用分离常数法确

定方程解的常数项。利用这种方法求解的前提条件是剩余少数载流子浓度在各自的接触边界处降至为零。

边界条件 1：$\Delta n(x=0)=0$；　边界条件 2：$\Delta p(x=d)=0$　　　　(8.24)

由此可以得到完整方程解(见图 8.8)

$0\leqslant x\leqslant x_c$：　$\Delta n(x)=G\tau_n(1-e^{-x/l_n})$，其中电子漂移长度 $l_n=v_n\tau_n$

以及　　　　　　　　　　　　　　　　　　　　　　　　　　　　　　(8.25)

$x_c\leqslant x\leqslant d$：　$\Delta p(x)=G\tau_p(1-e^{-(d-x)/l_p})$，其中空穴漂移长度 $l_p=v_p\tau_p$

由于边界层过窄，因此设 $d_i=d$。将上式代入复合率方程式(8.21)，可以得到剩余载流子浓度的线性近似：

$$x<l_n：\quad 1-e^{-x/l_n}\approx 1-1+\frac{x}{l_n}=\frac{x}{l_n}$$

$$d-x<l_p：\quad 1-e^{-(d-x)/l_p}\approx 1-1+\frac{d-x}{l_p}=\frac{d-x}{l_p}\qquad(8.26)$$

155　　　　最大复合率出现在 x_c 处：

$$R(x=x_c)=\frac{p(x_c)}{\tau_p}=\frac{n(x_c)}{\tau_n}，\quad 即\ x_c=d\frac{l_n}{l_n+l_p}=d\frac{d-l_p}{l_n+l_p}\qquad(8.27)$$

从中可以得知：具有较大漂移长度的载流子决定太阳电池中的复合率。例如当 $l_n\gg l_p$ 时有 $R\approx n/\tau_n$。根据 8.3 节中的初始值假设，漂移总长度

$$L_{漂移}=l_n+l_p\qquad(8.28)$$

应该至少等于太阳电池厚度 d_i。

在结束光电流密度计算之前，还要再检查一下扩散电流是否能够忽略不计。区域 $0\leqslant x\leqslant x_c$ 内的"少数载流子"根据爱因斯坦关系式($D=\mu\cdot kT/q$)有

$$\left|\frac{j_{\text{Diff}}}{j_{\text{Feld}}}\right|_n=\frac{qD_n\dfrac{dn}{dx}}{q\mu_n nE}=U_T\cdot\left(\frac{1}{n}\frac{dn}{dx}\Big/E\right)\qquad(8.29)$$

利用式(8.25)可以确定上式中的微分项

$$\left|\frac{j_{\text{Diff}}}{j_{\text{Feld}}}\right|_n=\frac{U_T}{El_n}\cdot f(\xi)，其中\ f(\xi)=\frac{e^{-\xi}}{1-e^{-\xi}}，\quad 并且\ \xi=\frac{x}{l_n}\qquad(8.30)$$

只要以位置为变量的函数 $f(\xi)$ 足够小，扩散电流分量就可以忽略不计。假设 $l<d_i$

$$在掺杂区内：\quad x\approx x_c\approx\frac{1}{2}d；\quad \xi\approx\frac{1}{2}\frac{d}{l_n}>1\ \Rightarrow\ f(\xi)\approx 0$$

$$在接触区内：\quad x\approx 0；\qquad\qquad \xi\to 0\qquad\Rightarrow\quad f(\xi)上升$$

(8.31)

由此可知非掺杂区内在漂移长度上的电压($E\cdot l_n$)大于热电压 U_T。然而这一结果并不适用于接触区附近 $x=0$ 和 $x=d_i$ 处。因此该处的光电流密度计算应该考虑扩散电流分量。

至此已经推出 a-Si：H 太阳电池的完整特性曲线计算。总电流密度由两种载流子的贡献共同组成

$$j = j_p(x) + j_n(x) = q v_p p(x) + q v_n n(x) \tag{8.32}$$

利用式(8.25)、式(8.27)以及式(8.28)可以推出在 $x = x_c$ 处

$$j = j_p(x_c) + j_n(x_c) = qG(l_n + l_p) \cdot [1 - e^{-d/(l_p + l_n)}]$$
$$= qGL_{漂移}(1 - e^{-d/L_{漂移}}) \tag{8.33}$$

通过式(8.25)、式(8.17)还有式(8.10)(从本章起始至式(8.35)使用 E 表示电场强度)可知非掺杂区内电流与电压的关系

$$U = U_L - U_A \quad 其中 \quad U = E \cdot d_i = \frac{v_n}{\mu_n} \cdot d_i = \frac{v_p}{\mu_p} \cdot d_i \tag{8.34}$$

利用 $\mu \cdot \tau = \mu_n \cdot \tau_n + \mu_p \cdot \tau_p$ 以及

$$l_n + l_p \equiv L_{漂移} = (\mu_n \tau_n + \mu_p \tau_p) E$$
$$= (\mu_n \tau_n + \mu_p \tau_p) \frac{U}{d_i} \equiv \mu\tau \frac{U}{d_i} \tag{8.35}$$

可由此可得实际外向电压为 $U_A = U_L - U$,照射强度为 $E(\lambda)$ 的 pin 太阳电池的光谱光电流密度

$$j_{光电流}(U_A, E_0(\lambda)) = j_{饱和}(E_0(\lambda)) \cdot \left(\frac{U_L - U_A}{U_{pin}}\right) \cdot [1 - e^{-U_{pin}/(U_L - U_A)}]$$

其中 $j_{饱和}(E_0(\lambda)) = qGd_i = (1-R) \cdot E_0 \cdot \frac{q\alpha\lambda}{hc} \cdot d_i$ 并且 $U_{pin} = \frac{d_i^2}{\mu\tau}$

以及 $U_L - U_A = U$ 和 $U_L \approx U_T \cdot \ln\left(\frac{p_0^+ n_0^+}{n_i^2}\right) \tag{8.36}$

对于 U_L,可以近似由 U_D(式(8.13))代替。总特性曲线可根据式(8.12),式(8.16)以及式(8.25)得到。图 8.9 中给出了根据模型完整数值计算而得到的曲线。

现在就可以得到 a-Si：H 太阳电池模型的高收益发电曲线,尽管该模型的建立基于大致的假设参数,却能够描述太阳电池的完整工作过程 a-Si：H 材料的非掺杂层厚度可借助式(8.11)大致确定。从中可以得知为达到参数值 $\mu \approx 0.1 \text{ cm}^2 \text{ V}^{-1} \text{ s}^{-1}$、$\tau \approx 10^{-8} \sim 10^{-6}$ s 和 $E \approx 10^3 \sim 10^4$ V/cm,层厚度一般为 $d \leqslant 1 \ \mu$m。

另一方面根据图 8.10 所显示,光谱特性曲线中的一些细节与克兰德模型的区域近似不符,这些曲线是从测量结果和数值计算中得到的。图中 pin 太阳电池的所有 $I(U)$ 特性曲线均按照 $I(U = -1 \text{ V})$ 的值进行了标准化转换。由此可以得到收集效率

$$q(\lambda, U) = -\frac{Q(\lambda, U)}{Q(\lambda, U = -1 \text{ V})} \tag{8.37}$$

而外量子效应为

$$Q_{\text{ext}}(\lambda, U) = \frac{hc}{q\lambda} \cdot \frac{j(U)}{E} \tag{8.38}$$

该值由式(4.23)定义。定义在这里得到扩展:对应于不同电压的短路点并不相同。

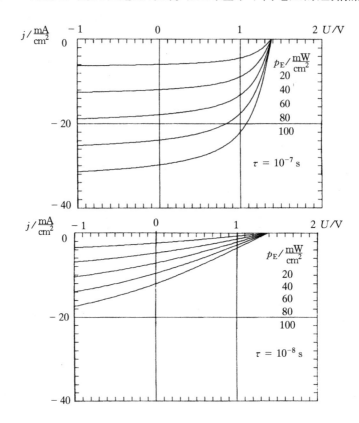

图 8.9　非晶硅 pin 太阳电池的发电特性曲线。载流子产生率 G 作为曲线的变化参数，
上图中曲线的载流子寿命 τ 高于下图中的载流子寿命

158　　　　初级光电流($I_{\text{phot}} < 0$)与次级光电流($I_{\text{phot}} > 0$)之间的过渡点随入射波长 λ 变化，这种变化同样存在于不同程度老化的设备中[Pfl88]。只有利用精确的数值模拟方法才能够计算出这种细微变化，并从物理角度解释载流子的输运细节。至此便得到了一幅完整图像，其能够描述两种载流子在任意单一波长的光波和阳光照射条件下的扩散电流与电场漂移电流的相互作用影响。

159　　　　尽管如此，克兰德模型在 pin 二极管的区域近似[Cra82]中提供了极具建设性的思路。这种模型与原有的描述 pn 二极管的肖克莱模型(Shockley Model)[Sho49]不同。克兰德模型中的pin总电流由两种载流子的电场电流组成，电流产生处的载流子复合率相同。而肖克莱模型中的 pn 结总电流为空间电荷区边界处的两种少数载流子扩散电流之合,其中假设空间电荷区内的载流子复合率为零。

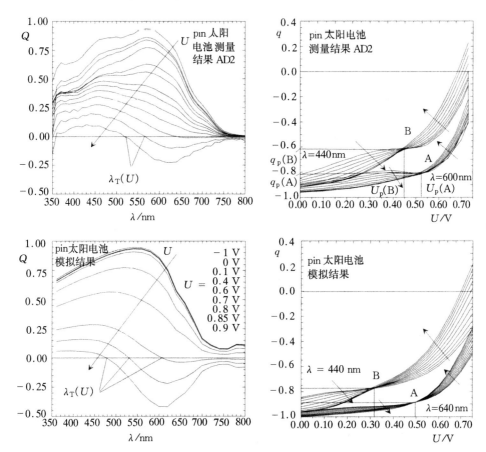

图 8.10[①]　　pin-a-Si:H 太阳电池的发电特性。上:测量结果,下:模拟结果,左:对应不同电压 U 的量子转换效率 $Q(\lambda)$,右:对应不同波长 λ 的收集效率 $q(U)$。状态 A 为太阳电池的再生状态,而 B 为接受 64 小时 AM1 照射后的退化状态[Bru91]
　　　　　测量条件为 $\lambda_T(U) = \lambda(U; Q=0)$;$q_p = q(色散 = 0)$;
　　　　　波长范围:$\lambda = (440 \sim 640)$nm,测量间隔:$\Delta\lambda = 20$nm

8.4　制备

　　a-Si:H 太阳电池既可以是 pin 结构,也可以是 nip 结构。标注结构的首字母代表受阳光照射的掺杂层。a-Si:H 太阳电池基层的材料可根据具体位置选择:透明

----

①本图位于原书 158 页。

基层作为表层受阳光照射；而非透明基层作为承载层，其上生长太阳电池结构。

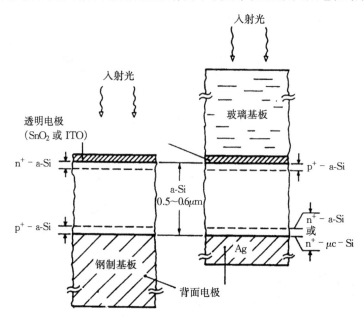

图 8.11　a-Si∶H 太阳电池的两种结构：左：位于钢制基板之上，右：位于玻璃基板之下

　　图 8.11 展示了这两种结构。左边为生长在非透明承载层上的 nip 太阳电池，右边是位于透明玻璃基板下的 pin 太阳电池。两种结构的正面金属接触采用了透光材料，同时具有良好的导电性（例如氧化锡 SnO₂）和氧化铟锡（Indium Tin Oxide，ITO）。这种材料也被称为 TCO（Transparent Conductive Oxide，透明导电氧化物）。背面接触由铁电极托层（左）或者银/铝电极（右）构成。图右所示的背面接触电极也可以通过专门工艺处理，将非晶硅直接转化为微晶态（μc）后进行 n⁺ 掺杂制成薄膜电极。微晶硅的禁带宽度小于非晶硅的跃迁间隙（$\Delta W_{a\text{-}Si:H} \approx 1.72$ eV，而 $\Delta W_{\mu c\text{-}Si} = 1.12$ eV），这一点有助于改善能量较小的光子吸收。接下来以玻璃-pin -铝结构（图 8.11 右）深入讨论。大面积沉积制备的 a-Si∶H 太阳电池适于制作成条形后串联组成发电模块。

　　图 8.12 显示了如何利用分层隔断技术将多个叠层在一起的太阳电池结构制成串联电路并组成 a-Si∶H 太阳电池发电模块。首先沉积 SnO₂ 电极层，然后制作刻槽（例如使用激光，槽宽 ≈ 0.5 mm）（同见图 8.14／步骤 1 和 2）。按照结构顺序依次沉积 pin 层并再次刻槽，新槽应避开 SnO₂ 电极层槽而刻在一边（图 8.14／步骤 3 和 4）。最后制作铝背面接触电极层并同样在其上刻出错位槽以避开其余槽位（图 8.14／步骤 5 和 6）。这样便完成了整个太阳电池组的制作，最后还须用聚合物层包裹电池底部以隔绝大气对电池组的影响。从图中可以清晰认出串联连

接的单个隔离 a-Si:H 区。另外还要提到的重要一点是,SnO_2 层的导电性优于被照射的 a-Si:H 层,因此有较高电流在 SnO_2/Al 连接中流动,而不是通过 $SnO_2/$ a-Si:H/SnO_2 连接流动而短路。因此图 8.12 所示的结构比图 8.14 中的结构更稳定。

161

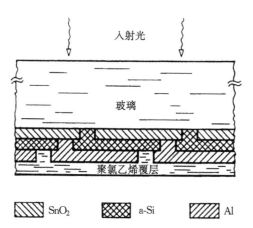

图 8.12　利用刻槽隔断串联连接的 a-Si:H 太阳电池

　　图 8.13 显示一种 a-Si:H 太阳电池的生产线。图中从左上到右下依次展示了每个生产步骤。通用该生产线制备的成品是在 1/8 英寸厚的玻璃基板上串联的 a-Si:H 太阳电池,单个电池片的(最大)尺寸为一平方英尺(30.5×30.5 $cm^2 \approx$ 0.09 m^2)。目前所采用的 a-Si:H 制备系统类型按照反应室数量加以区分。大多数情况下多室系统(如图 8.13 中所示)中的污染(例如掺杂原子)传递延迟效应低于单室系统。

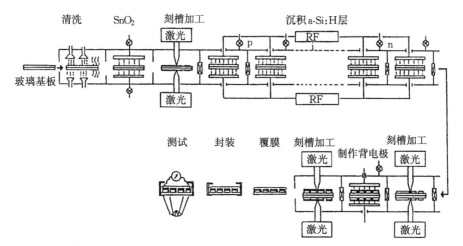

图 8.13　一种用于生产 a-Si:H 太阳电池的三反应室工艺图示[Mar85]

162

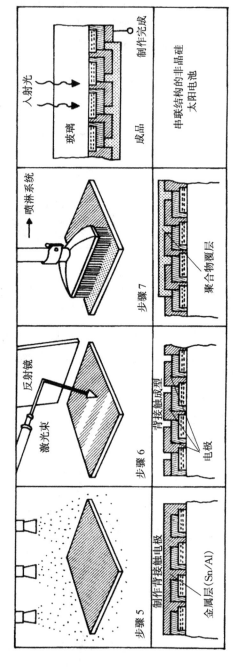

步骤 1　制作透明电极　氧化锡 100 nm　玻璃基板 1/8 英寸

步骤 2　电极成型　刻槽　激光束　反射镜

步骤 3　a-Si 沉积　三层 a-Si 薄膜（10 nm n⁺/500 nm i/10 nm p⁺）　喷淋系统

步骤 4　非晶硅层定型　刻槽　激光束　反射镜

步骤 5　制作背接触电极　金属层（Sn/Al）

步骤 6　背接触成型　电极　激光束　反射镜

步骤 7　喷淋系统　聚合物覆层

成品　入射光　玻璃　制作完成　串联结构的非晶硅太阳电池

图 8.14　a-Si:H 太阳电池模块的生产工序[Chen86]

8.5 如何减小光退化效应

非晶硅太阳电池在使用初始阶段即开始出现转换效率退化(光退化效应[Sta77])。因此如何减小转换效率退化成为 a-Si:H 薄膜太阳电池继续发展最急需解决的问题。研究已经证实,采用禁带宽度小于 a-Si:H 材料的半导体和具有较薄非掺杂层的 pin 器件可以降低转换效率退化。由这些思路出发,进而发展出了双层叠层太阳电池(在 a-Si:H 上覆盖厚度 $d_i \approx 100 \sim 200$ nm 的 a-Si:H 层)、多层太阳电池(a-SiC:H/a-Si:H 层覆盖于 a-Si:H/a-Si$_x$Ge$_{1-x}$:H)和三级势垒太阳电池(a-SiC:H/a-Si:H/ a-Si$_x$Ge$_{1-x}$:H)。

具有不同禁带宽度 ΔW 的多个材料层叠层在一起,可以更加有效地吸收不同波长的入射光。当温度 $T = 300$K 时:$\Delta W_{\text{a-Si:H}} = 1.72$ eV, $\Delta W_{\text{a-SiGe:H}} = 1.0 \sim 1.72$ eV, $\Delta W_{\text{a-SiC:H}} \leqslant 2.5$ eV。在实验室中,这类器件的转换效率可以达到 $\eta \leqslant 13.7\%$。

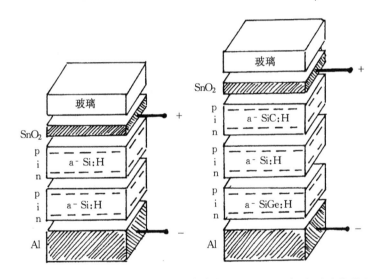

图 8.15 双层(相同禁带宽度)和多层(禁带宽度自上而下递减)非晶硅薄膜太阳电池

8.6 a-Si:H 太阳电池的生产制备

生产原料:1/8 英寸玻璃基板,面积:1 平方英尺(1 平方英尺 = 0.093 m²);高纯度硅烷(SiH₄,气态)、掺杂气体磷化氢和乙硼烷、氧化锡、铝(含有 3% Si 以防止硅迁移)、聚氯乙烯(可塑加工)。

1. 玻璃基板加工:切割、清洗(使用去离子水)、晾干。

2. 正面接触:SnO_2透光材料;在电池片边缘利用丝网印刷制作外接触条并烧结加固。使用 CVD 在整块电池片上沉积 SnO_2 层,其颗粒状表面具有 ARC 效果。使用 Nd:YAG 激光将 SnO_2 接触进行图案加工(见图 8.14)为栅状结构。

3. a-Si:H 的 CVD 沉积:装入基片并预加热;依次通过三个反应室沉积制备 pin 结构。每两块基片背靠背放置在支架上并依次沉积:

　　a)磷掺杂的 n^+-a-Si:H,

　　b)非掺杂(称之为 ν 导电型(见图 8.7))a-Si:H,

　　c)硼掺杂的 p^+-a-Si:H。

4. 背面接触:铝:在真空环境中沉积铝层。利用 Nd:YAG 激光(或者机械加工)制作金属覆层的条状结构。

5. 封装:覆盖聚氯乙烯层,模块封装(framing)见图 8.14。

6. 预老化和测试:所有太阳电池片预先经过 64 小时 AM1 照射,模块的闪光测试。

产品参数:由 30 组串联 a-Si:H 太阳电池片构成的模型(非掺杂层厚度≈$0.6\mu m$,$L \leqslant 0.6\mu m$),面积:1 平方英尺,发电功率(预老化处理后)$6W_p$,平均转换效率:

$$\eta_0(AM1 / (25℃ / 1\ cm^2)) \leqslant 10\%,$$

$$\eta_0(AM1 / (25℃ / 1\ 平方英尺)) \leqslant 7\%,$$

$$\eta(AM1 / (25℃ / 1\ a))/ \eta_0 \geqslant 0.75。$$

图 8.16 中显示了不同材料的太阳电池的光谱灵敏度 S 和发电曲线 $I(U)$。而图 8.17 中再次标示出了 a-Si:H 太阳电池的发电电流,该电流由与电压相关的暗电流和光电流叠加而成。

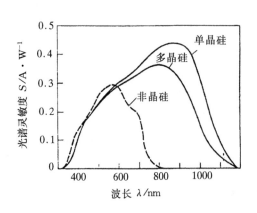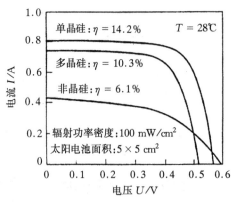

图 8.16　单晶硅、多晶硅和非晶硅太阳电池的光谱灵敏度 S(左)和发电特性曲线 $I(U)$(右)的对比

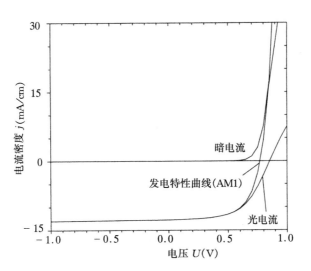

图 8.17　一种 a-Si：H 太阳电池的发电特性曲线（辐射条件 AM1），其由与电压相
　　　　关的暗电流曲线和光电流曲线共同得到

第 9 章

其他类型太阳电池

前面介绍的所有类型的太阳电池产品的共同缺点是价格昂贵。然而光伏发电领域的各种研究都绕不开两个主题,即如何降低产品价格以及提高转换效率。因此人们对新材料和新器件结构的研究工作一直在持续不断地进行中。本章将介绍几种不同于标准太阳电池的新型器件。

9.1 晶体硅双面光敏 MIS 太阳电池

MIS 太阳电池(MIS, metal insulator semiconductor)是一种正反两面均可吸收入射光的器件(双面光敏,bifacial sensitivity——译者注)。MIS 太阳电池中 p 型掺杂的晶体硅表面反型层被用作分离光致激发产生的电子-空穴对。在铝接触层下有一层可通过隧道作用穿过的 SiO_2 层($d_{ox} \approx 1.3$ nm)(图 9.1)。表面反型层(晶体硅 p 型区的两侧)中的负电荷通过带正电的铯离子植入 SiO_2 层,并且利用额外绝缘层密封。对正反两面的分别进行处理后,使其获得正反两面的光伏灵敏度("*bifacial MIS-photovoltaic sensitivity*"[Jae97])。相比较于 np 结的生产步骤,表面反型层的制备温度低($T < 500$ ℃)、生产能耗小且器件转换率高(正面照射转换率 $\eta_{AM1} = 15\%$,背面照射转换率为 $\eta_{AM1} = 13\%$),因而这种太阳电池对工业界很有吸引力,然而直到目前这种器件还没有在市场中出现。

9.2 铜铟双硒太阳电池

$CuInSe_2$(缩写为 CIS)是一种极具应用前景的光伏材料,其主要用于生产廉价的高能薄膜太阳电池。基于这种材料的太阳电池单元既可以自身单独使用,也能够将多个独立器件串联成为发电模块(见 a-Si:H 模块的串联方式,8.4 节)。通过

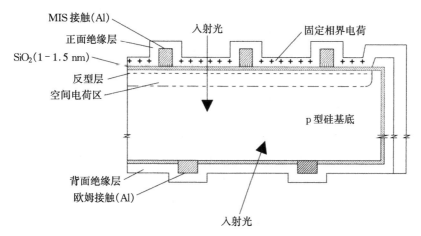

图 9.1　双面光敏的 MIS 太阳电池(根据 Hezel[Jae97])

其 $\Delta W = 1.02$ eV(见式(5.22))的禁带宽度(j_{opt}(CIS)≈ 50 mA/cm^{-2},相比于 j_{opt}(Si)$\approx$
55 mA/cm^{-2},详见式(5.22))可获得近似于硅材料的电流密度。当入射光能量超
过吸收阈值时,其吸收系数 $\alpha(\lambda)$ 具有类似于直接半导体材料的陡峭曲线特性,这
使得利用该材料生产的高效光伏器件的层厚度仅需几个微米。典型的层结构(图
9.2)具有 $2\sim3$ μm 的高吸收多晶 CIS 层,其与另一 CdS 薄层(≈ 50 nm)共同形成的异
质结中的电场用于分离载流子对。器件的网格状正面接触由一层 1.5 μm 厚的
ZnO 层构成,而背面接触则由制作在绝缘基底(例如玻璃)上的钼层实现。CdS 薄
层的禁带宽度约为 2.5 eV,过高的禁带宽度阻止了该材料对入射光的吸收,因此
载流子对的激发主要发生在 CIS 层里。透明材料层 ZnO 与表面绒化处理工艺的
共同使用,可以有效降低器件表面的反射损失。通过以上方法和构造获得的 CIS
太阳电池[Mit90] 在 AM1.5 标准
条件下可以达到 $\eta = 14\%$ 的转
换效率。Würth Solar 公司已
经开始生产 CIS 模块产品,产
品规格最高为 30Wp。因为镉
的高度污染性,在工业生产中致
力于将这种重金属从器件中去
除。柏林亥姆霍兹研究所
(HMI Berlin)已经成功利用 Zn
联接替代 CdS 材料,并使太阳
电池的转换效率不受损失。

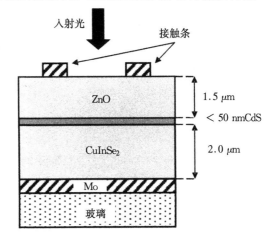

① 本图位于原书 169 页。

图 9.2①　CuInSe$_2$ 太阳电池构造示意图

169 ## 9.3　a-Si∶H/c-Si 太阳电池

　　利用非晶硅的优良吸收特性,结合微晶硅材料制造的太阳电池具备损失率小的结区结构。下面将介绍几例这种新型结构的太阳电池,目前对这种器件的研究还处在试验室阶段。

　　柔性太阳电池将成为未来光伏领域的重要应用。这种太阳电池可以制作在塑料基底或纺织物(例如帐篷、衣服等)上。除了易于形变的特点,其生产工艺中的温度始终控制在 120 ℃以下。这一特点对工业生产同样具有吸引力。

　　a-Si∶H 硅材料被制作成为 pin 或 nip 结构(图 9.3)。pin 结构层附着于透明基板(图 9.4 左),而 nip 结构生长在非透明基底(图 9.3 右)上[Ish05]。这两种结构都具有 TCO 层,并且以其为基础的太阳电池板总厚度小于 $1\mu m$。pin 结构(图左)的连接通过铝覆层背电极完成,而 nip 结构(图右)则通过的具有铝网格结构的TCO 正面电极相互连接。研究发现随着层厚度的增加,非掺杂区中开始出现越来越多的微晶体结构(从“核晶”相转变为“纳米晶体”结构),并且在 pi 结一侧形成 p型微晶区。因此在 pin 结构(图 9.3 左)中需要额外生长一层非晶缓冲层,以确保具备高吸收性的 a-Si∶H 层可以顺利生长。

170

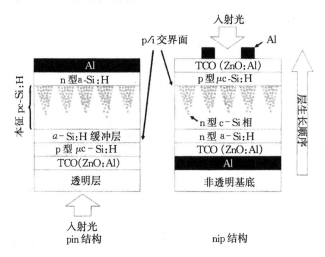

图 9.3　a-Si∶H/mc-Si∶H 材料太阳电池的 pin 和 nip 结构。pin 结构中的 p-i 结在 a-Si∶H
　　　　缓冲层的影响下形成非晶态结构,而在 nip 结构中则为理想的 nc-Si/mc-Si 微晶
　　　　构造[Ish05]

　　两种结构的工艺处理温度最高不超过 120 ℃,工艺中利用高强度照射取代了

热成型步骤。nip 结构被证明在生产中更具优势。

a-Si/c-Si 薄膜太阳电池的另外一型器件为 ALILE 太阳电池[Rau05]（ALILE, a-luminium induced layer exchange）（图 9.4）。制作该器件时首先在玻璃基板上蒸发制备一层高纯度铝薄层，然后在其之上沉积非晶硅层。当温度为 900℃ 时，硅原子在其分凝压的作用下进入多晶铝层并替换金属原子，在玻璃基板上直接形成一层多晶硅相的薄膜，即"种晶层"。而多余铝层则被有选择地溶解去除。随后在种晶层上分层生长出多晶硅光吸收层结构，该多晶硅层被种晶层中所含的多晶铝（残留铝层）掺杂，并形成 p 型基底层。最后利用低温分层生长技术制备 n 型发射层，至此完成器件的生产工序。试验器件的转换率约为 $\eta = 8\%$[Rau05]。

171

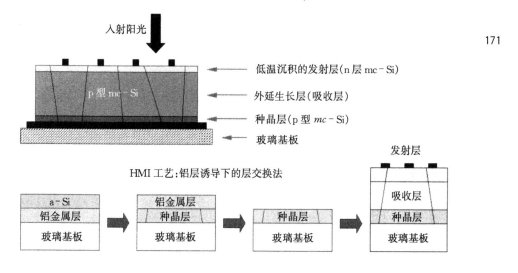

图 9.4   a-Si/mc-Si 材料太阳电池的铝诱导层交换工艺流程图[Rau05]

替代高纯度铝层后得到的沉积非晶硅的方法在半导体工艺中已为人熟知。为了避免硅器件在铝接触层下的连接短路现象（spikes），在沉积铝层时即加入 2% ～ 3% 的硅，并以此阻止其后沉积生长的硅层将铝层"稀释"。这种现象在液相中体现为某种高纯液体对相邻液体的渗透压。

9.4　球形太阳电池

球形太阳电池（spheral solar cell）[Lev91] 是一种全新的太阳电池器件。其生产工艺同时包括了金属级硅（MGS，见图 6.6）提纯和全新器件的构造方法。

首先将金属级硅材料研磨成粉末状后加热熔化，熔融硅的表面压使其形成无数微型小球。当这些小球凝固后，其表层被氧化。然后再以高于 1415 ℃ 的温度加热,此时小球内部的纯硅核心部分熔化,而 SiO_2 表层仍然以固态形式得以保留(熔点:$T_S(Si) = 1415\ ℃$,$T_S(SiO_2) = 1700\ ℃$)。每次凝固时都会有很多杂质原子进入 SiO_2 表层("分凝")。使用机械研磨的方法去除小球表层后即可提高硅材料的纯度。类似于制备单晶硅的区域熔解法,经过这种氧化/熔化/凝固/研磨工艺反复进行多次后即可实现硅精炼。利用这种工艺最终可以获得典型直径为 0.75mm 的微型硅球。这些微型硅球中含有硼杂质,因此是 p 型的。经过磷扩散掺杂后在微型硅球表面形成一种球面状 pn 结。图 9.5 中展示了如何将这些球面状结构的硅 pn 结器件结合在铝薄膜上生产太阳电池。np 结构硅球首先被定位在预先冲孔的铝膜上(步骤 1/2),并从冲孔背面以此打磨硅球直至露出其内部的 p 型硅核(步骤 3)。使用塑料保护层对 n 型硅一侧进行电隔离保护(步骤 4/5/6),然后去除并连电阻(Shunt resistance)(步骤 7)并使用第二层铝膜连接 p 型硅核(步骤 8/9)后即完成了这种太阳电池器件的制作。由此可以生产出基于铝层基底的柔性硅球形器件太阳电池,对于面积 $A = 100\ cm^2$ 为的器件,其转换效率达到了 $\eta = 15\%$。

这种球形太阳电池的试生产已经在美国得克萨斯州的达拉斯进行。位于加拿大安大略省剑桥市的 Spheral Solar Power 公司(SSP 技术)正在进行该器件的生产转化,并已于 2006 年向市场推出了基于柔性基底材料的 SSP 球形太阳电池,其转换效率为 $\eta = 12\% \sim 15\%$。

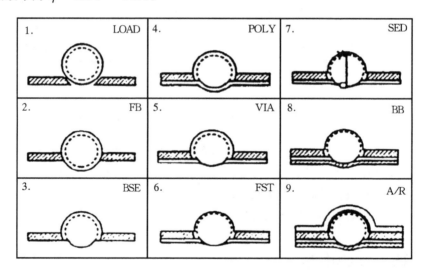

图 9.5 球形太阳电池的生产流程[Lev91]

172

9.5 有机半导体太阳电池

应用在光伏领域的有机材料大致可分为两大类:一类是并五苯(Pentacen)和噻吩(Thiophen)这样的晶体材料,该类高分子碳氢化合物的电特性类似于其在无机半导体中通过能带内的电子和空穴的描述,但是这种材料内部并非通过共价键,而是通过分子间的微弱短程作用力相互连接。另一类则是电化学系统,其由无机或有机电解质与含有重金属原子(例如钌)的染料组成。这种电化学装置在阳光作用下获取电子并使其向电极方向移动(染料太阳电池)。

9.5.1 有机分子半导体

无机半导体材料原子间以共价键方式相互连接,即通过 s^2p^2 电子向 s^1p^3 轨道杂化使每个键合电子的能量相等。并且每个原子与相邻的 4 个原子分别共享其 4 个外层电子,用以形成 8 电子的完整壳层结构。第四主族的单质半导体材料如硅和锗中的原子保持中性,而化合物半导体例如 $GaAs(A^{III}B^V)$ 或 $CdS(A^{II}B^{VI})$ 中的序位高于 IV 族的原子贡献出电子后作为带正电的阳离子,序位低于 IV 族的原子接受电子后作为带负电的阴离子。因此在这里除了共价键之外还存在部分离子键,其作为电负性 p 衡量晶格原子间的库仑引力(例如:p(Si) = 0,而 p(GaAs) = 0.08)。关于该部分的具体描述详见相关参考书(例如[Moo86],p.828)。

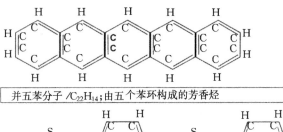

并五苯分子 $/C_{22}H_{14}$;由五个苯环构成的芳香烃

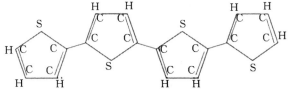

噻吩分子 $/n \cdot C_4H_2S + 2H$:硫作为异构原子的五边形异构芳香烃;其中6个π电子中的4个来自于碳双键,另外两个来自于硫原子的自由电子对

图 9.6 有机半导体聚合物并五苯和噻吩

并五苯和噻吩同为晶体聚合物有机半导体。它们可以是由苯环构成的大分子(并五苯),也可以是分别由四个碳原子和一个杂质原子例如硫构成的五边环分子

（噻吩）（图 9.6）。并五苯和噻吩作为聚合物都呈现电中性，并不具备电偶极矩。通过化学键合理论可知，电中性、无电偶极矩分子间的相互作用由作用距离短且较为微弱的范德华力描述（作用力大小与 $1/r^6$ 成正比），这一点与共价键和离子键的强作用力不同（其大小与 $1/r^2$ 成正比）。因此在晶体状态下的有机聚合物半导体中不存在类似价带或导带这样的电子能带，而是由有机分子的弱作用力导致的分立能级（不同分子间存在微小差异），即等效于价带顶的最高可占据分子轨道 HO-MO(hightest occupied molecular orbital)，和等效于导带底的最低非可占据分子轨道 LUMO(lowest unoccupied molecular orbital)。

在电场的作用下，电子通过 LUMO 状态，而空穴通过 HOMO 状态"跳跃"传输，这一点与非晶态无机半导体例如 a-Si：H 相似。这些载流子的迁移率都偏低（$\mu < 10^{-5}\,\mathrm{cm^2/Vs}$）。在这里通过掺杂调整电导特性同样可行：例如通过位于LUMO 状态之下的 HOMO 施主能级将电子送入 LUMO 状态。这种方法不仅适用于有机物分子材料，也同样适用于金属（例如使用碱原子掺杂）。空穴电导则通过位于 HOMO 状态之上的 LUMO 受主能级提供的空穴实现（图 9.7）。

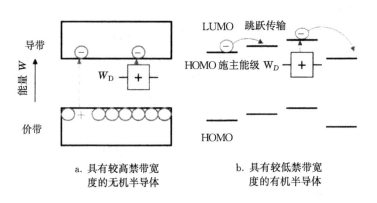

a. 具有较高禁带宽度的无机半导体   b. 具有较低禁带宽度的有机半导体

（LUMO 最低非可占据分子轨道   HOMO 最高可占据分子轨道
跳跃传输只限于固定轨道能级之间，并非能带中的非固定电子能级）

图 9.7 分别被施主原子掺杂的无机半导体（左）和有机半导体（右）中的电子能带和轨道能级

有机半导体中 HOMO 和 LUMO 能级的间距通常为 $1.4 \sim 2.5$ eV，因此其对入射光的吸收范围相对较窄；但是由于其具备较高的吸收系数（$\alpha \sim 10^5\,\mathrm{cm^{-1}}$），所以仍然被视为是一种具有广阔应用前景的光伏材料。然而有机半导体还存在一个问题：在产生自由电子的同时，光致激发作用同时还产生大量激子（$Exziton$），即电子一空穴成对产生。当电子一空穴对从初始能级（例如 HOMO 能级）被激发分离的同时，其自身之间还存在相互吸引、分离能量上至 0.4 eV 的库仑作用。因此载流子对在被分离之前存在很高的复合几率，这一点直接影响到了有机半导体材料的光伏效率。在诸如硅这样的无机半导体中同样存在激子，但是其分离能在室温下通常低于 25 meV 的热能。因此无机半导体中无需考虑载流子对分离能对光伏效应的影响,电子和空穴在极小电场的条件下就能分离。

总体而言,有机半导体是一种性能优良的太阳电池应用材料。由于具备高吸收系数,该材料适用于薄膜器件(100~200 nm)的制备。薄膜器件构造也同时顺应了有机半导体中载流子迁移率低的特点,因为电子-空穴对的复合几率会随着器件厚度的增加而升高。此外该材料还具有载流子跳跃迁移率随温度升高的优点:在高温环境下有机半导体太阳电池的转换率会提高。而无机半导体太阳电池具备的是相反特性:其转换率随着温度的上升而下降(见 5.2 节)。

176

9.5.2 有机材料太阳电池

如同 a-Si:H,有机材料在太阳电池领域的应用主要集中在薄膜器件。例如将并五苯薄膜包裹在在具有不同电子逸出功的两层金属电极之间。电子逸出功 Φ 用于定义真空能级 W_{vak} 和费米能级 W_F 之间的能量差,即电子脱离该材料束缚成为自由电子所需的最小能量。并五苯层内部在电子流失后即产生空间电荷,当层厚度极小时,该空间电荷在整层半导体中扩散并形成强电场区。这种电场驱使光生电子从较高电子逸出功金属电极一侧向较低电子逸出功金属电极方向移动。若此时尚未采用特殊方法抑制激子,则器件的转换效率极低($\eta < 1\%$)。

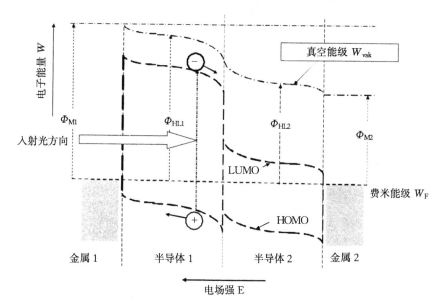

图 9.8 由两种不同半导体构成的 BHJ 太阳电池能带结构。其中不同材料层的电子逸出功关系为:$\Phi_{M1} > \Phi_{HL1} > \Phi_{HL2} > \Phi_{M2}$

LUMO 和 HOMO 能级在两种半导体层交界处的阶跃变化清晰可见

　　邓青云于 1986 年在有机半导体应用方面取得了开创性进展[Tan86]：他使用了两种不同的有机半导体薄膜，其中一种使用施主元素掺杂，另一种则用受主元素掺杂。该结构中在两种半导体间形成的异质结，与长久以来应用在高速双极型二极管中发射极和基极之间的 Ge-Si 异质结相似。具备上述结构的太阳电池被称为 BHJ 太阳电池（BHJ，bulkhetero-junction）（图 9.8）。在这种器件能带模型中，两种 LUMO 和 HOMO 能量差在层交界面处发生跳跃，而空间电荷区则从交界面处向两侧的有机半导体内部扩展。通过按照电子逸出功 Φ 特意选择的电极金属可使电场在两层电极之间保持方向一致。能带在层交界处的跳跃变化对载流子扩散起到了决定性影响：电场在该处将能量分别传递给两种载流子，使其分离后分别驱向两侧电极。

　　G. Yu 在 1995 年改进了异质结技术[Yu95]：他将两种不同掺杂的有机半导体混合在一起，以使所有激子在其 $5\sim10$ nm 的扩散长度之内即可进入异质结的作用范围，并进一步被分离（图 9.9）。使用 C60 富勒烯（C-60-Fullerene）晶体构造的网络聚合物层已被证明性能优良。通过对生产中的各项参数改进，并五苯和噻吩材料太阳电池的转换率已提升至 $\eta=5\%$[Ma05]。

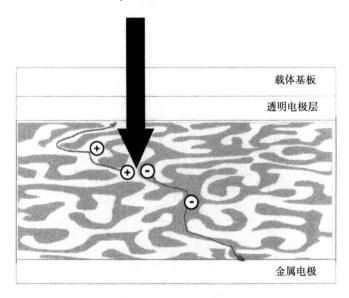

图 9.9　BHJ（BHJ，bulk hetero-junction）型太阳电池示意图，图中显示了混合在一起的半导体 n 型和 p 型掺杂区构成的网络结构（n 型区显示为暗，p 型区显示为亮）以及电子和空穴的移动路径[Kro05]

　　聚合物材料有机太阳电池的广阔应用前景体现于，这种材料相比较无机半导体例如硅而言，具备工艺简单（不需要纯净室环境，原料价格极其低廉）和适用性强

(可结合在柔性基底材料和纺织物之上)的优点。甚至有人预测有机光伏材料未来可以直接涂刷在建筑物外表以充分利用其受光面积。

9.5.3 染料太阳电池

最后介绍一种光伏能量转换的新途径。这种方法中没有使用半导体材料,也不需要将载流子对在激发和输运过程中相互分离开来。它类似于光合作用,利用电化学材料可使太阳能转换为化学反应物[Vla88]。图 9.10 中显示的结构为浸泡在电解质中的两个电极,它们通过一个负载相互连接形成回路。接受阳光照射的覆层玻璃的内壁通过 TiO_2 颗粒覆盖后具备导电性,而这些颗粒本身也同时具有特殊的染料特性。所使用的有机染料中含有钌原子,其被碳—氮环结构包裹,正如植物中的叶绿素一样。光敏的染料分子吸收光子后释放出电子。这些电子首先流向 TiO_2 阴极,然后经过负载做功后流入石墨阳极,最后进入电解液(碘溶液)并最终回到染料分子中(图 9.10),整个系统的能量转换率为 $\eta_{AM1.5} = 10\% \sim 12\%$。这种器件以其发明者的名字被命名为格拉策太阳电池(Graetzel-Solarzelle),其具有工艺简单、生产成本低的优点。但是目前还存在一个缺点,即电解质在工作运转时会逐步分解,因此这种器件并不稳定。

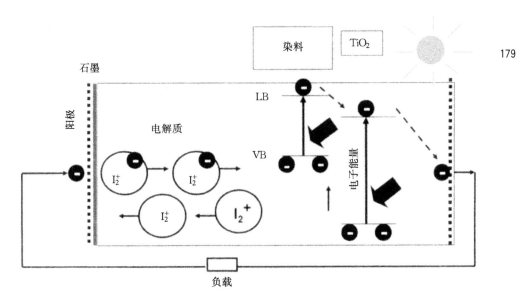

图 9.10　一种电解质太阳电池图示,其中 TiO_2 电极被染料覆盖。图中显示了电子被入射光激发后,其首先脱离染料分子并穿过 TiO_2 电极后进入负载做功,然后回到碘电解液中,并最终重新进入染料分子完成做功循环

9.6 第三代太阳电池

M. A. Green 按照能量转换率和生产成本将所有类型太阳电池划分为三代[Gre03]。第一代为所有晶圆厚度大于 $200~\mu m$ 的硅和砷化镓器件，其材料尺寸在大多数情况下不具备光学意义，而是仅考虑到了作为载体的机械特性需要。硅材料太阳电池工业产品的转换率可以达到 $\eta = 18\%$，但是由于其对硅需求量大，因而价格昂贵。第二代太阳电池为薄膜器件，其主要结构覆盖于廉价的载体（基底材料）之上、厚度仅为若干微米的光伏吸收薄膜。其载体可以是玻璃（如同 a-Si:H 太阳电池），亦可为陶瓷材料。第二代太阳电池的转换率低于第一代产品，最高约为 $\eta = 12\%$。但是其成本却显著降低。第一代和第二代太阳电池的有效光伏吸收区结构皆为匀质半导体材料构成（图 9.11）。

未来第三代太阳电池将舍弃有效光伏吸收区的匀质相结构。M. G. Green 预期利用由不同材料构成的多层薄膜叠加结构或同种异相材料——例如微晶叠层加非晶层或者覆盖同种材料的量子点结构——可将这种多层混合相结构太阳电池的转换率极大提升并接近热效率

$$\eta_{热力} = 1 - \frac{T_{地球}}{T_{太阳}} = 1 - \frac{290~\text{K}}{5800~\text{K}} = 95\%$$

并同时降低制造成本。他预测第三代太阳电池的转换率可以达到 $\eta = 60\%$。

180

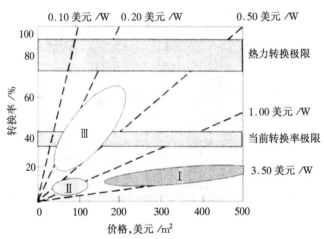

图 9.11 M. A. Green 提出的第三代太阳电池的价格-转换率关系图[Gre03]目前市场上绝大多数太阳电池为第一代产品，器件价格为 3.50 美元/W，相应的模块价格约为 4000 欧元/kW[Gre03,p.3]

M. A. Green 在他的书中[Gre03]对第三代太阳电池提供了重要建议。按照他的

思路,串联太阳电池是实现方案之一(见第 7 章中相关章节)。但是他设计的串联电池基于相同材料,即两层半导体薄膜,并且它们之间通过介质层隔离。具体结构为两层厚度为 1 nm 的硅层外加 SiO_2 隔离层。入射光可以进入所有吸收层,并根据其各频谱段波长在深度为 $1/\alpha$ 处被吸收。当吸收半导层厚度极小时,其禁带宽度受量子包络的影响而增加,这样一来,到目前为止都未能有效吸收的太阳光蓝光部分也可被充分利用[Gre04]。

其余的太阳电池器件结构设想还包括了光子"正转"和"逆转",即多个低能光子转换为一个高能光子;或是利用一个被吸收的高能光子产生多个低能光子(图 9.12)。

M. A. Green 设想利用太阳电池增添的转换层结构可以实现光子正转(up-conversion):两个未能被太阳电池吸收的低能光子在穿过光伏吸收层后被转换层材料吸收,被吸收的总能量激发出一个高能光子,然后该高能光子被反射回光伏吸收区再次利用。稀土金属(例如铒)可在转换层中促成光子高能转换[Gre04]。

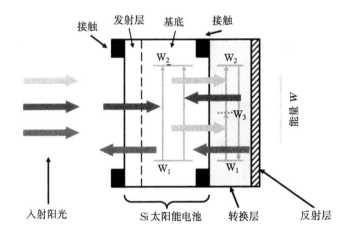

绿光(箭头　上):转换为高能蓝光后被反射太阳电池结构
蓝光(箭头　中):被全部吸收
红光(箭头　下):被反射后全部透射而出

图 9.12　借助转换层实现的低能光子正转。转换层内的稀土金属(例如钕)吸收两个低能光子后释放出一个高能光子,其在反射层反射回太阳能电池后被吸收[Gre04]。在太阳电池的最底部则标出了未能吸收的反射光子

M. A. Green 还在同篇文献中提出了将高能光子逆转(down-conversion)的方法(图 9.13)。具体方法为将两种不同材料半导体层组合重复多次叠加,其中每层厚度不超过 10 nm。由此获得的超晶格结构吸收原始光子后,可利用过剩能量造成的干扰效果释放低能光子。这种能量过剩通常情况下发生在激发载流子对的过程中,表现为声子发射或晶格热。因此 M. A. Green 亦将这种器件称为"热载流子

太阳电池"(hot carrier solar cell)。该类器件的一种变型结构为制作在半导体层
182 和分布于表面的量子点结构。不同于以往的二维层结构,量子点概念涉及全新的
三维构造。

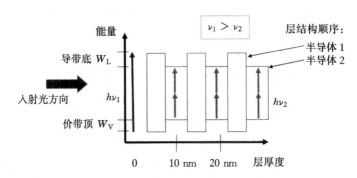

图 9.13 用于将能量远高于半导体材料 2 禁带宽度的高能光子逆转的半导体超晶格结
构。由于这种经转换而来的低能光子来自于半导体材料 1 吸收光子后产生的
热弛豫作用,因此 M. A. Green 将这种高能光子逆转结构称之为"热载流子太阳
电池"(hot carrier solar cell)[Gre04]

目前上述所有第三代太阳电池都还没有实现。未来还需投入大量研究,以期
在不断提高太阳电池转换率的同时降低生产成本。

第 10 章

展　望

本书在上面各章介绍了光伏能量转换技术的基础知识。重点在于如何理解各项技术参数的含义:例如怎样根据需求选择晶态或非晶态硅材料,如何对比选择硅和砷化镓材料,如何利用器件的表面电场调整载流子对的分离作用;以及介绍各种参数对器件性能的作用:例如参数项 $\alpha \cdot L_n$ 对 np 型晶体硅器件的整体性能影响。全书的主线是为读者建立起目前主流太阳电池器件的基本概念,因此在某些技术细节处没有使用过多篇幅讲解。内容详尽、面面俱到的工具参考书并不是作者的写作本书初衷。

书中虽然没有涉及太阳电池器件回收处理的相关内容,但是应当注意到太阳电池的主要生产工艺对环境影响极大。太阳电池不同于化石燃料(废料处理伴随能量转换同时发生)、核燃料(废料处理在能量转换之后发生——在德国以未知方程处理),它的废料处理发生在能量转换之前——这其中主要是生产过程中的化学废品的处理。因此出于环保的需求,相应的处理技术开发刻不容缓。当太阳电池的总产量为 6.85GW(2008 年数据)、光伏电站总装机容量为 16GW(2008 年数据[Sol99])时,其回收处理问题尚且还不算突出。但是工业界已经开始致力于在太阳电池的生产过程中避免使用有机溶剂。

此外,还有一项重要参数用于评价光伏器件特性,即回收时间或能量偿还期。这项指标用于说明一种太阳电池的特定发电时间,在该时间段内其转换的能量达到当初自身的生产能耗。太阳电池的能量回收期与平均工作寿命之比,即回收因数可以作为评价不同器件生产工艺的重要标准。目前市场中的光伏器件能量回收期通常为若干年。适用于评价所有生产方法的通用标准到目前为止还没有确立。以第 3 章中讨论过的铸造硅太阳电池器件为例,当其生产能耗为 450 kWh/m²、能量转换率为 $\eta = 15\%$ 时,其能量回收期为 3 年。这项数值是在全年 1000 日照小时数和照射强度 AM1.5(= 1000W/m²)的假设前提下得到的。

在上述各种科技生产因素的相互制约作用下,成品太阳电池是名副其实的"权衡产物"。未来除了更加新颖的工程设计,还需要从实际生产的角度慎重斟酌。市场经济环境中光伏能源转换技术同样以市场需求为导向,因此技术研发的重点之一是降低产品价格。除此以外还应该同时思考这样一个问题:光伏技术究竟仅仅是现代能源技术中的一项阶段性产物,还是能够在未来作为人类能源的供应技术长期存在发展下去?

计算与表格

A.1 计算极限转换率的积分解法

积分式

$$I = \int_{\nu_{gr}}^{\infty} \frac{\nu^2}{e^{\frac{h\nu}{kT_S}} - 1} \cdot \mathrm{d}\nu \tag{A1.1}$$

将使用下面的方法进行计算。首先将被积函数写成无穷量累加的形式

$$\frac{\nu^2}{e^{\frac{h\nu}{kT_S}} - 1} = \frac{\nu^2 \cdot e^{-h\nu/kT_S}}{1 - e^{-h\nu/kT_S}} = \nu^2 \cdot \sum_{n=1}^{\infty} e^{-\frac{n \cdot h\nu}{kT_S}} \tag{A1.2}$$

根据一致收敛性,连续求和算符与积分算符的位置可以交换

$$I = \int_{\nu_{gr}}^{\infty} \left\{ \nu^2 \cdot \sum_{n=1}^{\infty} e^{-n \cdot \frac{h\nu}{kT_S}} \right\} \cdot \mathrm{d}\nu = \sum_{n=1}^{\infty} \left\{ \int_{\nu_{gr}}^{\infty} \nu^2 \cdot e^{-n \cdot h\nu/kT_S} \cdot \mathrm{d}\nu \right\}$$

$$= \sum_{n=1}^{\infty} \left\{ \int_{0}^{\infty} \nu^2 \cdot e^{-n \cdot \frac{h\nu}{kT_S}} \cdot \mathrm{d}\nu - \int_{0}^{\nu_{gr}} \nu^2 \cdot e^{-n \cdot \frac{h\nu}{kT_S}} \cdot \mathrm{d}\nu \right\} \tag{A1.3}$$

带入替代项 $\xi_{gr} = \dfrac{n \cdot h\nu_{gr}}{kT_S}$ 后,有

$$I = \sum_{n=1}^{\infty} \left(\frac{kT_S}{n \cdot h} \right)^3 \cdot \left\{ \int_{0}^{\infty} \xi^2 \cdot e^{-\xi} \cdot \mathrm{d}\xi - \int_{0}^{\xi_{gr}} \xi^2 \cdot e^{-\xi} \cdot \mathrm{d}\xi \right\}$$

$$= \sum_{n=1}^{\infty} \left(\frac{kT_S}{n \cdot h} \right)^3 \cdot \left\{ 2 - e^{-\xi_{gr}} \cdot (-\xi_{gr}^2 - 2\xi_{gr} - 2) - 2 \right\} \tag{A1.4}$$

$$I = \sum_{n=1}^{\infty} \left\{ \left(\frac{kT_S}{n \cdot h} \right)^3 \cdot e^{-\frac{n \cdot h\nu_{gr}}{kT_S}} \cdot \left[\left(\frac{n \cdot h\nu_{gr}}{kT_S} \right)^2 + 2 \cdot \left(\frac{n \cdot h\nu_{gr}}{kT_S} \right) + 2 \right] \right\}$$

$$I = \nu_{gr}^3 \cdot \sum_{n=1}^{\infty} \left\{ \left(\frac{kT_S}{n \cdot h\nu_{gr}} \right) \cdot e^{-\frac{n \cdot h\nu_{gr}}{kT_S}} \right\} + 2 \cdot \nu_{gr}^2 \cdot \sum_{n=1}^{\infty} \left\{ \left(\frac{kT_S}{n \cdot h\nu_{gr}} \right)^2 \cdot e^{-\frac{n \cdot h\nu_{gr}}{kT_S}} \right\}$$

$$+ 2 \cdot \nu_{gr}^3 \cdot \sum_{n=1}^{\infty} \left\{ \left(\frac{kT_S}{n \cdot h\nu_{gr}} \right)^3 \cdot e^{-\frac{n \cdot h\nu_{gr}}{kT_S}} \right\} \tag{A1.5}$$

将这三项等比数列用各自的和替代,上式可以近似写为

$$I = \nu_{gr}^3 \cdot \left(\frac{kT_S}{h\nu_{gr}} \right) \cdot \left[e^{\frac{h\nu_{gr}}{kT_S}} - \frac{1}{2} \right]^{-1} + 2 \cdot \nu_{gr}^2 \cdot \left(\frac{kT_S}{h\nu_{gr}} \right)^2 \cdot \left[e^{\frac{h\nu_{gr}}{kT_S}} - \frac{1}{4} \right]^{-1}$$

$$+ 2 \cdot \nu_{gr}^3 \cdot \left(\frac{kT_S}{h\nu_{gr}} \right)^3 \cdot \left[e^{\frac{h\nu_{gr}}{kT_S}} - \frac{1}{8} \right]^{-1} \tag{A1.6}$$

最后可得以下等式

$$I = \nu_{gr}^3 \cdot \frac{1}{x^4} \cdot G(x) \ \text{其中} \ G(x) = \frac{x^3}{e^x - \frac{1}{2}} + \frac{2x^2}{e^x - \frac{1}{4}} + \frac{2x}{e^x - \frac{1}{8}} \tag{A1.7}$$

并且有 $x = \dfrac{h\nu_{gr}}{kT_S} = \dfrac{W_{gr}}{W_S}$ 和 $W_S(T_S = 5800K) = 0.50 \text{ eV}$

A.2 扩散方程的求解

基底层中电子的扩散方程为

$$\frac{\partial^2 \Delta n(x)}{\partial x^2} - \frac{\Delta n(x)}{L_n^2} = -\frac{G_0(\lambda)}{D_n} \cdot e^{-\alpha(\lambda) \cdot (x + d_{em})} \tag{A2.1}$$

求解该方程的边界条件为:(1)载流子浓度在空间电荷区边界处有玻耳兹曼因数倍跃升,且空间电荷区宽度可以忽略;(2)少数载流子扩散电流在太阳电池背面全部转化为复合电流。相应的数学公式如下

$$RB1: \quad \lim_{w_p \to 0} \Delta n(x = w_p) = n_{p0} \left(e^{\frac{U}{U_T}} - 1 \right) \tag{A2.2a}$$

$$RB2: \quad j_{rek}(x = d_{ba}) = j_{n,diff}(x = d_{ba})$$

$$\Leftrightarrow \quad -q \cdot s_n \cdot \Delta n(x = d_{ba}) = q \cdot D_n \left. \frac{\partial \Delta n(x)}{\partial x} \right|_{x = d_{ba}} \tag{A2.2b}$$

$$\Leftrightarrow \quad -s_n \cdot \Delta n(x = d_{ba}) = D_n \left. \frac{\partial \Delta n(x)}{\partial x} \right|_{x = d_{ba}}$$

因为规定正电荷沿 x 轴正方向的载流子输运为正值,所以复合电流项需要加负号。由于背面接触的复合作用影响,电子浓度在 x 轴正方向上不断减少,因此扩散电流项加正号。方程的一般解由特解和齐次微分方程的通解组成

$$\Delta n(x) = \Delta n(x)^{allg} = \Delta n(x)^{homogen} + \Delta n(x)^{partikulär} \tag{A2.3}$$

求解方程特解时选择的特解的形式为

$$\Delta n(x)^{partikulär} = C_n \cdot e^{-\alpha(\lambda) \cdot (x + d_{em})} \tag{A2.4}$$

将上式微分后带入微分方程后可求得方程的特解

$$\Delta n(x)^{partikulär} = \frac{G_0(\lambda)\tau_n}{1 - \alpha(\lambda)^2 L_n^2} \cdot e^{-\alpha(\lambda) \cdot (x + d_{em})} \tag{A2.5}$$

方程通解的形式为指数项的线性组合

$$\Delta n(x)^{\text{homogen}} = C_1 \cdot e^{-x/L_n} + C_2 \cdot e^{x/L_n} \tag{A2.6}$$

由此推出微分方程一般解的形式

$$\Delta n(x) = C_1 \cdot e^{-x/L_n} + C_2 \cdot e^{x/L_n} + \frac{G_O(\lambda)\tau_n}{1 - \alpha(\lambda)^2 L_n^2} \cdot e^{-\alpha(\lambda) \cdot (x + d_{\text{em}})} \tag{A2.7}$$

代入边界条件后可求出常系数 C_1 和 C_2。由边界条件 1 给出

$$C_1 + C_2 + \frac{G_O(\lambda)\tau_n}{1 - \alpha(\lambda)^2 L_n^2} \cdot e^{-\alpha(\lambda) \cdot d_{\text{em}}} = n_{\text{p0}} \cdot (e^{\frac{U}{U_T}} - 1) \tag{A2.8a}$$

代入边界条件 2(其中 $d_{\text{SZ}} = d_{\text{em}} + d_{\text{ba}}$)则有

$$s_n C_1 e^{-d_{\text{ba}}/L_n} + s_n C_2 e^{d_{\text{ba}}/L_n} + s_n \frac{G_O(\lambda)\tau_n}{1 - \alpha(\lambda)^2 L_n^2} \cdot e^{-\alpha(\lambda) \cdot d_{\text{SZ}}}$$

$$= \frac{D_n}{L_n} \cdot C_1 e^{-d_{\text{ba}}/L_n} - \frac{D_n}{L_n} \cdot C_2 e^{d_{\text{ba}}/L_n} + D_n \alpha(\lambda) \frac{G_O(\lambda)\tau_n}{1 - \alpha(\lambda)^2 L_n^2} \cdot e^{-\alpha(\lambda) \cdot d_{\text{SZ}}}$$

$$\tag{A2.8b}$$

以上为包含两个未知数的方程组,利用其可解得 C_1 和 C_2。其各自解得为较复杂的表达式,其中第一项均为电压相关式,而第二项都是照射强度相关式。

$$C_1 = \frac{n_{\text{p0}} \left(\frac{D_n}{L_n} + s_n \right) \cdot e^{d_{\text{ba}}/L_n} \cdot (e^{\frac{U}{U_T}} - 1)}{\left(\frac{D_n}{L_n} + s_n \right) \cdot e^{d_{\text{ba}}/L_n} + \left(\frac{D_n}{L_n} - s_n \right) \cdot e^{-d_{\text{ba}}/L_n}}$$

$$+ \frac{G_O(\lambda)\tau_n}{1 - \alpha(\lambda)^2 L_n^2} \cdot \frac{(s_n - D_n \cdot \alpha(\lambda)) \cdot e^{-\alpha(\lambda) \cdot d_{\text{SZ}}} - \left(\frac{D_n}{L_n} + s_n \right) \cdot e^{d_{\text{ba}}/L_n - \alpha(\lambda) \cdot d_{\text{em}}}}{\left(\frac{D_n}{L_n} + s_n \right) \cdot e^{d_{\text{ba}}/L_n} + \left(\frac{D_n}{L_n} - s_n \right) \cdot e^{-d_{\text{ba}}/L_n}}$$

$$C_2 = \frac{n_{\text{p0}} \left(\frac{D_n}{L_n} - s_n \right) \cdot e^{-d_{\text{ba}}/L_n} (e^{\frac{U}{U_T}} - 1)}{\left(\frac{D_n}{L_n} + s_n \right) \cdot e^{d_{\text{ba}}/L_n} + \left(\frac{D_n}{L_n} - s_n \right) \cdot e^{-d_{\text{ba}}/L_n}}$$

$$+ \frac{G_O(\lambda)\tau_n}{1 - \alpha(\lambda)^2 L_n^2} \cdot \frac{(D_n \cdot \alpha(\lambda) - s_n) \cdot e^{-\alpha(\lambda) \cdot d_{\text{SZ}}} - \left(\frac{D_n}{L_n} - s_n \right) \cdot e^{-d_{\text{ba}}/L_n - \alpha(\lambda) \cdot d_{\text{em}}}}{\left(\frac{D_n}{L_n} + s_n \right) \cdot e^{-d_{\text{ba}}/L_n} + \left(\frac{D_n}{L_n} - s_n \right) \cdot e^{-d_{\text{ba}}/L_n}}$$

$$\tag{A2.9}$$

由这两项系数可以确定剩余电子浓度。求解过程中需要将指数方程转换为双曲方程

$$\Delta n(x) = \frac{n_{\text{p0}} \left(\frac{D_n}{L_n} + s_n \right) \cdot (e^{\frac{U}{U_T}} - 1)}{2 \frac{D_n}{L_n} \cosh \frac{d_{\text{ba}}}{L_n} + 2 s_n \sinh \frac{d_{\text{ba}}}{L_n}} \cdot e^{(d_{\text{ba}} - x)/L_n}$$

$$+ \frac{n_{\mathrm{p0}}\left(\dfrac{D_{\mathrm{n}}}{L_{\mathrm{n}}}-s_{\mathrm{n}}\right)\cdot(e^{\frac{U}{U_{\mathrm{T}}}}-1)}{2\dfrac{D_{\mathrm{n}}}{L_{\mathrm{n}}}\cosh\dfrac{d_{\mathrm{ba}}}{L_{\mathrm{n}}}+2s_{\mathrm{n}}\sinh\dfrac{d_{\mathrm{ba}}}{L_{\mathrm{n}}}}\cdot e^{-(d_{\mathrm{ba}}-x)/L_{\mathrm{n}}}$$

$$+ \frac{G_0(\lambda)\tau_{\mathrm{n}}}{1-\alpha(\lambda)^2 L_{\mathrm{n}}^2}\cdot\frac{(s_{\mathrm{n}}-D_{\mathrm{n}}\cdot\alpha(\lambda))\cdot e^{-\alpha(\lambda)d_{\mathrm{SZ}}}-\left(\dfrac{D_{\mathrm{n}}}{L_{\mathrm{n}}}+s_{\mathrm{n}}\right)\cdot e^{d_{\mathrm{ba}}/L_{\mathrm{n}}-\alpha(\lambda)d_{\mathrm{em}}}}{2\dfrac{D_{\mathrm{n}}}{L_{\mathrm{n}}}\cosh\dfrac{d_{\mathrm{ba}}}{L_{\mathrm{n}}}+2s_{\mathrm{n}}\sinh\dfrac{d_{\mathrm{ba}}}{L_{\mathrm{n}}}}\cdot e^{-x/L_{\mathrm{n}}}$$

$$+ \frac{G_0(\lambda)\tau_{\mathrm{n}}}{1-\alpha(\lambda)^2 L_{\mathrm{n}}^2}\cdot\frac{(D_{\mathrm{n}}\cdot\alpha(\lambda)-s_{\mathrm{n}})\cdot e^{-\alpha(\lambda)d_{\mathrm{SZ}}}-\left(\dfrac{D_{\mathrm{n}}}{L_{\mathrm{n}}}-s_{\mathrm{n}}\right)\cdot e^{-d_{\mathrm{ba}}/L_{\mathrm{n}}-\alpha(\lambda)d_{\mathrm{em}}}}{2\dfrac{D_{\mathrm{n}}}{L_{\mathrm{n}}}\cosh\dfrac{d_{\mathrm{ba}}}{L_{\mathrm{n}}}+2s_{\mathrm{n}}\sinh\dfrac{d_{\mathrm{ba}}}{L_{\mathrm{n}}}}\cdot e^{-x/L_{\mathrm{n}}}$$

$$+ \frac{G_0(\lambda)\tau_{\mathrm{n}}}{1-\alpha(\lambda)^2 L_{\mathrm{n}}^2}\cdot e^{-\alpha(\lambda)\cdot(x+d_{\mathrm{em}})} \tag{A.2.10}$$

将上式合并同类项后易得

$$\Delta n(x)=n_{\mathrm{p0}}(e^{\frac{U}{U_{\mathrm{T}}}}-1)\cdot\frac{\dfrac{D_{\mathrm{n}}}{L_{\mathrm{n}}}\cosh\dfrac{d_{\mathrm{ba}}-x}{L_{\mathrm{n}}}+s_{\mathrm{n}}\sinh\dfrac{d_{\mathrm{ba}}-x}{L_{\mathrm{n}}}}{\dfrac{D_{\mathrm{n}}}{L_{\mathrm{n}}}\cosh\dfrac{d_{\mathrm{ba}}}{L_{\mathrm{n}}}+s_{\mathrm{n}}\sinh\dfrac{d_{\mathrm{ba}}}{L_{\mathrm{n}}}}+\frac{G_0(\lambda)\tau_{\mathrm{n}}}{1-\alpha(\lambda)^2 L_{\mathrm{n}}^2}\cdot e^{-\alpha(\lambda)d_{\mathrm{em}}}$$

$$\cdot\left[e^{-\alpha(\lambda)x}+\frac{(D_{\mathrm{n}}\cdot\alpha(\lambda)-s_{\mathrm{n}})\cdot e^{-\alpha(\lambda)d_{\mathrm{ba}}}\cdot\sinh\dfrac{x}{L_{\mathrm{n}}}-\dfrac{D_{\mathrm{n}}}{L_{\mathrm{n}}}\cosh\dfrac{d_{\mathrm{ba}}-x}{L_{\mathrm{n}}}-s_{\mathrm{n}}\sinh\dfrac{d_{\mathrm{ba}}-x}{L_{\mathrm{n}}}}{\dfrac{D_{\mathrm{n}}}{L_{\mathrm{n}}}\cosh\dfrac{d_{\mathrm{ba}}}{L_{\mathrm{n}}}+s_{\mathrm{n}}\sinh\dfrac{d_{\mathrm{ba}}}{L_{\mathrm{n}}}}\right] \tag{A.2.11}$$

192 然后将该表达式代入电流方程。由此可以构造空间电荷区边界处 $x = w_p$ 的少数载流子电流。空间电荷区的宽度可近似忽略,因此这里有 $x \to 0$

$$j_{\mathrm{n,diff}}(\lambda,U)\big|_{x=0}=qD_{\mathrm{n}}\frac{\partial\Delta n(x)}{\partial x}\bigg|_{x=0}$$

$$=-qn_i^2\frac{D_{\mathrm{n}}}{L_{\mathrm{n}}N_{\mathrm{A}}}(e^{U/U_{\mathrm{T}}}-1)\cdot\frac{\dfrac{D_{\mathrm{n}}}{L_{\mathrm{n}}}\sinh\dfrac{d_{\mathrm{ba}}}{L_{\mathrm{n}}}+s_{\mathrm{n}}\cosh\dfrac{d_{\mathrm{ba}}}{L_{\mathrm{n}}}}{\dfrac{D_{\mathrm{n}}}{L_{\mathrm{n}}}\cosh\dfrac{d_{\mathrm{ba}}}{L_{\mathrm{n}}}+s_{\mathrm{n}}\sinh\dfrac{d_{\mathrm{ba}}}{L_{\mathrm{n}}}}+\frac{qL_{\mathrm{n}}G_0(\lambda)}{1-\alpha(\lambda)^2 L_{\mathrm{n}}^2}\cdot e^{-\alpha(\lambda)d_{\mathrm{em}}}$$

$$\cdot\left[-\alpha(\lambda)L_{\mathrm{n}}+\frac{(D_{\mathrm{n}}\cdot\alpha(\lambda)-s_{\mathrm{n}})\cdot e^{-\alpha(\lambda)d_{\mathrm{ba}}}+\dfrac{D_{\mathrm{n}}}{L_{\mathrm{n}}}\sinh\dfrac{d_{\mathrm{ba}}}{L_{\mathrm{n}}}+s_{\mathrm{n}}\cosh\dfrac{d_{\mathrm{ba}}}{L_{\mathrm{n}}}}{\dfrac{D_{\mathrm{n}}}{L_{\mathrm{n}}}\cosh\dfrac{d_{\mathrm{ba}}}{L_{\mathrm{n}}}+s_{\mathrm{n}}\sinh\dfrac{d_{\mathrm{ba}}}{L_{\mathrm{n}}}}\right] \tag{A.2.12}$$

A. 3 标准光谱 AM1.5

193

IEC 光谱标准 904 – 3(1989)部分 Ⅲ , $E_{\text{total}} = 100$ mW/cm^2 [CEI89]

λ/μm	$E_\lambda/(\text{W/m}^2/\mu\text{m})$	λ/μm	$E_\lambda/(\text{W/m}^2/\mu\text{m})$	λ/μm	$E_\lambda/(\text{W/m}^2/\mu\text{m})$
0.3050	9.5	0.7400	1211.2	1.5200	262.6
0.3100	42.3	0.7525	1193.9	1.5390	274.2
0.3150	107.8	0.7575	1175.5	1.5580	275.0
0.3200	181.0	0.7625	643.1	1.5780	244.6
0.3250	246.8	0.7675	1030.7	1.5920	247.4
0.3300	395.3	0.7800	1131.1	1.6100	228.7
0.3350	390.1	0.8000	1081.6	1.6300	244.5
0.3400	435.3	0.8160	849.2	1.6460	234.8
0.3450	438.9	0.8237	785.0	1.6780	220.5
0.3500	483.7	0.8315	916.4	1.7400	171.5
0.3600	520.3	0.8400	959.9	1.8000	30.7
0.3700	666.2	0.8600	978.9	1.8600	2.0
0.3800	712.5	0.8800	933.2	1.9200	1.2
0.3900	720.7	0.9050	748.5	1.9600	21.2
0.4000	1013.1	0.9150	667.5	1.9850	91.1
0.4100	1158.2	0.9250	690.3	2.0050	26.8
0.4200	1184.0	0.9300	403.6	2.0350	99.5
0.4300	1071.9	0.9370	258.3	2.0650	60.4
0.4400	1302.0	0.9480	313.6	2.1000	89.1
0.4500	1526.0	0.9650	526.8	2.1480	82.2
0.4600	1599.6	0.9800	646.4	2.1980	71.5
0.4700	1581.0	0.9935	746.8	2.2700	70.2
0.4800	1628.3	1.0400	690.5	2.3600	62.0
0.4900	1539.2	1.0700	637.5	2.4500	21.2
0.5000	1548.7	1.1000	412.6	2.4940	18.5
0.5100	1586.5	1.1200	108.9	2.5370	3.2
0.5200	1484.9	1.1300	189.1	2.9410	4.4
0.5300	1572.4	1.1370	132.2	2.9730	7.6
0.5400	1550.7	1.1610	339.0	3.0050	6.5
0.5500	1561.5	1.1800	460.0	3.0560	3.2
0.5700	1501.5	1.2000	423.6	3.1320	5.4
0.5900	1395.5	1.2350	480.5	3.1560	19.4
0.6100	1485.3	1.2900	413.1	3.2040	1.3
0.6300	1434.1	1.3200	250.2	3.2450	3.2
0.6500	1419.9	1.3500	32.5	3.3170	13.1
0.6700	1392.3	1.3950	1.6	3.3440	3.2
0.6900	1130.0	1.4425	55.7	3.4500	13.3
0.7100	1316.7	1.4625	105.1	3.5730	11.9
0.7180	1010.3	1.4770	105.5	3.7650	9.8
0.7244	1043.2	1.4970	182.1	4.0450	7.5

194 ## A.4　$T=300$ K 下的硅材料吸收系数[Gre95]

λ/μm	α/cm^{-1}	λ/μm	α/cm^{-1}	λ/μm	α/cm^{-1}
0.25	1.84×10^6	0.65	2.81×10^3	1.05	1.63×10^1
0.26	1.97×10^6	0.66	2.58×10^3	1.06	1.11×10^1
0.27	2.18×10^6	0.67	2.39×10^3	1.07	8.0
0.28	2.36×10^6	0.68	2.21×10^3	1.08	6.2
0.29	2.24×10^6	0.69	2.05×10^3	1.09	4.7
0.30	1.73×10^6	0.70	1.90×10^3	1.10	3.5
0.31	1.44×10^6	0.71	1.77×10^3	1.11	2.7
0.32	1.28×10^6	0.72	1.66×10^3	1.12	2.0
0.33	1.17×10^6	0.73	1.54×10^3	1.13	1.5
0.34	1.09×10^6	0.74	1.42×10^3	1.14	1.0
0.35	1.04×10^6	0.75	1.30×10^3	1.15	6.8×10^{-1}
0.36	1.02×10^6	0.76	1.19×10^3	1.16	4.2×10^{-1}
0.37	6.97×10^5	0.77	1.10×10^3	1.17	2.2×10^{-1}
0.38	2.93×10^5	0.78	1.01×10^3	1.18	6.5×10^{-2}
0.39	1.50×10^5	0.79	9.28×10^2	1.19	3.6×10^{-2}
0.40	9.52×10^4	0.80	8.50×10^2	1.20	2.2×10^{-2}
0.41	6.74×10^4	0.81	7.75×10^2	1.21	1.3×10^{-2}
0.42	5.00×10^4	0.82	7.07×10^2	1.22	8.2×10^{-3}
0.43	3.92×10^4	0.83	6.47×10^2	1.23	4.7×10^{-3}
0.44	3.11×10^4	0.84	5.91×10^2	1.24	2.4×10^{-3}
0.45	2.55×10^4	0.85	5.35×10^2	1.25	1.0×10^{-3}
0.46	2.10×10^4	0.86	4.80×10^2	1.26	3.6×10^{-4}
0.47	1.72×10^4	0.87	4.32×10^2	1.27	2.0×10^{-4}
0.48	1.48×10^4	0.88	3.83×10^2	1.28	1.2×10^{-4}
0.49	1.27×10^4	0.89	3.43×10^2	1.29	7.1×10^{-5}
0.50	1.11×10^4	0.90	3.06×10^2	1.30	4.5×10^{-5}
0.51	9.70×10^3	0.91	2.72×10^2	1.31	2.7×10^{-5}
0.52	8.80×10^3	0.92	2.40×10^2	1.32	1.6×10^{-5}
0.53	7.85×10^3	0.93	2.10×10^2	1.33	8.0×10^{-6}
0.54	7.05×10^3	0.94	1.83×10^2	1.34	3.5×10^{-6}
0.55	6.39×10^3	0.95	1.57×10^2	1.35	1.7×10^{-6}
0.56	5.78×10^3	0.96	1.34×10^2	1.36	1.0×10^{-6}
0.57	5.32×10^3	0.97	1.14×10^2	1.37	6.7×10^{-7}
0.58	4.88×10^3	0.98	9.59×10^1	1.38	4.5×10^{-7}
0.59	4.49×10^3	0.99	7.92×10^1	1.39	2.7×10^{-7}
0.60	4.14×10^3	1.00	6.40×10^1	1.40	2.0×10^{-7}
0.61	3.81×10^3	1.01	5.11×10^1	1.41	1.5×10^{-7}
0.62	3.52×10^3	1.02	3.99×10^1	1.42	8.5×10^{-8}
0.63	3.27×10^3	1.03	3.02×10^1	1.43	7.7×10^{-8}
0.64	3.04×10^3	1.04	2.26×10^1	1.44	4.2×10^{-8}

附录 B

习 题

本部分中的 20 道习题涵盖了光伏科技的多个方面。首先是光伏技术基础,即标准辐射强度和当地(柏林)辐射强度的测算;然后利用两道习题说明半导体中的载流子二维分布的数值计算;其次是一系列关于学生实践的题目,重点是硅材料太阳电池的测量与分析;最后还有关于丹伯太阳电池和六层叠层结构太阳电池的练习。全部练习题后均有解答提示,实际计算部分则鼓励读者自行完成。

习题 2.1 欧洲不同地点的 AM 值

太阳光在大气中的传播长度通过大气质量 $AM(x)$ 定义。大气质量等于阳光入射路径和地平面之间夹角 γ 的正弦值倒数 $\sin^{-1}(\gamma)$,其含义为当前阳光入射路径与垂直入射路径(当太阳位于天顶时,即 $\gamma = 90°$)之间的比值:

$$AM(x) = x = 1/\sin(\gamma) \qquad \text{(见式(2.11))}$$

参数值 $x=1.5$(对应的太阳高度角为 $\zeta = \arcsin(1/1.5) = 41.8°$)对大气质量 AMx 有特殊的意义。$AM(1.5)$ 辐射光谱在国际标准中被确定为太阳标准辐射光谱,其光谱分布和辐射功率的积分密度标准值见附录 A.3。

请分别计算下列北半球城市在夏至和冬至(6 月 21 日和 12 月 21 日)以及立春和立秋(3 月 21 日和 9 月 21 日)正午时刻的 $AM(x)$ 值,每个城市的纬度 B 如下:

斯德哥尔摩:$B = 59.35°$;

柏林:$B = 52.5°$;

维也纳:$B = 48.25°$;

尼斯:$B = 43.65°$;

罗马:$B = 41.8°$;

雅典:$B = 38.0°$

196 另外请计算上述地点的年均 AM(x) 值,并找出最接近标准 AM(1.5)值的城市。

解答提示

可以利用一个 6×6 矩阵 $M_{mn}(m=0\sim5,n=0\sim5)$ 表示六个城市的各项计算数据。地球赤道面与黄道面的夹角为 $\varepsilon=23.45°$。太阳高度角通常使用弧度表示,弧度与角度的换算关系为 $k=$ 弧度/角度 $=2\pi/360$。

矩阵的第一列元素分别为每个城市的纬度,即 $B_n=M_{0,n}$。冬至时的太阳高度角为 $M_{1,n}=\zeta_1=90°-(B_n+\varepsilon)$,AM 值为 $M_{3,n}=\sin^{-1}(M_{1,n}\cdot k)$;夏至时的太阳高度角为 $M_{2,n}=\zeta_2=90°+(B_n+\varepsilon)$,AM 值为 $M_{4,n}=\sin^{-1}(M_{2,n}\cdot k)$。

最后利用式(B1)计算 AM(x) 的年平均值 $M_{5,n}$,其中积分界限分别为弧度角 $y=M_{m,n}\cdot k$

$$\overline{\text{AM}(x)}=\overline{1/\sin(y)}=\frac{\int_{y=M_{2,n}\cdot k}^{y=M_{1,n}\cdot k}\dfrac{\mathrm dy}{\sin(y)}}{\int_{y=M_{2,n}\cdot k}^{y=M_{1,n}\cdot k}\mathrm dy}=\frac{\ln\left|\dfrac{\tan(M_{1,n}\cdot k/2)}{\tan(M_{2,n}\cdot k/2)}\right|}{k\cdot(M_{1,n}-M_{2,n})}=M_{5,n}\quad(\text{B1})$$

最后得到整个矩阵(行序数 m,列序数 n;其中 $m=0\sim5,n=0\sim5$):

	斯德哥尔摩	柏林	维也纳	尼斯	罗马	雅典
纬度/°	59.35	52.5	48.25	43.65	41.80	37.98
冬至太阳高度角/°	7.53	14.38	18.63	23.23	25.08	28.88
夏至太阳高度角/°	53.77	60.62	64.87	69.47	71.32	75.12
AM(冬至)	7.63	4.03	3.13	2.53	2.36	2.07
AM(夏至)	1.24	1.15	1.10	1.07	1.06	1.04
AM(年均值)	2.53	1.90	1.68	1.51	1.45	1.30

从矩阵数据中可以得出结论,尼斯的年均 AM 值最接近 AM(1.5)标准值。

197 # 习题 2.2 估算太阳常数 E_0

静置的黑咖啡表面可以有效地吸收阳光辐射,而白色瓷碗作为热隔离确保咖啡不与外界进行热交换。

我们在晴好无云的天气条件下利用温度计测量固定时间段中黑咖啡被阳光直射后增加的热量。测量过程中使用塑料小勺缓慢搅动咖啡,并且避免空气流动,尽可能远离建筑物和树木。

同时利用高度为 h 的参照物(垂直插入地面的木棍或类似物)及其在阳光下的

投影长度 l 确定太阳高度角 γ。

相同的实验共进行两次,时间间隔为若干小时。通过对两组实验数据进行对比后,无需求出方程中难以确定的常数即可求解地球外太阳常数 E_0。

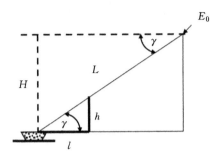

图 B1 在测定太阳辐射 E_0 的实验中,参照物 h、投影长度 l 和太阳高度角 γ 的关系

测量与求解

200 mL 咖啡置于内径为 $d = 12.0$ cm 的瓷碗内接受阳光照射 10 分钟,初始温度 $T_0 = 20.0$ ℃

a. 时间点 t_1 时咖啡温度 $T_1 = 25.0$ ℃,参照物投影长度 $l_1 = 18.0$ cm,

b. 时间点 t_2 时咖啡温度 $T_2 = 23.0$ ℃,参照物投影长度 $l_2 = 35.0$ cm

参照物高度 $h = 15.0$ cm。

咖啡经过阳光照射后增加的热能 W 为:
$$W = m \cdot c \cdot \Delta T$$
其中液体质量为 $m = V \cdot \rho$(V 为液体体积,液体密度 $\rho = 1$ g/ml,比热容 $c = 4.2$ J/(g·K),温度差 $\Delta T = T_{1,2} - T_0$),并且对应二时间点的热能分别为 $W_1(t_1) = 4200$ J 和 $W_2(t_2) = 2500$ J。

热量 W 通过咖啡的表面 $A = (d/2)^2 \cdot \pi = 113$ cm 在时间段 $\Delta t = 10$ min $= 600$ s 内被吸收。

由此可分别计算出照射在咖啡容器上的太阳辐射强度 S:
$$S = W/A/\Delta t$$
计算可得:$S_1 = 0.0618$ W/cm^2,$S_2 = 0.0371$ W/cm^2。

由参照物高度 h 和投影长度 l 组成的直角三角形与由太阳入射路径长度 L 和透射大气层高度 H 构成的直角三角形(内角分别为太阳高度角 γ 和 ($\pi/2 - \gamma$))相似。

此时有 $\sin(\gamma) = H/L = h/\sqrt{h^2 + l^2}$,即 $L = H/\sin(\gamma) = H \cdot \sqrt{h^2 + l^2}/h$

198

根据朗伯定理（Lambertsches Gesetz），太阳辐射强度在通过大气层是减弱，影响因素是阳光在大气层中的透射长度 L 和吸收常数 α：

$$S = E_0 \cdot \exp(-\alpha \cdot L) = E_0 \cdot \exp(1 - \alpha \cdot H)/\sin(\gamma)) \tag{B2}$$

α 和 H 在这里为未知参数，二者的乘积项可以通过两组不同的实验数据对比而抵消。

$$\ln(S_1/E_0) = -\alpha \cdot H/\sin(\gamma_1)$$
$$\ln(S_2/E_0) = -\alpha \cdot H/\sin(\gamma_2)$$

两式相除后可得

$$\sin(\gamma_1) \cdot \ln(S_1/E_0) = \sin(\gamma_2) \cdot \ln(S_2/E_0)$$

从中可以求得 E_0

$$E_0 = \exp\left[\frac{\sin(\gamma_1) \cdot \ln(S_1) - \sin(\gamma_2) \cdot \ln(S_2)}{\sin(\gamma_1) - \sin(\gamma_2)}\right] \tag{B3}$$

199　根据上述两组实验测量数据，太阳高度角和辐射强度分别为

$$\gamma_1 = \arcsin(15/\sqrt{18^2 + 15^2}) = 39.8°, \quad S_1 = 0.0618 \text{ W/cm}^2$$

$$\gamma_2 = \arcsin(15/\sqrt{35^2 + 15^2}) = 23.3°, \quad S_2 = 0.0371 \text{ W/cm}^2$$

由此可以求出**太阳常数 $E_0 = 0.140$ W/cm²**。

本实验确定值与实际标准值 $(136.7 \pm 0.7)\text{mW/cm}^2$ 相比，偏差量不足 3%。

测量与分析评语

实验中的温度测量并不准确，在测量过程中忽略了很多误差因素（例如咖啡的表面反射、咖啡容器的热容量等）。重复实验时，温度测量值会出现较大偏差（$\pm0.2\sim\pm0.3$ K）；而且根据实际天气情况的变化，从初始温度升高到温度 θ_2 的所需时间在 3 至 15 分钟内波动。习题中选取的测量结果在上述测量变化范围之内。所采用的实验数据是专门为计算而挑选的，E_0 的具体求解结果在这里并不是首要目标，重要的是通过练习掌握其确定方法。

习题 2.3　估算柏林地区的 AM(1.5)值

国际通用的 AM(1.5)值被定义为该条件下的太阳辐射功率密度 $E_{AM(1.5)} = 1000$ W/m²，其光谱功率密度数值在国际电工委员会标准 IEC904 - 3(1989)的第三部分（光谱详见附录 A.3）中得到规定。这项数据基于在美国亚利桑那州当地气候条件下获得的原始测量数据。尽管这组标准化数据在数据对比中很实用，并且经常被经济学观点采用，但是其并不等同于地球上其他地方的辐射功率密度和辐射光谱值。现在我们要计算柏林地区的 $E_{AM1.5}$ 值。

本习题的任务是:根据习题 2.2"利用简单方法估算太阳常数 E_0"的结论计算 200
柏林地区的辐射功率密度 $E_{AM1.5}$ 值。在这里使用估算 E_0 时的相同计算条件。

解答

我们从表达式 $AM(1.5) \sim 1/\sin(\gamma_{AM1.5}) = 1.5$ 出发进行计算。我们已经在习题
2.2 中通过计算得到柏林在其纬度 $\gamma_1 = 39.8°$ 上的辐射功率密度为 $S_1 = 618\ W/m^2$。

从习题 2.2 中的两个公式

$$\ln(S_1/E_0) = -\ \alpha \cdot H/\sin(\gamma_1) \tag{B4a}$$

$$\ln(S_2/E_0) = -\ \alpha \cdot H/\sin(\gamma_2) \tag{B4b}$$

中可以推导出含有 $S_2 = E_{AM1.5}$ 以及 $\gamma_2 = \gamma_{AM1.5}$ 的表达式

$$E_{AM1.5} = E_0 \cdot \exp[(\sin(\gamma_1)/\sin(\gamma_{AM1.5})) \cdot \ln(S_1/E_0)] \tag{B5}$$

此外还需要在上式中代入数值 $\gamma_{AM1.5} = \arcsin(1/1.5) = 41.81°$,即可计算得出

$$E_{AM1.5}(柏林) = 638\ W/m^2$$

通过计算得到的数值远低于标准值 $1000\ W/m^2$。造成这一结果的原因是柏
林地区大气中的气溶胶极大地降低了大气透光率。在柏林,气溶胶的主要成分是
水蒸气,这与亚利桑那地区的大气环境有很大差别。我们将在习题 2.4 中介绍验
证和改进方法。

习题 2.4 太阳日常轨道以及柏林地区所处黄道面上接受的 201
太阳辐射强度和太阳能量的日均及年均量

前言

在本习题中将使用球面三角学知识计算太阳在一天中的虚拟运行轨道以及在全
年中的变化量。习题 2.3 中计算得到的柏林地区辐射强度 AM1.5 值 $638\ W/m^2$ 将在
本题中作为参照值使用。此外在本题的最后将比较计算值与柏林地区的常规照射
太阳能年总量 $W_a(柏林) = 1050\ kW/m^2$("常规"= 垂直于阳光入射方向,下标 a
来自于英文单词 annual / 每年的),还有计算值的改进方法。

习题任务

1)通常所说的航海定位三角(图 B2)由天极(P)、天顶(Z)和太阳(S)三点构
成,其通过黄道坐标系中的方位角 a 和仰角 h 以及赤道坐标系中的时角 ω 和赤纬
δ 在太阳坐标系中表达。通过以上坐标量可以计算 PZS 定位三角,在计算过程中
还利用了球面三角学中的球面余弦定理

$$\cos(s) = \cos(b)\cos(c) + \sin(b)\sin(c)\cos(\sigma) \tag{B6}$$

定位三角的边分别为 s, b 和 c，s 的对角为 σ。

202

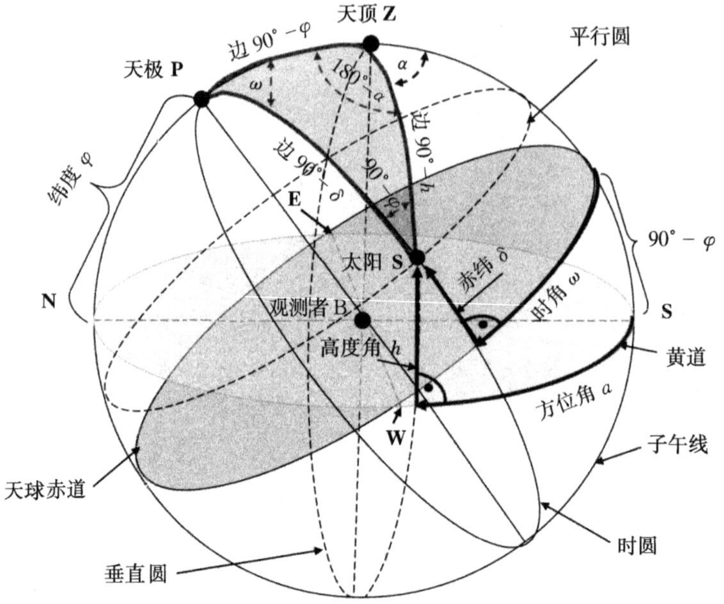

图 B2 通过球面三角学中的航海定位三角参数天极（P）、天顶（Z）和太阳（S），简称 PZS 三角，确定太阳方位 S

由此可以确定某一时刻柏林地区（北纬 $\varphi = 52.5°$，东经 $\lambda = 13.2°$）的太阳高度和方位角（见图 B2）。根据习题 2.2 可知一般太阳辐射强度在阳光垂直入射方向（即太阳至观测者的方向）条件下测定，水平太阳辐射强度则还要再乘以 $\sin(h)$。

在全年的具体某一天中（例如夏至）用函数 $E_d(t)$（函数值与时间 t 相关）表示水平**太阳辐射强度 E_d**，使用同样的方法可以计算出分别对应于夏至和冬至的单日太阳辐射总量 W_d 的最大值和最小值。而累加一年中每天的单日辐射量后可得全年太阳辐射总量 W_a。计算中应注意区分一般辐射强度 $E_{a,一般}$ 与水平辐射强度 $E_{a,水平}$，柏林的太阳辐射年均总量为 $E(\text{Berlin}) = 1050 \text{ kWh}/(\text{m}^2 \cdot \text{a})$。

203 **解答提示**

1）从航海定位三角的构成可以推出关系式

$$\cos(90° - \delta) = \cos(90° - h) \cdot \cos(90° - \varphi) + \sin(90° - h) \cdot \sin(90° - \varphi) \cdot$$
$$\cos(180° - a) \tag{B7}$$

并将其进一步简化为

$$\sin(\delta) = \sin(h) \cdot \sin(\varphi) - \cos(h) \cdot \cos(\varphi) \cdot \cos(a) \tag{B8}$$

由上式可以解出方位角 a

$$\cos(a) = \frac{\sin(h) \cdot \sin(\varphi) - \sin(\delta)}{\cos(h) \cdot \cos(\varphi)} \tag{B9}$$

然后使用上述方法同样可以利用航海定位三角求出太阳仰角 h

$$\cos(90° - h) = \cos(90° - \varphi) \cdot \cos(90° - \delta) + \sin(90° - \varphi) \cdot \sin(90° - \delta) \cdot \cos(\omega) \tag{B10}$$

该式同样可以简化为

$$\sin(h) = \sin(\varphi) \cdot \sin(\delta) + \cos(\varphi) \cdot \cos(\delta) \cdot \cos(\omega) \tag{B11}$$

这样就可以根据经度 φ，赤纬 δ 和时角 ω 来确定**方位角 a** 和**太阳仰角 h**。利用式 (B11) 可以计算出仰角 h，使用式 (B9) 则可以得到方位角 a。

2) 绘制**太阳轨道图**时需要两个与时间 t 相关的参数 $h(t)$ 和 $a(t)$，从而确定相应数值。天球赤道面与太阳轨道面的夹角 (黄赤交角) $\varepsilon = 23.45°$。柏林地区的经纬度参考值为 $\varphi = 52.5°$ 和 $\lambda = 13.2°$，所处时区为欧洲中部时间 MEZ $= 12$ h。转换系数为弧度角 $k = 2 \cdot \pi/360$ 和小时弧度 $l = 2 \cdot \pi/24$。一年中的 T 天 $(0 \leqslant T \leqslant 365)$ 可以通过公式 $J = 360 \cdot T/365$ 转换为圆周角。由此可以计算出夏至 6 月 21 日时 $T = 172$，冬至 12 月 21 日时 $T = 355$。作为 T 的参数，由夏至起始的**赤纬** $\delta(T)$ 为

$$\delta(T) = \varepsilon \cdot \cos[k \cdot J(T)] \tag{B12}$$

一般当地时间 MOZ 可由欧洲中部时间 MEZ 求出

$$\text{MOZ}(t) = \text{MEZ}(t) - 24 \text{ h}/360° \cdot [15° - \lambda] \tag{B13}$$

由 MOZ 可以求得**小时角** $\omega(t)$ (见图 B2)，小时角可以通过非连续的方式求出，例如每隔 15 分钟的小时角度

$$\omega(t) = \left(\frac{2 \cdot \pi}{24}\right) \cdot [(12.00 - \text{MOZ}(t)) + t] \tag{B14}$$

至此即可计算出柏林地区第 T 天里 t 时刻的**太阳仰角** $h(t, T)$

$$h(t, T) = \arcsin[\cos(\omega(t)) \cdot \cos(k \cdot \varphi) \cdot \cos(k \cdot \delta(T)) + \sin(k \cdot \varphi) \cdot \sin(k \cdot \delta(T))] \tag{B15}$$

和**太阳方位角 $a(t, T)$** (式 (B16) 中的两项和式表达同时考虑到了 $\arccos(\omega(t))$ 的正负性，除此之外还忽略了式 (B15) 中自变量 t 和 T 的影响)。

$$a(t, T) = \left[\pi - \arccos\left(\frac{\sin(h) \cdot \sin(k \cdot \varphi) - \sin(k \cdot \delta)}{\cos(h) \cdot \cos(k \cdot \varphi)}\right)\right] \cdot (\omega \leqslant \pi) + \\ + \left[\pi + \arccos\left(\frac{\sin(h) \cdot \sin(k \cdot \varphi) - \sin(k \cdot \delta)}{\cos(h) \cdot \cos(k \cdot \varphi)}\right)\right] \cdot (\omega \geqslant \pi) \tag{B16}$$

图 B3 给出了全天太阳轨道图。

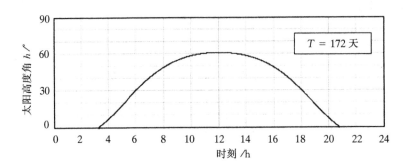

图 B3 柏林地区在全年第 172 天(即夏至 6 月 21 日)的太阳轨迹图。太阳的高度角 h 由其方位角 a 计算得出,并以全天时候为变量表达。6 月 21 日的 h 最大值为 60.62°

3)地表水平面在第 T 天中的 t 时刻上的**太阳辐射强度 $E(t, T)$** 可根据参照值 $E_{AM1.5(柏林)} = 638$ W/m² (见习题 2.3)在太阳仰角为 $h_{AM1.5} = \arcsin(1/1.5) = 41.81°$ 的条件下确定,并且有太阳常数 $E_0 = 1367$ W/m²。式(B1)可写为以下形式

$$\sin[h(t, T)] \cdot \ln \frac{E(t, T)}{E_0} = \sin(h_{AM1.5}) \cdot \ln \frac{E_{AM1.5(柏林)}}{E_0} \tag{B17}$$

并依此解得 $E(t, T)$

$$E(t, T) = E_0 \cdot \exp\left(\frac{\sin(h_{AM1.5})}{\sin[h(t, T)]} \cdot \ln \frac{E_{AM1.5(柏林)}}{E_0}\right) \tag{B18}$$

206 求解水平表面处的太阳辐射强度 $E_{水平}(t, T)$ 时还应在式中加入参数项 $\sin[h(t, T)]$

$$E_{水平}(t, T) = E_0 \cdot \exp\left(\frac{\sin(h_{AM1.5})}{\sin[h, (t, T)]} \cdot \ln \frac{E_{AM1.5(柏林)}}{E_0}\right) \cdot \sin[h(t, T)] \tag{B19}$$

由此可以绘制出全年第 T 天中以时刻 t 为自变量的太阳功率图

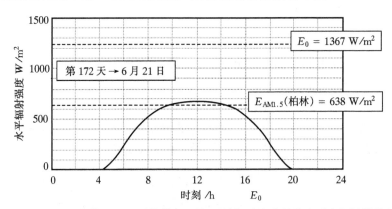

图 B4 6 月 21 日(全年第 172 天)时柏林地区的以时刻 t 为自变量的水平太阳辐射强度。图中还标出了太阳常数 E_0 和在习题 2.3 中得到的柏林地区 $E(AM1.5)$

4）**太阳全年的能量密度 $W_a(T)$** 可以用式（B19）计算得出。单日的太阳能量密度 W_d（下标取自拉丁单词 dies/天），则可通过太阳辐射强度 $E_{水平}(t, T)$ 与相应的时间间隔 Δt 乘积的总和求得，例如以 15 分钟为测量间隔的全天太阳能量密度图谱。图 B5 中显示了柏林地区的 W_d 测量结果。

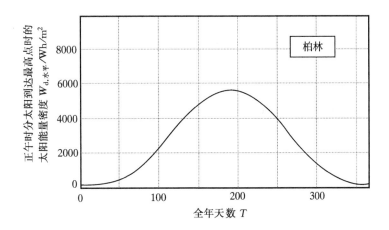

图 B5　柏林地区全年 365 天的水平太阳能量密度 $W_{d,水平}$
　　　最大值 W_d（6 月 21 日）＝5630 Wh/(m² · d)
　　　最小值 W_d（12 月 21 日）＝124 Wh/(m² · d)

5）根据式（B19），将全年 365 天的单日太阳能量密度 $W_{d,水平}$ 相加后即可得到**太阳能量密度的年均量**。通过计算得知柏林地区的水平面全年太阳能量密度为 931 kWh/(m² · a)。

与普通太阳辐射的经验值 $W_{d,经验}$＝1050 kWh/m² · a 相比较，该值减小约 12％。而由实验确定的水平面太阳辐射强度为 $E_{AM1.5}$（柏林）＝638 W/m²。以该值作为参考，原则上证实了 $W_{d,水平}$ 的数量级。测量结果 $E_{AM1.5}$（柏林）＝638 W/m² 是在一个夏日周末的花园中的林荫条件下得到的，并非是在开阔环境中测得（见习题 2.2 和 2.3）。

将 12％ 的误差修正习题 2.3 中得到的数值，最后可以得到修正值为 $E_{AM1.5}$（柏林）＝**712W/m²**。

习题 3.1　丹伯太阳电池

习题任务

半导体硅中的电子和空穴不仅仅是其各自的电荷正负不同，而且其迁移率也有很大差异($\mu_n \approx 1200 \mathrm{cm}^2/(\mathrm{V \cdot s})$；$\mu_p \approx 400 \mathrm{cm}^2/(\mathrm{V \cdot s})$)。请设计一种丹伯太阳电池，使其可以充分利用这两种载流子迁移率的差异。这种太阳电池的基础材料为 p 型硅($N_A \approx 10^{16} \mathrm{cm}^{-3}$)，并具有 1 cm 的受光面，厚度为 $L = 300~\mu\mathrm{m}$(载流子扩散长度为 75 $\mu\mathrm{m}$)。

请对比两种不同载流子的扩散电流，并依此为基础计算丹伯电压 U_D，利用该电压可以分离太阳电池中的剩余载流子。这里需要注意的是，在匀质半导体中的电场由载流子密度差造成，并且电场指向多数载流子的平衡浓度差方向。根据以上条件请仔细思考丹伯太阳电池是否必须在集光条件下工作(例如 $100 \times \mathrm{AM1.5}$)。此外，请计算丹伯电压下半导体太阳电池中的光电流 I_{ph}，之后请绘制发电曲线并找出 MPP(maximum power point)。最后估算丹伯太阳电池的转换效率 η。

尽管制备丹伯太阳电池具有能耗低的优势，并且在生产中无需高温工艺处理，但是其在光伏工业中并不受欢迎，请解释原因。

解答与提示

公式：

首先从描述匀质半导体材料中的两种载流子的电流方程出发进行推导

$$j_p(x) = q\mu_p p(x)E(x) - qD_p \mathrm{grad}(p(x)) \tag{B20a}$$

$$j_n(x) = q\mu_n n(x)E(x) + qD_n \mathrm{grad}(n(x)) \tag{B20b}$$

将以上两式相加得到总电流 j_{ges}，并以此推出一维情况下的电场强度 $E(x)$

$$E(x) = \frac{j_{ges}}{q(\mu_p p(x) + \mu_n n(x))} - \frac{D_n \mathrm{d}n(x)/\mathrm{d}x - D_p \mathrm{d}p(x)/\mathrm{d}x}{\mu_n n(x) + \mu_p p(x)} \tag{B21}$$

由此可以得到分别对应于**丹伯电场强度 $E_{dember} = E(j_{ges} = 0)$** 和光电流密度 j_{ph} 为零的两种特殊情况

$$j_{ges} = 0 \qquad E_{dember}(x) = -\frac{D_n \mathrm{d}n(x)/\mathrm{d}x - D_p \mathrm{d}p(x)/\mathrm{d}x}{\mu_n n(x) + \mu_p p(x)} \tag{B22}$$

$$E_{dember}(x) = 0 \qquad j_{ph} = q[D_n \mathrm{d}n(x)/\mathrm{d}x - D_p \mathrm{d}p(x)/\mathrm{d}x] \tag{B23}$$

最后可以求出丹伯电压 U_{dember} 与光电流 I_{ph}

$$U_{dember} = \int_{x=0}^{L} E(x)\mathrm{d}x = -\int_0^L \frac{D_n(\mathrm{d}n(x)/\mathrm{d}x) - D_p(\mathrm{d}p(x)/\mathrm{d}x)}{\mu_n n(x) + \mu_p p(x)}\mathrm{d}x \tag{B24}$$

在这里假设：$n(x) \sim p(x)$；$(\mathrm{d}n(x)/\mathrm{d}x) \sim (\mathrm{d}p(x)/\mathrm{d}x)$ 以及**高注入($100 \times \mathrm{AM1.5}$)**

$$U_{dember} \approx -\int_0^L \frac{D_n - D_p}{\mu_n + \mu_p}\frac{\mathrm{d}n(x)/\mathrm{d}x}{n(x)}\mathrm{d}x = -\frac{D_n - D_p}{\mu_n + \mu_p}\int_0^L \frac{\mathrm{d}n(x)}{n(x)} = -\frac{D_n - D_p}{\mu_n + \mu_p}\ln\frac{n(x=L)}{n(x=0)} \tag{B25}$$

$$U_{dember} \approx \frac{D_n - D_p}{\mu_n + \mu_p}\ln\frac{n(x=0)}{n(x=L)}$$

$$I_{ph} = A \cdot q \cdot (D_n - D_p) \cdot \left(\frac{\mathrm{d}n}{\mathrm{d}x}\right)$$

数值结果示例

掺杂浓度 $N_A = 1.0 \times 10^{16}$ cm^{-3}；太阳照射强度 AM1.5 ≈ 0.1 W/cm$^{-2} \approx 2.6 \times 10^{14}$ cm^{-3}（见 3.5 节，式(3.39)；如不采取集光措施则载流了浓度呈现小注入特性，并且将因此无法达到所需的丹伯电场强。这里假设将阳光照射强度集中 100 倍，则可将两种载流子超出多数载流子平衡浓度的部分从 10×10^{16} cm^{-3} 提升至 2.6×10^{16} cm^{-3}（100AM(1.5)）。

利用描述载流子扩散常数 D 与迁移率关系 μ 的爱因斯坦关系式 $D = \mu \cdot kT/q$ 可得

$$\frac{D_n - D_p}{\mu_n + \mu_p} \approx 0.0125 \text{ V}; \quad \ln \frac{n(0) = 2.6 \times 10^{16}}{n(L) = 1.0 \times 10^{16}} = 0.9555;$$

$$U_{dember}(100 \times AM1.5) \sim 0.012 \text{ V}$$

两种载流子的扩散梯度在光电流 I_{ph} 中起到了重要影响，其扩散梯度值可近似视为常数。梯度可近似为微商，且有 $\Delta x = L$。

$$\frac{dn}{dx} \approx \frac{\Delta n}{\Delta x} = \frac{(2.6 \times 10^{16} - 1.0 \times 10^{16}) \text{cm}^{-3}}{3 \times 10^{-2} \text{cm}} = 5.3 \times 10^{17} \text{ cm}^{-4}$$

$$I_{ph} \approx 1 \text{ cm}^2 (30 - 10) \frac{\text{cm}^2}{\text{s}} \cdot 5.3 \times 10^{17} \text{ cm}^{-4} \cdot 1.6 \times 10^{-19} \text{As} \approx 1.7 \text{ A}$$

估算转换效率 η

此时需要工作点的最大功率点 MPP 的位置，其位于由 U、I 和坐标轴原点所构成的三角形的斜边三上，是三角形内的最大面积矩形的一个顶点。

$$P_{max} = 1/4 \cdot U_{dember} \cdot I_{ph} = 1/4 \cdot 0.012 \text{ V} \times 1.7 \text{ A} \sim 51 \times 10^{-4} \text{W} \quad \text{(B26)}$$

$$\eta = 51 \times 10^{-4} \text{ W}/100 \times 0.1 \text{ W} = 0.05 \% \quad \text{(B27)}$$

211

接下来将继续讨论上式中的系数 1/4。由于丹伯太阳电池在 100 倍的集光条件下也仅具有较低转换效率，因此这种太阳电池在工业生产中并不受欢迎。

未经阳光照射时，丹伯太阳电池的 $I(U)$ 特性曲线是一条电阻直线。将该直线向上平移即得到一条发电直线，此时可得阳光照射条件下的丹伯电压 $U(I=0) = U_{dember}$，利用该电压可产生光电 $I(U=0) = I_{ph}$。最大功率点是发电直线上的工作点，在该工作点处可获得 $I \cdot U$ 最大乘积。

最大面积矩形很容易确定：由直角三角形的直角定点以及三条边的中点构成的矩形即为限定在直角三角形中的最大矩形，其面积为直角三角形面积的 1/2，且为两条直角边乘积 $I_{ph} \cdot U_{dember}$ 的 1/4。

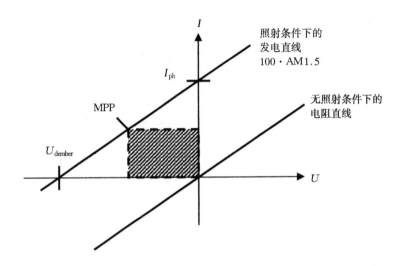

图 B6 丹伯太阳电池的发电直线，并标示出了 MPP

212 习题 3.2 载流子扩散微分方程的二维数值解

习题任务

本题将求解多晶硅中微晶体内部具有边界条件的少数载流子的二维扩散方程。一维方程已经在第 3 章中解出(式(3.24)~ 式(3.36))。

数值解

载流子浓度和电流密度的多维情况可以借助二维扩散方程的数值解推导,数值求解往往比分析求解简单,而且使用数值法可将掺杂特征、边界复合等情况综合计入计算结果。

在这里使用有限差分法,将求解微分方程转化为求解差分系数,即将微分方程分解为 n 个点后求解 n 维方程中的 n 个未知数。

在简单边界条件下希望求解光生电子在分别在 n 点处的空间分布 $\Delta(x, y)$。在计算过程中限制了计算结果的范围,这样就可以利用电脑得到清晰的求解值。

载流子扩散的偏微分方程为(同见式(6.5))

$$\frac{\partial^2 \Delta n(x,y)}{\partial x^2} + \frac{\partial^2 \Delta n(x,y)}{\partial y^2} - \frac{\Delta n(x,y)}{L_n^2} + \frac{G_0(\lambda) \cdot \exp(-\alpha(\lambda) \cdot (x + d_{em}))}{D_n} = 0$$

(B28)

213 式中的 x、y 分别为直角坐标系参数,并且 L_n 和 D_n 为已知量,此外还有

——剩余电子密度 $\Delta(x, y)$

——波长为 λ 的入射光在 $x = -d$ 处的激发率 $G_0(\lambda)$

——吸收常数 $\alpha(\lambda)$

计算中可将算符写为以下形式,其中有 $\Delta n \to n$

$$n_{xx} + n_{yy} + F \cdot n + H = 0 \tag{B29}$$

接下来定义 2 个差分系数。其下标 x 代表水平方向,y 代表垂直方向;同时参照点脚标为 p、E、W、N、S("east"、"west"、"north"和"south")则分别代表位于参照点东南西北四个方向间距为 h 的相邻点。

$$n_{xx} = \frac{n_E - 2 \cdot n_p + n_W}{h^2}, \quad \text{以及} \quad n_{yy} = \frac{n_N - 2 \cdot n_p + n_S}{h^2} \tag{B30}$$

通过式(B28)中的电子扩散微分方程可以得到 p 个微分方程,每个方程对应一个点。

$$\left(4 + \left(\frac{h}{L_n}\right)^2\right) \cdot n_p - n_N - n_W - n_S - n_E - \frac{h^2 \cdot G_0(\lambda) \cdot \exp(-\alpha(\lambda) \cdot (x + d_{em}))}{D_n} = 0$$

$$\tag{B31}$$

现在这个方程系统还需要合适的边界条件。

数学上将边界条件主要分为三种:即直接确定方程解 n_p(Dirichlet 条件);确定方程解的导数(Nuemann 条件);确定方程解与解导数的组合(Cauchy 条件)。由于在这里仅涉及微分方程的数值解法,而不是深入数学细节,所以我们将方程解限定于 Dirichlet 类型。

214

我们现在要计算半导体区域边缘受光情况下(坐标轴 $-x$ 方向,见图 B7a)的剩余载流子的面分布密度 $n(x, y)$。该区域可近似视为太阳电池基底,其三条边界上的密度分别为 $n(x, y = \pm B/2) = 0$ 和 $n(x = L, y) = n(x = h, y)$。在受光面上存在两种可能的边界条件,即 $n(x = 0, y) = 0$(短路)或者 $n(x = 0, y) = n(x = h, y)$(开路)。我们在这里分析短路条件。

我们选取尺寸为 $L \times B = 50~\mu m \times 100~\mu m$ 的区域进行研究,在该区域边界上均匀分布了间距为 $h = 25~\mu m$ 的总数为 $3 \times 5 = 15$ 的点,我们希望通过这些点来描述 $n(x, y)$ 的量,即定义 L 方向为 x,其值在区间长度为 $2h$ 的 3 个点上变化;而 B 为 y 方向,其值在区间长度为 $4h$ 的 5 个点上变化。研究区域内的每个内部点的相邻点上都具备函数值 $n \neq 0$,而所有边界值的总和为 $n = 0$。

针对上面选取的这种 3×5 点阵结构可以生成 15 个方程,并分别计算出 15 个值 n_ν,其中 $\nu = 0, 1, \cdots, 14$。由这 15 个方程值可以得到一个 15×15 的正交矩阵(图 B7b),利用该矩阵中的值来表达每个点的初始值和该点对相邻点的影响值。利用先前给出的 h 和 L_n 可以计算出所有点的初始值为均为 4.25。当带入 $G_0 = 1 \times 10^{21}~cm^{-3}s^{-1}$ 与 $d = 0$,以及吸收常数 $\alpha = 10^3~cm^{-1}$ 和 $D_n = 30~cm^2/s$ 后,可以得到乘积项 $H \cdot h^2$ 的解为 $2.1 \times 10^{14}~cm^{-3}$。

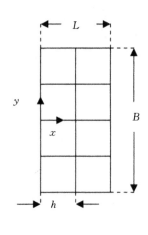

图 B7a　由 $n=15$ 个点组成的 3 列 5 行的 $15×15$ 计算点阵,点间距为 h。
黑色箭头指向为光照方向。点阵中的每个区域均用数字编号

215

$$M=$$

	0	1	2	3	4	5	6	7	8	9	10	11	12	13	14
0	4.25	−1	0	0	0	−1	0	0	0	0	0	0	0	0	0
1	−1	4.25	−1	0	0	0	−1	0	0	0	0	0	0	0	0
2	0	−1	4.25	−1	0	0	0	−1	0	0	0	0	0	0	0
3	0	0	−1	4.25	−1	0	0	0	−1	0	0	0	0	0	0
4	0	0	0	−1	4.25	0	0	0	0	−1	0	0	0	0	0
5	−1	0	0	0	0	4.25	−1	0	0	0	−1	0	0	0	0
6	0	−1	0	0	0	−1	4.25	−1	0	0	0	−1	0	0	0
7	0	0	−1	0	0	0	−1	4.25	−1	0	0	0	−1	0	0
8	0	0	0	−1	0	0	0	−1	4.25	−1	0	0	0	−1	0
9	0	0	0	0	−1	0	0	0	−1	4.25	0	0	0	0	−1
10	0	0	0	0	0	−1	0	0	0	0	4.25	−1	0	0	0
11	0	0	0	0	0	0	−1	0	0	0	−1	4.25	−1	0	0
12	0	0	0	0	0	0	0	−1	0	0	0	−1	4.25	−1	0
13	0	0	0	0	0	0	0	0	−1	0	0	0	−1	4.25	−1
14	0	0	0	0	0	0	0	0	0	−1	0	0	0	−1	4.25

对称性为该 $15×15$ 矩阵的主要标志

图 B7b　由式(B32)描述的 $15×15$ 主对角线对称矩阵 M

　　由此可以得到矩阵方程 $M×X-F=0$,其中 $F=H·h^2$。利用该方程易得所有 15 个点的向量 X。

$$X=M^{-1}×F \tag{B32}$$

光照衰减幅度 F

	0
0	2.1×10^{14}
1	2.1×10^{14}
2	2.1×10^{14}
3	2.1×10^{14}
4	2.1×10^{14}
5	1.724×10^{13}
6	1.724×10^{13}
7	1.724×10^{13}
8	1.724×10^{13}
9	1.724×10^{13}
10	1.415×10^{12}
11	1.415×10^{12}
12	1.415×10^{12}
13	1.415×10^{12}
14	1.415×10^{12}

$$F =$$

$$X = M^{-1} \times F$$

区域内载流子密度 X

	0
0	8.588×10^{13}
1	1.121×10^{14}
2	1.182×10^{14}
3	1.121×10^{14}
4	8.588×10^{13}
5	4.284×10^{13}
6	6.253×10^{13}
7	6.796×10^{13}
8	6.253×10^{13}
9	4.284×10^{13}
10	1.643×10^{13}
11	2.559×10^{13}
12	2.837×10^{13}
13	2.559×10^{13}
14	1.643×10^{13}

$$X =$$

图 B7c　式(B32)的向量解 F 和 X

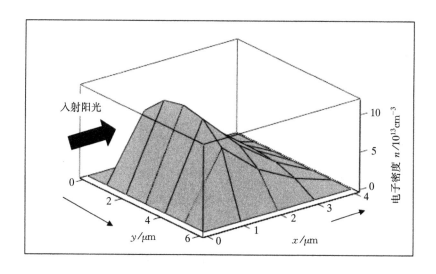

图 B8　侧面受光半导体内的光生剩余载流子的二维分布

图 B8 中给出了沿点 2、7 和 12 及其各自相邻两点的过剩载流子密度 X/cm^{-3} 的对称分布,并且以三维图形表达方程 $n(x, y) = Y(x, y) = 10^{-13} \cdot X(x, y)$ 的计算结果。由于计算中选取的 15 个点总数较少,因此解得的载流子密度分布并不"平滑",但是使用这种方法可以让初学者了解扩散方程数值解的一般求解步骤。

提高计算精度则需要相应提高固定区域中的求解点数量。

微分方程的数值解法详见：Schwarz HR. Numerische Mathematik. B. G. Teubner Stuttgart 1986，p. 94 und p. 420

习题 3.3 在阳光照射条件下,尺寸为 $B \times H$ 的 p 型硅片内的电子分布 $\Delta n(x, y)$ 偏微分方程的解析解

习题任务

扩散微分方程在直角坐标系中的表达为

$$\frac{\partial^2 \Delta n(x, y)}{\partial x^2} + \frac{\partial^2 \Delta n(x, y)}{\partial y^2} - \frac{\Delta n(x, y)}{L_n^2} + \frac{G_0(\lambda) \cdot \exp(-\alpha(\lambda) \cdot (x + d_{em}))}{D_n}$$

(B33)

这种二阶非齐次偏微分方程需要两个边界条件以进行积分计算。

我们构造一组简单的边界条件,以便让情况更接近习题 3.2 中扩散方程的数值解。

选取的边界条件适用于微晶体模型:即宽 $B = 200$ μm 和长 $L = 10$ μm;在边缘受光的情况下激发率为 $G = 1 \times 10^{21}$ cm^{-3} s^{-1},且器件运行于短路状态($U = 0$)(见 6.4.2 节)。

在所有边界处都有剩余载流子密度 $\Delta n = 0$(从物理角度解释,微晶体边界处的载流子复合速度趋近于无穷大,并且在受光的一侧为短路状态 $\Delta n(x = 0) = 0$)。

硅的材料参数为电子扩散常数 $D_n = 30$ cm^2/s 及其扩散长度 $L_n = 50$ μm,此外还有吸收常数 $= 1 \times 10^3$ cm^{-1}。

计算

通过计算齐次和非齐次微分方程并利用边界条件确定常数项后,可以得到剩余电子密度 n(计算中采用简化符号 n 替代 Δn)

$$n(x, y) = \Sigma X_\nu \cos(c_\nu) \cdot f_\nu(y)$$

(B34)

上式中的每个单项都可以根据第 4 章中介绍的相关知识计算得出。

$$X_\nu = \frac{\left[\left(\frac{2}{c_\nu} \right) \cdot \sin\left(c_\nu \cdot \frac{B}{2} \right) \right]}{\left(\frac{B}{2} + \frac{\sin(c_\nu \cdot B)}{2c_\nu} \right)}$$

其中 $c_\nu = \left(\nu + \frac{1}{2} \right) \cdot \frac{\pi}{B}$, 且有 $f_\nu = K_\nu \cdot \left[\exp(-\alpha \cdot b) - \frac{\sin(B - y)}{\sinh(B)} \right]$

以及 $K_\nu = \frac{G_0}{D_n \cdot (d_\nu^2 - \alpha^2)}$,并且 $d_\nu = (c_\nu^2 + L_n^{-2})^{0.5}$

(B35)

最后可以得到式(B34)的解。

计算结果

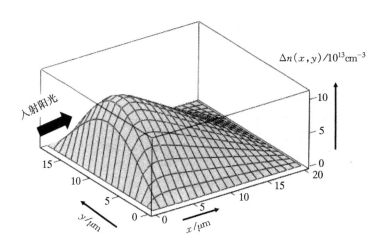

图 B9　侧面受光半导体内的剩余载流子分布(平面坐标长度单位 μm,纵轴坐标长度单位 $10^{13}\,cm^{-3}$)

相比习题 3.2 中数值解法中的粗略分解($3\times5=15$ 个计算点),解析解法允许采用更多计算点(这里共有 $21\times19=361$ 个计算点),并且可以节省大量繁琐的计算步骤。其解的图像(图 B9)也更加清晰准确。

但是精确的分析解只有在微分方程闭合积分和边界条件匹配的情况下才能得到。因此解析解法仅适用于简单情况。

习题 5.1　硅太阳电池分析

习题中利用三项实验测试结果对硅太阳电池(这里使用电池片 TZ1)进行详细分析:(1)绘制不同照射强度下的发电曲线;(2)确定光谱灵敏度;(3)确定太阳电池二极管的空间电荷区电容。实验测量中应保持温度稳定(习题实验中为 $T = 28℃$)。待测太阳电池为市场上的成品,其具备工业制成品的平均品质。相似品质器件的生产工艺为一般工业水平(见附录 C1)。

太阳电池样品 TZ1 (图 B10)具有电介质 SiO_2 或者 Si_3N_4 制成的蓝色 ARC 防反光层(Anti-Reflective Coating),并且其背面为金属化处理的整体表面。

首先测定太阳电池样品的尺寸。利用游标卡尺可以测量并计算出样品面积 A。而样品厚度则可使用千分尺测出。最后使用显微镜上的测微目镜确定接触收集条的长 L 和宽 B。测量结果如下:

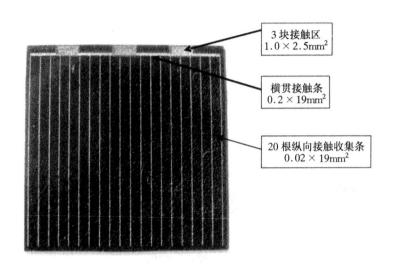

图 B10 面积为 2×2 cm^2，厚度为 300 μm 的硅太阳电池样品 TZ1

$A = 2\times2$ cm^2；$D = 300$ μm；

20 根纵向接触收集条（各为 $L = 1.9$ cm / $B = 20$ μm）；1 根横贯接触收集条（各为 $L = 1.9$ cm / $B = 200$ μm）；接触区（各为 $L = 2.5$ mm $\times$ $B = 1$mm）。

因此该太阳电池片的有效面积为 $F = (2\times2 - 20\times1.9\times0.002 - 1.9\times0.02 - 3\times0.25\times0.1)$ cm^2 = 3.81 cm^2，也就是说，电池片总面积的 4.75% 被金属接触收集条覆盖而无法利用。

通过以下习题可以对所有易测得的器件参数进行深入了解。数据分析结果将通过绘制的测量曲线得到验证。如果读者有兴趣自行测试，推荐按照以下习题的顺序进行。

221   接下来将详细分析这三项实验的步骤和结果，所有实验的讨论分析均未涉及测量错误。

习题 5.01 发电特性曲线测量

习题任务

利用卤素灯的不同强度白光照射太阳电池 TZ1，并测量其在恒温条件 $T = 28$ ℃下位于主动象限内 $I(U > 0) < 0$ 的发电特性曲线。通过该实验测量开路电压 U_L、短路电流 I_K、转换效率 η、填充因数 FF 和理想负载电阻 R_{Lopt} 等参数。

实验步骤

实验设备包括卤素灯(100 W)与电源,由透镜、遮光板、灰色滤镜和其余光学材料构成的光学测试单元,具有恒温样品载台的自动恒温设备,一台可控直流电源器和绘图仪,数台模拟或数字电流电压测量仪器,精确电阻(阻值范围:0.1 Ω~1 kΩ,最大负载功率不超过 10 W),热电偶等。如果条件允许,还需一块与 TZ1 同等规格的太阳电池片作为校正样品(选取面积大小合适的两块太阳电池片,其电流不应过大)。

通过两块透镜构成的光路系统使光线均匀照射在太阳电池样品上,其中充分照射的透镜 1 在太阳电池表面清晰成像(图 B11)。太阳电池在测试过程中始终固定在导热良好的恒温样品载台上,其温度设定为略高于室温(例如 $T = 28\,℃$)。利用光路中的黑色纸质遮光板可以保证照射光无泄漏地均匀集中于太阳电池片表面。而灰色滤光镜则用于控制照射光强度 E。

222

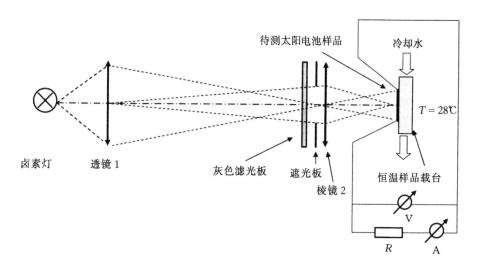

图 B11　发电特性曲线测定实验中的光路示意图

实验中的照射光强度 E 在 $E = 10 \sim 100\ \text{mW/cm}^2$ 范围内变化。实验过程中应注意保持温度稳、恒定。

利用图 B12 可以得知面积为 $F = 3.81\ \text{cm}^2$ 太阳电池样品 TZ1 在温度 $T = 28\,℃$ 下的短路电流 I_K、开路电压 U_L、转换效率 η、填充因数 FF 和理想负载电阻 R_Lopt 等技术参数。

$E/(\text{mW/cm}^2)$	I_K/mA	U_L/V	$\eta/\%$	R_{lopt}/Ω	FF/%
115.0	126.0	0.565	10.4	4.0	64.3
69.8	76.5	0.535	10.0	6.9	64.1
31.5	34.5	0.515	8.8	15.4	59.0
13.5	14.5	0.460	6.9	30.8	50.3

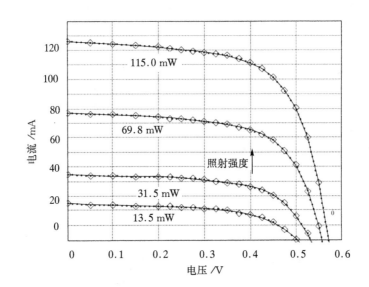

图 B12　在温度 $T=28$ ℃和不同照射强度 $E=13.5$、31.5、69.8、115 mW/cm²（自下而上）下的发电特性曲线测量结果（菱形）和 7 阶多项式拟合计算结果（曲线）

习题 5.02　光谱灵敏度测量

习题任务

在恒温 $T = 28$ ℃的条件下，使用波长为 λ、强度为 $E(\lambda)$ 的模拟单色光照射太阳电池样品可测得其短路电流 $I_K(\lambda)$，然后通过公式 $I_K(\lambda)/E(\lambda)$ 计算出光谱灵敏度 $S(\lambda)$，同时还需计算基底层少数载流子的扩散长度 L_{diff}。

实验步骤

通过栅格分光器或者棱镜分光器可以获得单色光。此外还可以使用光谱灯产生实验所需的单一波长光谱。

本实验中使用棱镜分光器，其作为级联光路的一部分位于整体测试系统中（图 B13）。此外还需要一盏卤素灯（100 W）与配套电源、一套包含透镜和遮光板的光学单元、低电流表、恒温样品载台和一块额外校正样品太阳电池片。同时建议实验在不透光的密闭黑箱中进行,以避免外界杂光影响实验结果。

卤素灯光线通过聚光透镜进行光路倒转后通过入射缝(缝宽 0.5 mm)进入棱镜分光器。入射白光进入分光器后即通过一组反射镜系统多次反射,最终其光谱在棱镜中被分解。通过旋转棱镜可将极窄带宽 $\Delta\lambda$ 的波长为 λ 的特定部分单色光投射到出射缝(缝宽 0.7 mm)上,并借助透镜将出射单色光投射在待测太阳电池样品表面。由于用于测试的单色光光谱强度较低,因此需要将太阳电池待测样品与外界杂光隔离。样品产生的光电流通过千分电流表测定。

实验中通过入射缝宽和出射缝宽分别控制入射光照射强度 $E(\lambda)$ 和分解后的出射光光谱带宽 $\Delta\lambda$。这两种控制在整套测试系统中互不相关、各自独立。实验中首先测量校正样品的短路电流,然后才是待测样品的短路电流。

此外还有一种改良型实验,在该实验中将白光分解,"提取"其中波长为 λ 的分量并使其在交流放大器(例如锁相放大器)中得到增强。这样一来便可以直接使用白光("背景光")进行实验测量。由于太阳光即为高强度白光,而太阳电池的测定参数与测试环境息息相关,因此专业测量中多使用白光,以便获取与实际情况最接近的测量值。温度常数在实验中同样十分重要,缺少恒温样品载台参与的实验结果不可靠。

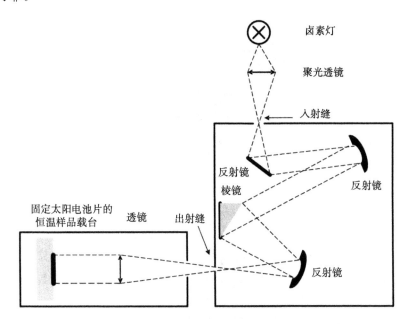

图 B13　光谱灵敏度测量实验中使用的棱镜分光器

实验分析

在实验中应该注意随波长 λ 变化的测试带宽 $\Delta\lambda$ 的取值:带宽在高灵敏度区很窄;而在灵敏度下降的曲线边缘区,则需适当增加测试带宽。借助于另一块校准太阳电池片可对测量曲线的纵轴进行调整,并将 $S(\lambda)$ 数据以单位 A/W 给出。在温度 $T = 28\ ℃$ 下测得的最大值为 $S_{max}(\lambda = 800\ \text{nm}) = 0.523\ \text{mA/mW}$(图 B14)。

226   光谱灵敏度是太阳电池的最重要特性,几乎全部其他器件参数均可由其推出。在习题 5.08 和习题 5.10 中将通过 $S(\lambda)$ 分别确定微量掺杂区中的扩散长度和外量子效率。

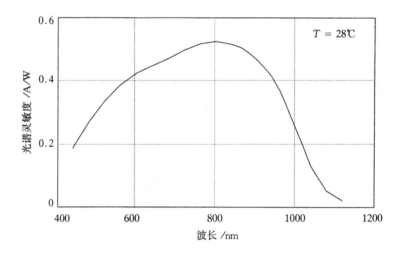

图 B14   太阳电池样品 TZ1 的光谱灵敏度 S(A/W),其随波长 λ(nm)变化

习题 5.03   测量太阳电池的空间电荷区电容

实验构造

确定阻挡层电容,亦即空间电荷区电容 C_{RLZ} 需要在黑暗环境中测量太阳电池在施加反向电压 $U<0$ 时的并联电路谐振频率 ω。通过空间电荷区电容 C_{RLZ} 可以确定掺杂浓度 N_A 和 N_D(图 B15)。

首先通过改变反向电压 U_s 调节频率,此时施加在电感上的电压最大。反向227 电压的不同值(0.2~0.5 V)对应不同大小的空间电荷区电容(RLZ - $C(U_s)$)。此时样品载台温度仍然固定为 $T = 28\ ℃$。

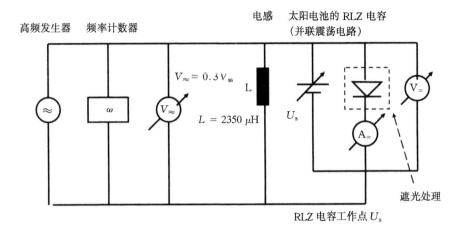

高频发生器　　频率计数器　　　　　　　　　　　电感　太阳电池的 RLZ 电容
　　　　　　　　　　　　　　　　　　　　　　　　　　　　（并联震荡电路）

$V_{\approx} = 0.3 V_{ss}$

$L = 2350\ \mu H$

U_s

遮光处理

RLZ 电容工作点 U_s

图 B15　太阳电池反向层电容 $C_{RLZ}(U)$ 的测量电路

实验步骤

对应于施加电压 U_s 的 RLZ 电容 $C_{RLZ} = C(\omega_{res})$ 通过以下公式给出

$$C(\omega_{res}) = (\omega_{res}^2 \cdot L^{-1}) \quad mit \omega_{res} = 2 \cdot \pi \cdot f_{res}$$

对于非对称掺杂的半导体二极管太阳电池（例如硅太阳电池一般情况下都有 $N_A \ll$ 发射极掺杂 N_D），可以通过以下关系式算出基底层掺杂 N_{Basis}

$$1/C_{RLZ}^2 = 2 \cdot (U_{diff} + U_s)/(q \cdot \varepsilon_0 \cdot \varepsilon_r \cdot N_{Basis} \cdot A^2) \tag{B36}$$

其中　　　　$U_{diff} = U_T \cdot \ln(N_{Basis} \cdot N_{Emitter}/n_i^2)$,　并且 $U_T = k \cdot T/q$ （B37）

228

设定数据分析中采用以下参数

太阳电池面积 A（去掉接触条面积后 $A = 3.81\ cm^2$）；

二极管扩散电压 $U_{diff} = U_T \cdot \ln(N_A \cdot N_D/n_i^2)$，$U_T(T = 28\ ℃) = 26\ mV$；

反向电压 $U_s = U(U < 0)$；

通过式（B38）中的 **硅本征载流子浓度 $n_i(T)$ 的温度特性**（文献［Blu74］，［Tru03］），可以估算出太阳电池高掺杂区的载流子扩散长度值。

$$n_i(T) = 2.9135 \times 10^{15} \cdot T^{1.6} \cdot \exp[-q \cdot (A + B \cdot T + C \cdot T^2)/(k/T)]$$

（B38）

其中 $A = 1.1785\ V$；$B = -9.025 \times 10^{-5}\ V/K$；$C = -3.05 \times 10^{-7}\ V/K^2$

当 $T = 28\ ℃$，即 $T = 301.15\ K$ 时，$n_i = 1.07 \times 10^{10}\ cm^{-3}$。

分析

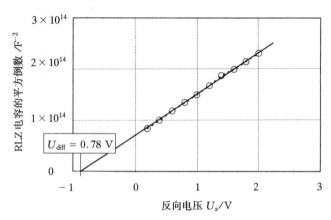

图 B16 以反向电压 U_n/V 为自变量的 RLZ 电容平方倒数 C_n^{-2}/F^{-2} 方程用于计算掺
杂浓度。图中的圆圈代表测量点

229　　图中显示的是方程曲线 $1/C^2 = f(U_s)$，由式(B36)可知该方程曲线为直线。
接下来可以解得直线的斜率以及其延长线与坐标轴的交点(图 B16)。通过斜率可
求得弱掺杂区，即基底层的掺杂浓度；而方程直线延长线与坐标轴交点的坐标值即
为扩散电压 U_{diff}，并且可以由其推出强掺杂区，即发射极的掺杂浓度。

　　太阳电池 TZ1 的测量分析结果为：**发射极掺杂浓度 $N_{em} = 6.4 \times 10^{17} \ cm^{-3}$** 和
基底层掺杂浓度 $N_{bas} = 8.9 \times 10^{15} \ cm^{-3}$。根据该结果还不足以判断哪里是施主或
受主主导的掺杂区，但是根据对晶体硅太阳电池的推导结果可以得知：主吸收区，
即基底层内的电子为少数载流子。所以基底层是受主掺杂，发射极是施主掺杂。

实验结果分析

　　先前实验中使用单片太阳电池(样品型号 TZ1)在恒温条件下($T = 28 \ ℃$)进
行了测量，接下来将进一步分析实验结果以确定其余器件参数。由于每项数据分
析结果通常以前一项数据结果为前提，所以实验数据分析需要按照一定步骤进行。
实验分析中没有涉及误差分析。

习题 5.04　利用两种不同照射强度 E_1 和 E_2 下测得的短路电流 $I_{ph}(E)$ 和开路电压 $U_L(E)$ 确定二极管反向饱和电流 I_0

表达式

230　　本实验分析的前提是，图 4.5 显示的等效电路图中各项器件参数几乎不受照

射强度影响,从而 I_0 近似也不受 E 的影响。由此可以通过比较不同照射强度的方程表达式确定 I_0。对于不同照射强度 E,实验温度应始终保持在 $T= 28\ ℃$。

根据式(4.32)和图 4.5,包含寄生电阻 R_S 和 R_p 的太阳电池单二极管电流 I_D1 的方程为

$$I(U) = I_0 \cdot \left[\exp\left(\frac{U - I \cdot R_\mathrm{S}}{U_\mathrm{T}}\right) - 1\right] + \frac{U - I \cdot R_\mathrm{S}}{R_\mathrm{p}} - I_\mathrm{ph},\text{其中有 } U_\mathrm{T} = k \cdot T/q$$

(B39)

$U_\mathrm{L} = (I = 0)$:无电流情况,即不考虑 R_S 的影响

$$0 = I_0 \cdot \left[\exp\left(\frac{U_\mathrm{L}}{U_\mathrm{T}}\right) - 1\right] + \frac{U_\mathrm{L}}{R_\mathrm{p}} - I_\mathrm{ph}$$

$$I_0 = \frac{\dfrac{U_\mathrm{L}}{R_\mathrm{p}} - I_\mathrm{ph}}{1 - \exp\left(\dfrac{U_\mathrm{L}}{U_\mathrm{T}}\right)} = \frac{I_\mathrm{ph} - \dfrac{U_\mathrm{L}}{R_\mathrm{p}}}{\exp\left(\dfrac{U_\mathrm{L}}{U_\mathrm{T}}\right) - 1}$$

(B40)

此时分别代入

$$I_\mathrm{ph1}(E_1)/U_\mathrm{L1} = f(E_1)\,;I_\mathrm{ph2}(E_2)/U_\mathrm{L2} = f(E_2)$$

$$I_0 \approx \frac{I_\mathrm{ph1} - \dfrac{1}{R_\mathrm{p}} \cdot U_\mathrm{L1}}{\exp\left(\dfrac{U_\mathrm{L1}}{U_\mathrm{T}}\right) - 1} \approx \frac{I_\mathrm{ph2} - \dfrac{1}{R_\mathrm{p}} \cdot U_\mathrm{L2}}{\exp\left(\dfrac{U_\mathrm{L2}}{U_\mathrm{T}}\right) - 1}$$

(B41)

其中假设近似 $I_0 \neq f(E)$。

利用上式推导出的表达式,并且同样假设 $R_P \neq f(E)$

$$R_\mathrm{p} \approx \frac{U_\mathrm{L1}}{I_\mathrm{ph1} - I_0 \cdot \left[\exp\left(\dfrac{U_\mathrm{L1}}{U_\mathrm{T}}\right) - 1\right]} \approx \frac{U_\mathrm{L2}}{I_\mathrm{ph2} - I_0 \cdot \left[\exp\left(\dfrac{U_\mathrm{L2}}{U_\mathrm{T}}\right) - 1\right]}$$

(B42)

然后推出 I_0 的表达式

$$I_0 \approx \frac{I_\mathrm{ph2} \cdot U_\mathrm{L1} - I_\mathrm{ph1} \cdot U_\mathrm{L2}}{U_\mathrm{L1} \cdot \left[\exp\left(\dfrac{U_\mathrm{L2}}{U_\mathrm{T}}\right) - 1\right] - U_\mathrm{L2} \cdot \left[\exp\left(\dfrac{U_\mathrm{L1}}{U_\mathrm{T}}\right) - 1\right]}$$

(B43)

最后根据 $\exp(U_\mathrm{L} / U_\mathrm{T}) \gg 1$ 推出分析方程

$$I_0 \approx \frac{I_\mathrm{ph2} \cdot U_\mathrm{L1} - I_\mathrm{ph1} \cdot U_\mathrm{L2}}{U_\mathrm{L1} \cdot \exp\left(\dfrac{U_\mathrm{L2}}{U_\mathrm{T}}\right) - U_\mathrm{L2} \cdot \exp\left(\dfrac{U_\mathrm{L1}}{U_\mathrm{T}}\right)}$$

(B44)

该近似表达式显示了 I_0 与照射强度 E 基本无关。

实验结果

利用四种不同照射强度 $E_1 = 13.5\ \mathrm{mW/cm^2}$、$E_2 = 31.5\ \mathrm{mW/cm^2}$、$E_3 = 69.8\ \mathrm{mW/cm^2}$、$E_4 = 115\ \mathrm{mW/cm^2}$ 可以获得总共 6 组不同照射强度下的太阳电池

饱和电流组合。并使用"I_{nm}"表示对应的照射强度组合 $I(E_n)$ 和 $I(E_m)$。

由此可以得到太阳电池 TZ1 的各项测量结果：

$I_{43} = 2.15 \times 10^{-11}$ A、$I_{42} = 2.97 \times 10^{-11}$ A、$I_{41} = 3.15 \times 10^{-11}$ A、$I_{32} = 5.05 \times 10^{-11}$ A、$I_{31} = 4.85 \times 10^{-11}$ 和 $I_{21} = 4.40 \times 10^{-11}$，其中六项数据的平均值为 $I_0 = 3.75 \times 10^{-11}$ A。

232　　　实验结果显示计算电流根据不同的照射组合相差 2 至 3 倍。该误差由于绝对电流值过小可以忽略不计。从整体上 I_0 值随照射强度的增加而近似线性减小。

习题 5.05　根据先前确定的反向饱和电流 I_0 曲线上开路点 $U_L = U(I=0)$ 的斜率计算寄生串联电阻 R_S

习题任务

根据单二极管特性曲线方程（式(4.32)）在发电特性曲线（图 B12）

$$I(U) = I_0 \cdot \left[\exp\left(\frac{U - I \cdot R_S}{U_T} \right) - 1 \right] + \frac{U - I \cdot R_S}{R_P} - I_{ph}，其中，U_T = \frac{k \cdot T}{q}$$

（B45）

上的开路点作切线，并根据该切线求解开路点处的斜率，通过斜率值则可以近似计算串联电阻 R_S。

实验步骤

假设光电流与二极管电流无关 $I_{ph} \neq f(I)$，通过对式(B45)中电流分量求导可得

$$I = I_0 \cdot \exp\left(\frac{U - I \cdot R_S}{U_T} \right) \cdot \left(\frac{1}{U_T} \right) \cdot \left(\frac{dU}{dI} - R_S \right) + \left(\frac{1}{R_P} \right) \cdot \left(\frac{dU}{dI} - R_S \right)$$

（B46）

对于开路点 $U_L = U(I=0)$ 则有

233　$$R_S = \left(\frac{dI}{dU} \right)_{U_L}^{-1} - \left(\frac{1}{R_P} + \left(\frac{I_0}{U_T} \right) \cdot \exp\left(\frac{U_L}{U_T} \right) \right)^{-1} \approx \left(\frac{\Delta I}{\Delta U} \right)_{U_L}^{-1} - \left(\frac{U_T}{I_0} \right) \cdot \exp\left(-\frac{U_L}{U_T} \right)$$

（B47）

这里假设存在关系 $R_P \ll (U_T / I_0) \cdot \exp(-U_L/U_T)$。

利用式(B47)可以近似计算出串联电阻 R_S。

实验结果

精确结果可以通过对图 B12 中不同照射强度 E_2、E_3 和 E_4 下测得的特性曲线

计算求得。其中 $U_T(T = 28℃) = 26$ mV：

$$R_S(E_2) = 0.71\ \Omega;R_S(E_3) = 0.52\ \Omega;R_S(E_4) = 0.37\ \Omega$$

以上计算显示了串联电阻与照射强度的相关性：R_S 随照射强度 E 的升高而下降。这种关联性验证了 R_S 同时受多种电阻影响的特性。

习题 5.06　根据先前确定的 R_S，通过反向饱和电流 I_0 曲线上短路点 $I_K = I(U=0)$ 的斜率计算寄生并联电阻 R_P

习题任务

利用单二极管特性曲线方程(式(4.32)和式(B45))，通过计算发电特性曲线(图 B12)

$$I(U) = I_0 \cdot \left[\exp\left(\frac{U - I \cdot R_S}{U_T}\right) - 1\right] + \frac{U - I \cdot R_S}{R_P} - I_{ph}, \quad \text{其中 } U_T = \frac{k \cdot T}{q}$$

$$(B48)$$

短路点的斜率可以近似计算并联电阻 R_P。

234

实验步骤

首先对方程中的电压求微分，并带入短路条件 $I_K = I(U=0)$ 后可得

$$R_P = \frac{\left(\dfrac{dI}{dU}\right)_{I_K}^{-1} - R_S}{1 - \left(\dfrac{I_0}{U_T}\right) \cdot \exp\left(-\dfrac{I_K \cdot R_S}{U_T}\right) \cdot \left[\left(\dfrac{dI}{dU}\right)_{I_K}^{-1} - R_S\right]} \tag{B49}$$

上式分母可近似视为等于 1，因为方括号的系数一般情况下为 10^{-8} 数量级。因此上述等式可近似为

$$R_P \approx \left(\frac{dI}{dU}\right)_{I_K}^{-1} - R_S \tag{B50}$$

实验结果

利用式(B50)在不同照射强度 E_2、E_3 和 E_4 下可获得精确实验结果：

$$R_P(E_2) = 49.3\ \Omega;R_P(E_3) = 49.5\ \Omega;R_P(E_4) = 49.6\ \Omega$$

并联电阻仅与照射强度微弱相关。随着照射强度的增加，并联电阻的上升幅度很小(< 1%)。并联电阻同样受到多种条件的影响。

235 # 习题 5.07 计算基底和发射极内的载流子扩散系数

习题任务

通过式(B45)(Caughey 和 Thomas 公式[Cau87])可以计算出太阳电池中的与两种掺杂相关的少数载流子扩散系数：

$$D_n = U_T \cdot \left[\mu_{n\,min} + \frac{\mu_{n\,max} - \mu_{n\,min}}{1 + \left(\frac{N_A}{N_{Aref}}\right)^{\alpha_n}} \right]; \quad D_p = U_T \cdot \left[\mu_{p\,min} + \frac{\mu_{p\,max} - \mu_{p\,min}}{1 + \left(\frac{N_D}{N_{Dref}}\right)^{\alpha_p}} \right]$$

(B51)

其中：$\mu_{n\,min} = 65\ cm^2/Vs$；$\mu_{n\,max} = 1330\ cm^2/Vs$；$N_{Aref} = 8.5 \times 10^{16} cm^{-3}$；

$\alpha_n = 0.72$；$\mu_{p\,min} = 47.7\ cm^2/Vs$；$\mu_{p\,max} = 495\ cm^2/Vs$；$N_{Dref}\,6.3 \times 10^{16} cm^{-3}$；

$\alpha_p = 0.76$；$U_T = kT/q$；$U_T(T = 28℃) = 26\ mV$

实验结果

在习题 5.03 中已经计算出了发射极掺杂浓度 $N_D = 6.4 \times 10^{17} cm^{-3}$ 和基底掺杂浓度 $N_A = 8.9 \times 10^{15}\ cm^{-3}$，将该值分别代入式(B51)计算可得：

$$D_n = (N_A = 8.9 \times 10^{15}\ cm^{-3}) = 29.0\ cm^2/s,$$

$$D_p = (N_D = 6.4 \times 10^{17} cm^{-3}) = 2.9\ cm^2/s$$

该两项数值将用于修正太阳电池的特性曲线和光谱灵敏度。

236 # 习题 5.08 基底内少数载流子的扩散长度

习题任务

通过入射较深的红外波段光的光谱灵敏度 $S(\lambda)$（其中 $\lambda > 1\ \mu m$）可以计算出太阳电池基底中的少数载流子扩散长度。

实验步骤

首先从式(5.2)中的电子分量着手，由于其位于受主掺杂的基底中，因此在光谱红外区吸收中占主导地位。假设原式中的 e 指数项近似为 1。

$$j_{n,phot}(\lambda) = \frac{q L_n G_0(\lambda)}{1 + \alpha(\lambda) L_n}$$

$$= \frac{q \Phi_{p0}(\lambda)}{A} \cdot \frac{\alpha(\lambda) L_n}{1 + \alpha(\lambda) L_n} = q \cdot \frac{E_0(\lambda) \cdot \lambda}{h c_0} \cdot \frac{\alpha(\lambda) L_n}{1 + \alpha(\lambda) L_n}$$

(B52)

结合式(4.22)，可以从式(B53)中得到：

$$L_n + \alpha^{-1} = (q \cdot \lambda / h \cdot c_0) \cdot L_n / S(\lambda) \sim \lambda / S(\lambda), \quad \text{其中 } S(\lambda) = j_{n,phot} / E_0$$

(B53)

在这里将分式项 $\lambda/S(\lambda)$ 视为 $\alpha^{-1}(\lambda)$ 的函数表达式。该函数在 $\lambda/S(\lambda) = 0$ 时的延长线与纵轴 α^{-1} 的交点值即为 $\alpha^{-1} = L_n$。

同样可以根据计算该函数直线的斜率得到 L_n：

$$\frac{d\left(\frac{1}{\alpha}\right)}{d\left(\frac{\lambda}{S(\lambda)}\right)} = \frac{q \cdot L_n}{h \cdot c_0}$$

(B54)

图 B17 中标示出了 12 个 $S(\lambda)$ 值，并且根据上述步骤分析得出结果，其中 $L_n = L_{diff}$。 237

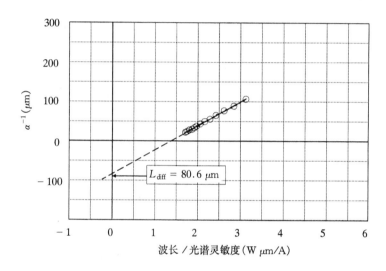

图 B17　从光谱灵敏度中推导出的扩散长度

由这两种方法得到的结果相似：

根据交点法得到：$L_{diff} = 80.6\ \mu m$

根据斜率法得到：$L_{diff} = 73.2\ \mu m$

取两项数据的中间值得到 **$L_{diff} = 76.9\ \mu m$**。

习题 5.09　计算较高掺杂区中的扩散长度

238

习题任务

利用基于太阳电池样品 TZ1（面积 $A = 3.81\ cm^2$）在 $T = 28\ ℃$ 下的测量数据计算得出的饱和电流 $I_0 = 3.75 \times 10^{-11}\ A$，两种掺杂浓度 $N_{emitter} = 6.4 \times 10^{17}$

cm^{-3} 和 $N_{\text{basis}} = 8.9 \times 10^{15}$ cm^{-3}，两种扩散系数 $D_p = 2.9$ cm^2/s 和 $D_n = 29$ cm^2/s，以及本征载流子浓度 $n_i(T = 28 \ ℃) = 1.07 \times 10^{10}$ cm^{-3}（见习题 5.03 和式 (B38)）可以估算太阳电池中较高掺杂区中的参数。

解答

根据反向饱和电流公式 (4.19) 和式 (4.20) 可得

$$I_0 = A \cdot q \cdot n_i{}^2 \cdot \left[\frac{D_n}{L_n \cdot N_A} + \frac{D_p}{L_p \cdot N_D} \right] \tag{B55}$$

进一步推导后得到

$$L_p = \left(\frac{D_p}{N_D} \right) \cdot \left[\frac{I_0}{A \cdot q \cdot n_i{}^2} - \frac{D_n}{L_n \cdot N_A} \right]^{-1} \tag{B56}$$

将各项参数带入上式计算后得到较高掺杂区内的扩散长度 $L_p = 0.9 \ \mu\text{m}$。根据太阳电池的构造可知其较高掺杂区为 n 型的发射级区，因为太阳电池中作为主要吸收区的 p 型基底内的电子具有更高扩散系数。

至此已经计算出太阳电池的所有参数，可以构造各种特性曲线用于验证先前的测试分析结果。首先从模拟最高照射强度下的光谱灵敏度曲线开始，最后是发电曲线模拟。

习题 5.10 外量子效率 $Q_{\text{ext}}(\lambda)$ 的测量与模拟

习题任务

外量子效率 $Q_{\text{ext}}(\lambda)$ 可以从光谱灵敏度曲线 $S(\lambda)$ 中推导得出。利用基底和发射极分量的曲线模拟可以重构 $Q_{\text{ext}}(\lambda)$ 特性曲线，并同时估算发射极厚度 d_{em} 以及发射极的表面复合速度 s_n。

理论推导

太阳电池的内量子效率 $Q_{\text{int}}(\lambda)$ 由光谱灵敏度 $S(\lambda)$ 和光学反射率 $R(\lambda)$ 共同构成。假设能量为 $h\nu$ 的光子进入太阳电池时未经表面反射，在其内部被吸收后激发了一个电荷量为 $\pm q$ 的电子-空穴对，则该太阳电池的内量子效率 $Q_{\text{int}}(\lambda) = 1$。

由此根据式 (4.22)、(4.23) 和式 (4.24) 可得

$$Q_{\text{int}}(\lambda) = (1 - R(\lambda))^{-1} \cdot \left(\frac{h \cdot \nu}{q} \right) \cdot S(\lambda) = (1 - R(\lambda))^{-1} \cdot \left(\frac{h \cdot c}{q \cdot \lambda} \right) \cdot S(\lambda) \tag{B57a}$$

内外量子效率之间的关系为

$$Q_{\text{ext}}(\lambda) = [1 - R(\lambda)] \cdot Q_{\text{int}}(\lambda) = \left(\frac{h \cdot \nu}{q} \right) \cdot S(\lambda) \tag{B57b}$$

240

这里需要注意的是,外量子效率是可测量量,而内量子效率仅为理论值。

光学反射率 $R(\lambda)$ 可以通过**乌布里希球**(Ulbricht-Kugel)测量,利用其获得的测量数据不仅包含了镜面反射,并且还有漫反射分量。因此使用这种测量仪器还可以进一步分析太阳电池的表面粗糙度。在测量中将一小片太阳电池覆盖于乌布里希球内的白色表面(其对于所有研究波长均有 $R(\lambda) = 1$),测量全程采用非直接光照射。使用该方法可以得到本题中使用的 $R(\lambda)$ 曲线。此外还可以根据太阳电池的表面颜色(例如亚光黑、亮黑、亮蓝或是金属银)在数据分析中使用标准 $R(\lambda)$ 曲线对其进行分析(见图 5.5)

"表面微粗糙度"对太阳电池反射率的降低具有极其重要的意义,工业中使用肼氨或 KOH 溶液对太阳电池表面进行各向异性刻蚀处理(见图 5.9 和图 5.15,以及相关概念"倒金字塔")。

数据分析

式(B57b)中的光谱灵敏度 $S(\lambda)$ 由式(4.21)和式(4.22)共同推导得到。然后绘制对应照射波长 λ 的 $Q_{\text{ext}}(\lambda)$ 测量曲线(图 B18 中的方形标记连线),并且分别重构基底和发射极分量(点状线)以及二者之和(点划线),使其可以与测量值作比较。最后还需绘制反射率 $R(\lambda)$ 的测量曲线(虚线)。

241

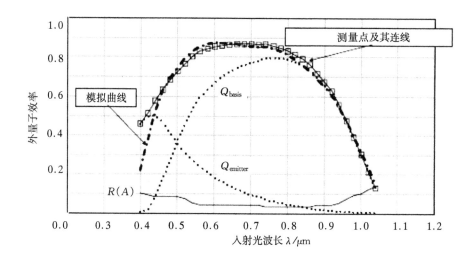

图 B18　从太阳电池 TZ1 在 $T = 28\ ℃$ 下测量获得的光谱灵敏度 $S(\lambda)$ 数据中推导出的外量子效率 $Q_{\text{ext}}(\lambda)$(方形标记及其连线),发射极与基底分量的模拟重构曲线(点状线),以及二者之合的模拟曲线(点划线),最后还有反射率 $R(\lambda)$

除了太阳电池面积 $A = 3.88\ \text{cm}^2$ 和厚度 $D = 300\ \mu\text{m}$ 之外,模拟计算所需的

原始数据还包括了反向饱和电流 $I_0 = 3.75 \times 10^{-11}$ A，两种掺杂浓度 $N_D = 6.4 \times 10^{17}$ cm^{-3} 和 $N_A = 8.9 \times 10^{15}$ cm^{-3}，基底中的电子扩散长度 $L_n = 76.9 \mu$m 与发射极中的空穴扩散长度 $L_p = 0.9 \mu$m，以及两种扩散系数 $D_p = 2.9$ cm^2/s 和 $D_n = 29$ cm^2/s。而模拟参数则有发射极厚度 d_{em} 和两种载流子的表面复合速度 s_n 和 s_p。当 $d_{em} = 5 \cdot L_p$，即 $d_{em} = 4.5 \mu$m，以及 $s_p = 2.5 \times 10^4$ cm/s 和 $s_n = 10^2$ cm/s 时可获得测量曲线与模拟曲线的最佳拟合。但是该发射极厚度 d_{em} 的计算值远大于目前太阳电池的实际参数值。使用计算机进行模拟可以获得理想结果。

结论

模拟曲线与测量曲线拟合良好。较大偏差出现在 $\lambda < 0.45 \mu$m 的光谱蓝区，而在 0.79μm $< \lambda < 0.88 \mu$m 的区间内也存在小于 5% 的偏差。最大值 $Q_{ext}(\lambda) = 0.88$ 出现在区间 0.55μm $< \lambda < 0.75 \mu$m 处。发射极表面还可以进一步改善：表面复合速度可以降低至少一个数量级，即降至 $s_p = 10^3$ cm/s。

²⁴² 习题 5.11 使用半导体参数模拟发电特性曲线 $I(U)$

先前已经得到太阳电池 TZ1 的各种半导体参数，现在使用这些参数模拟作为二极管曲线的发电特性曲线，模拟过程中分别使用了单指数函数和双指数函数两种方法。这两种模拟方法的物理意义分别为：在单指数函数模拟中仅考虑了**中性区复合**（Neutralzonen-Rekombination，NZ-Rekombination），而忽略了**空间电荷区复合**（Raumladungszonen-Rekombination，RLZ-Rekombination）；在双指数函数模拟中则同时考虑到了这两个区域中的复合作用影响。两种模拟中均计入了寄生电阻的影响。

模拟步骤

两种模拟方法所采用的公式分别为
中性区复合

$$I(U) = I_{rek} \cdot \left[\exp\left(\frac{U - I \cdot R_S}{U_T}\right) - 1 \right] + \frac{U - I \cdot R_S}{R_P} - I_{ph} \tag{B58}$$

中性区与空间电荷区复合

$$I(U) = I_{rek} \cdot \left[\exp\left(\frac{U - I \cdot R_S}{U_T}\right) - 1 \right] + I_{gen} \cdot \left[\exp\left(\frac{U - I \cdot R_S}{2 \cdot U_T}\right) - 1 \right]$$
$$+ \frac{U - I \cdot R_S}{R_P} - I_{ph} \tag{B59}$$

其中以上两项公式中的反向饱和电流分别为

$$I_{\mathrm{rek}} = A \cdot q \cdot n_i{}^2 \cdot \left(\frac{D_n}{L_n \cdot N_A} + \frac{D_p}{L_p \cdot N_D} \right) \tag{B60}$$

$$L_{\mathrm{gen}}(U) = A \cdot q \cdot \frac{n_i}{2 \cdot \tau_{\mathrm{RLZ}}} \cdot \left[\frac{2 \cdot \varepsilon_0}{q} \cdot \left(\frac{1}{N_A} + \frac{1}{N_D} \right) \cdot \left[U_{\mathrm{diff}} - (U - R_S \cdot I) \right] \right]^{0.5} \tag{B61}$$

公式中的半导体参数为

$A = 3.81\ \mathrm{cm}^2$、$D_n = 29\ \mathrm{cm}^2/\mathrm{s}$、$D_p = 2.9\ \mathrm{cm}^2/\mathrm{s}$、$L_n = 76.9\ \mu\mathrm{m}$、$L_p = 0.9\ \mu\mathrm{m}$、$N_A = 8.9 \times 10^{15}\ \mathrm{cm}^{-3}$、$N_D = 4 \times 10^{17}\ \mathrm{cm}^{-3}$、$R_s = 0.37\ \Omega$、$R_p = 49.6\ \Omega$。

硅材料中的本征载流子浓度 n_i 可以根据式(B38)求得,这里采用 $n_i(T = 28\ ℃) = 1.07 \times 10^{10}\ \mathrm{cm}^{-3}$。

载流子复合的时间常数 τ_{RLZ} 由关系式 $L^2 = D \cdot \tau_{\mathrm{RLZ}}$ 描述。载流子复合过程同时发生在空间电荷区的两侧区域内,这种情况下按照关系式

$$\tau_{\mathrm{RLZ}} = \frac{L_n \cdot L_p}{(D_n \cdot D_p)^{0.5}} \tag{B62}$$

取两种参数的几何平均值 $\tau_{\mathrm{RLZ}} = 1.7 \times 10^{-8}\ \mathrm{s}$。

计算得到的扩散电压 $U_{\mathrm{diff}}(T = 28\ ℃)$ 为

$$U_{\mathrm{diff}} = U_T \cdot \ln\left(\frac{N_A \cdot N_D}{n_i{}^2} \right), \quad \text{计算后可得 } U_{\mathrm{diff}} = 0.79\ \mathrm{V} \tag{B63}$$

在计算发电特性曲线的过程中需要使用超越方程的计算结果。

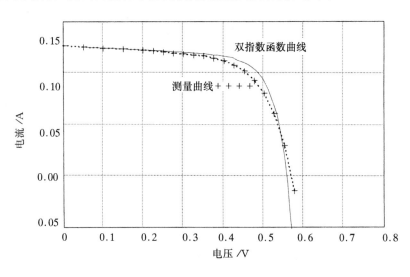

图 B19　太阳电池 TZ1 的发电特性测量曲线(＋＋＋)和双指数函数模拟曲线（中性区和空间电荷区模拟）

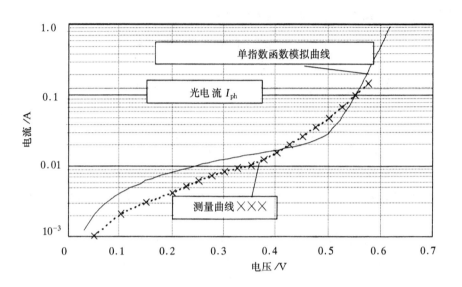

图B20　太阳电池 TZ1 在对数坐标下的测量曲线（×××）和单指数函数（中性区二极管）模拟曲线

245

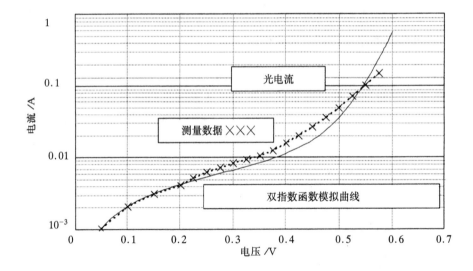

图B21　太阳电池 TZ1 在对数坐标下的二极管特性测量曲线（×××）和双指数函数方程（中性区和空间电荷区二极管）模拟曲线

结果分析

使用线性坐标刻度表达的双指数函数模拟可以获得更好的拟合效果（图 B19）。此时的误差主要位于曲线偏转区域。

更详细的分析在对数坐标下进行，此时可以不用考虑（恒定的）光电流分量。图 B20 和图 B21 中分别展示了两种对数坐标下的特性曲线 $I(U)$，其中一条是单指数函数曲线（中性区二极管），另一条是双指数函数曲线（中性区和空间电荷区二极管）。这两幅示意图中的光电流均以虚线标出。双指数函数模拟的效果明显优于单指数函数模拟。空间电荷区对太阳电池的性能影响同样重要。最后在图 B22 中对这两种模拟进行了对比。可以看出，单指数函数模拟在电流极低区域的拟合效果很好，而双指数函数模拟在电流中段的拟合效果稍占优势。尽管这两种指数函数模拟的最佳效果在不同区间中体现，但是我们还是在式（B58）和式（B59）中使用相同的等效电路参数（出于简化计算的考虑——译者注），这在严格情况下是不允许的。

以上介绍的内容是对太阳电池计算参数兼容性的证明测试。在这里没有考虑通过"手动模拟"实现测量曲线与模拟曲线的完全拟合。分析结果表明模拟效果极佳，毕竟这是一个涉及 14 项参数的复杂模拟计算。

246

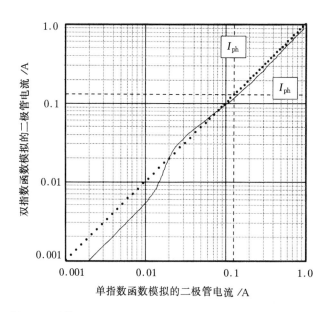

图B22　对数坐标中的**太阳电池 TZ1 的单、双指数函数模拟对比**。图中标示出了 45°斜线（一致性对比）和光电流 I_{ph}。实线偏向于虚线的某一侧即表明该侧的模拟效率影响占主导地位

247

习题 5.01～5.11 中计算得到的太阳电池 TZ1 参数列表

太阳电池参数	几何尺寸	习题 5.01 照射强度 $E_1\sim E_2$ 的发电特性曲线	习题 5.02 空间电荷区电容	习题 5.03 光谱灵敏度
A/cm^2	4			
F/cm^2	3.81			
$d_{\mathrm{basis}}/\mu\mathrm{m}$	300			
$d_{\mathrm{emitter}}/\mu\mathrm{m}$				4.5
$\eta/\%$		6.9～10.4		
$FF/-$		50.3～64.3		
R_{S}/Ω		49.3～49.6		
R_{P}/Ω		0.39～0.71		
$I_{\mathrm{phot}}/\mathrm{mA}$		14.3～126.0		
$I_0/10^{-11}\,\mathrm{A}$		5.05～2.15		
$N_{\mathrm{D}}/\mathrm{cm}^{-3}$			6.4×10^{17}	
$N_{\mathrm{A}}/\mathrm{cm}^{-3}$			8.9×10^{15}	
$D_{\mathrm{n}}/\mathrm{cm}^2/\mathrm{s}$			29.0	
$D_{\mathrm{p}}/\mathrm{cm}^2/\mathrm{s}$			2.9	
$L_{\mathrm{n}}/\mu\mathrm{m}$				76.9
$L_{\mathrm{p}}/\mu\mathrm{m}$				4.5
$s_{\mathrm{n}}/\mathrm{cm}/\mathrm{s}$ ＊)				10^2
$s_{\mathrm{p}}/\mathrm{cm}/\mathrm{s}$ ＊)				2.5×10^4
$\tau_{\mathrm{RLZ}}/\mathrm{s}$		1.7×10^{-8}		
$I_{\mathrm{rek}}/\mathrm{A}$		3.8×10^{-11}		
$I_{\mathrm{gen}}/\mathrm{A}$		1.6×10^{-6}		
$U_{\mathrm{diff}}/$		0.79		

＊)用于模拟太阳电池 TZ1 特性曲线 $Q(\lambda)$ 和 $I(U)$ 的模拟参数

图 B23　太阳电池 TZ1 的分析与模拟结果(照射强度:$E_1=13.5$ mW;$E_2=31.5$ mW;$E_3=69.8$ mW;$E_4=115.0$ mW)

248　　最后在习题 5.1 的结尾用图 B23 给出了计算得出的全部参数值列表。

习题 7.1   六层太阳电池(Sixtupel Cell)的极限转换率

("Sixtupl Cell"是 AZUR Space Solar Power GmbH 公司的产品名称)

习题任务

多种不同半导体材料经过层层沉积叠加后形成的太阳电池("望远镜太阳电池",见 7.8 节),其外层具有最大禁带宽度,内层为最小禁带宽度。这种太阳电池的转换效率得到了极大提升。望远镜太阳电池十分适合航天应用。

首先计算根据式(3.8 ～ 3.10)的层结构顺序为 Ge/GaInNAs/GaInAs/Al-GaInAs/GaInP/AlGaInP(由内向外)的六层太阳电池在 $T=5800$ K 地球外太阳辐射的普朗克光谱(式(2.3))中的极限转换率。禁带宽度 ΔW 分别为($T = 300$ K): Ge ～ 0.67 eV,GaInNAs ～ 1.10 eV,GaInAs ～ 1.41 eV,AlGaInAs ～ 1.6 eV, GaInP ～ 1.8 eV,AlGaInP ～ 2.00 eV。这种六层太阳电池的转换率目前已达到 13.47%(Spectrolab 2004[Kin04])。

请使用两种不同方法计算极限转换率:

1.分别单独计算夹在两层太阳电池(半导体材料)之间的部分太阳电池(半导体材料)的转换效率在光谱中的转换效率。(计算范围)从其自身禁带宽度开始,直至下一层(半导体材料的禁带宽度)为止。

2.每层太阳电池(的半导体材料)仅利用上一层低(禁带宽度)能量半导体材料未使用过的(光谱——译者注)能量。

请对比解释这两种计算结果

解答

首先根据式(2.3)求解光谱能量密度 $u(\nu, T)$ 的普朗克方程。通过关系式 $\nu_{grenz,n} = q \cdot \Delta W_n/h$ 分别计算六种半导体材料禁带宽度的极限频率。将六块(部分)太阳电池以 n = 1~6 后分别计算各自的部分极限转换率,使用的公式为:

$$\eta_n = h \cdot \nu_{grenz,n} \cdot F_n(\nu > \nu_n), \qquad 其中\ F_n = \left(\frac{8 \cdot \pi}{c_0^3}\right) \cdot f \cdot \left[\frac{\nu_2^2}{\exp\left(\dfrac{h \cdot \nu_n}{k \cdot T_s}\right)-1}\right]$$

(B64)

其中衰减系数 $f = 2.17\times10^{-5}$。

计算结果将以图示的形式给出(图 B24)。

249

转换率计算

1. 单层部分太阳电池(在自身禁带宽度与下一层禁带宽度范围之间)转换的能量

依此计算相应的六项积分($n=1\sim6$)

$$\eta_n = \int_{\nu_{\text{grenz},n}}^{\nu_{\text{grenz},n+1}} \left[\left(\frac{2 \cdot \pi}{c_0^{\,2}} \right) \cdot \left(\frac{q \cdot \Delta W_n}{\sigma \cdot T_s^{\,4}} \right) \cdot \left(\frac{\nu^2}{\exp\left(\dfrac{h \cdot \nu}{k \cdot T_s} \right) - 1} \right) \right] d\nu \qquad (B65)$$

计算结果分别为：

$\eta(\text{Ge}) = 0.113$；$\eta(\text{GaInNAs}) = 0.117$；$\eta(\text{GaInAs}) = 0.078$；$\eta(\text{AlGaInAs}) = 0.079$；$\eta(\text{GaInP}) = 0.073$；$\eta(\text{AlGaInP}) = 0.296$。

250　　以上六项的总和即为叠层太阳电池的第一种极限转换效率计算值 η_{ultim}(总和 1) $= 75.6\%$。

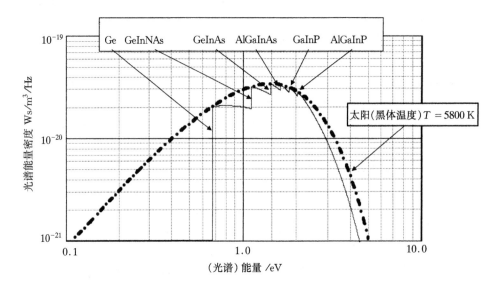

图 B24　六层太阳能电池的光谱能量密度分布,其层顺序由内而外依此为 Ge/GaInNAs/GaInAs/AlGaInAs/GaInP/AlGaInP

2. 每层部分太阳电池转换的能量是经过上一层较窄禁带宽度(半导体材料)利用后的剩余能量。由于每个单项较高能量一侧的边界陡峭,因此只需减去下一层的禁带宽度能量即可。

此时同样需要计算六项积分,但是形式稍有变化：

$$\eta_n = \int_{\nu_{\text{grenz},n}}^{\infty} \left[\left(\frac{2 \cdot \pi}{c_0^{\,2}} \right) \cdot \left(\frac{q \cdot (\Delta W_n - \Delta W_{n-1})}{\sigma \cdot T_s^{\,4}} \right) \cdot \left(\frac{\nu^2}{\exp\left(\frac{h \cdot \nu}{k \cdot T_s} \right) - 1} \right) \right] d\nu \quad \text{(B66)}$$

(实际计算时)可以采用 个极大值作为光谱能量频率的积分上限,例如 $\nu - 10^{16}$ Hz。

$\eta(\text{Ge}) = 0.381$;$\eta(\text{GaInNAs}) = 0.172$;$\eta(\text{GaInAs}) = 0.091$;$\eta(\text{AlGaInAs}) = 0.045$;$\eta(\text{GaInP}) = 0.038$;$\eta(\text{AlGaInP}) = 0.030$。 251

该六项之和为叠层太阳电池的第二种极限转换率计算值 η_{ultim}(总和 2)$= 75.7\%$。

第二项计算数值等同于第一项计算数值。这种计算结果的一致性很好理解:因为两种情况下都是计算 6 个部分太阳电池对应于普朗克曲线(Plank-Kurve)(图 B24)内的六个区域,两种计算方法的区别仅在于计算区间不同:

第一种算法的积分区间是垂直于横坐标的纵向区间段;第二种算法的积分区间是水平叠加的横向区间段。

因此六层太阳电池的极限转换效率为 $\eta = 75.6\%$。

附录 C

实践练习

本练习旨在鼓励读者自己动手制作,进行太阳电池的实践。即使对实验的过程结果感到不满意,也不要立即失去信心。读者将在实践练习 C1 中逐步熟悉太阳电池的基本制作工艺:首先是 pn 结扩散,然后是金属化覆层,最后制作补偿层。对于第一次接触太阳电池的读者,我们推荐从染料太阳电池(实践练习 C2)开始实践,因为这种由涂料和洛神茶(Hibiskus-Tee)构成的太阳电池制作成功率很高,可以激发读者的动手积极性。

C1 柏林工业大学的硅太阳电池简易工艺

在半导体器件专业实验中,学生们可以亲历参与这项为期两周的太阳电池工艺流程制作。实验的前提条件是通过本科阶段学习,选修并通过以本书正文和习题部分为教学内容的太阳能光伏技术课程与考试。除此之外,参加实验的候选者还必须在理论课程结束后通过实验室的入门测试,了解学习实验室中的各项危险及防护措施。

本实验的目的是让每个参加者亲手制作出太阳电池并对其进行分析研究。整个实验过程以最多六人组成的实验小组为单位进行,小组成员在带领下,利用 5 天时间分步完成太阳电池的制作。生产步骤和测量结果将记录在案,小组成员通过与实验室负责人的面谈后即可完成这项周学时为 3、5 个学分的科技实验(学期总学时为 35。——译者注)。

实验室入门测试内容

参加实验的候选者将首先参观科技实验室,并了解熟悉纯净室的基本规章制度(工作服穿戴、气闸室、报警器位置、急救物品柜、全身及眼部冲淋处、化学试剂的保管与操作,特别是氢氟酸及其溶液等)。随后还要熟悉工作人员安全守则。以上内容将出现在实验室入门测试中。

硅太阳电池制作步骤

制作硅太阳电池的重要步骤为(图 C1):

1. 分多步对 p 型硅晶圆(直径 3 ~ 4 英寸)进行改进型 RCA 清洗[Ker70]:

进行 NH_4OH/H_2O_2 氧化(多次腐蚀-氧化过程),随后使用氢氟酸(HF)去除 SiO_2,然后使用 HCl 进行超声波清洗;

2. 使用固体扩散源(扩散片)进行发射极扩散,并随后去除磷硅玻璃(工业中通常使用 PSG 磷硅玻璃作为固体扩散源——译者注);

3. 在 1000℃ 下对整块硅晶圆进行干法热氧化处理;

4. 使用 HF/NH_4F 超声波清洗法去除硅晶圆背面的 100 nm SiO_2 层;

5. 再次进行 RCA 清洗后,在硅晶圆背面蒸发沉积约 1 μm 厚的铝层作为背面接触;

6. 对正面接触进行光刻处理(使用插指状接触掩模和正性光刻胶);

7. 再次进行 RCA 清洗后,在硅晶圆正面蒸发沉积约 1μm 厚的铝层作为正面接触;

8. 使用丙酮溶液在 80 ℃ 下通过"lift-off"工艺去除硅晶圆正面上多余的铝,可使用棉签辅助进行。

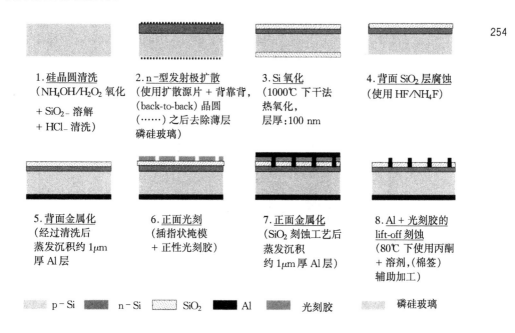

1. 硅晶圆清洗
(NH_4OH/H_2O_2 氧化
+ SiO_2- 溶解
+ HCl- 清洗)

2. n-型发射极扩散
(使用扩散源片 + 背靠背,
(back-to-back)晶圆
(……)之后去除薄层
磷硅玻璃)

3. Si 氧化
(1000℃ 下干法
热氧化,
层厚:100 nm)

4. 背面 SiO_2 层腐蚀
(使用 HF/NH_4F)

5. 背面金属化
(经过清洗后
蒸发沉积约 1μm
厚 Al 层)

6. 正面光刻
(插指状掩模
+ 正性光刻胶)

7. 正面金属化
(SiO_2 刻蚀工艺后
蒸发沉积
约 1μm 厚 Al 层)

8. Al + 光刻胶的
lift-off 刻蚀
(80℃ 下使用丙酮
+ 溶剂,(棉签)
辅助加工)

p-Si ▪ n-Si ▫ SiO_2 ▪ Al ▪ 光刻胶 ▪ 磷硅玻璃

图 C1 大学实验室中的太阳电池制作的 8 道工序

硅晶圆片在经过各项工艺处理之后即分解成为小块太阳电池,然后依次组装底座(幻灯片框)进行固定和制作外接触电极。接下来是测量太阳电池的发电特性曲线和光谱灵敏度曲线,以及计算转换率和形状系数。最后总结记录制作过程和测试结果。

图 C2 中给出了 RCA 清洗工艺[Ker70]的一些细节。在互联网上可以找到更多关于"RCA 清洁法"的信息。

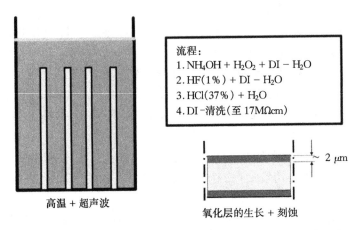

图 C2   RCA 清洗工艺的原理与步骤[Ker70]。当流动的去离子水的电阻
率回升至 $\rho > 17$ MΩcm 时,清洗工序即告完成

255   最后在图 C3 中展示了组装在幻灯片框中的硅太阳电池成品,以及在学生实验室条件下达到的各项参数。

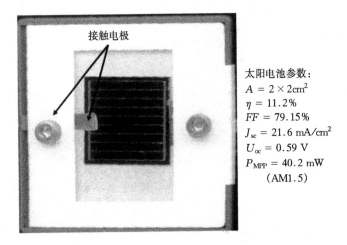

图 C3   固定在幻灯片框中的太阳电池,其已具备接触电极。图右侧给出了各项参数值。
该太阳电池的受光面积为 3.64 cm^2,占总面积(4 cm^2)的 91%

柏林工业大学提供的这项专业实验不仅仅面向工科专业的学生,同时也向满足上述实验前提条件的非技术专业学生,例如工程经济专业、经济专业和建筑专业的学生。

C2 利用简易材料制作染料太阳电池

制作这种简易染料太阳电池时不需要纯净室环境和高温处理工艺。这种制作方法十分常见,并且在可以互联网上找到相关资料[Man06]。

实验材料十分简易并且没有危险性

1. 若干块幻灯片玻璃或是显微镜玻璃,其一面覆盖透明导电层(例如二氧化锡/SnO_2,首先以溶液形式涂抹在玻璃基片上,然后用电吹风烘干);

2. 含有 TiO_2 的黏胶膏体(例如画画用的白色颜料,或是某些牙膏,例如高露洁(COLGATE))

3. 碘或钙化碘溶液

4. 洛神茶

5. 酒精灯

此外还需要若干文具夹、一支简易模拟电压表、接线与夹头,还有一支软铅笔。

制备步骤如下:首先取两块具有二氧化锡导电覆层的玻璃片,并将其中的一片用石墨(软铅笔)涂黑,另一片用白颜料涂白。两片玻璃均涂抹在导电层一面。将白玻璃片的白色涂层面用酒精灯小心加热烘烤。其颜色首先转为白棕色,然后再长时间加热,直至颜色重新变为全白。随后煮制浓缩洛神茶,其颜色应为红棕色。洛神茶中的重要利用物质是花青素染料。待浓缩洛神茶冷却后用其浸染干燥的白色涂料层,直至涂料层颜色与洛神茶的颜色一致。然后用酒精灯烘烤染色后的玻璃涂层至颜色再次变白。接着将两块玻璃的涂层面对置并用两个文具夹固定 - 两块玻璃不要完全对齐,使其分别在边缘处露出一小条涂层面以便制作接触条。最后使用注射器将碘和钙化碘的溶液注入两块玻璃片之间的间隙内。

在制成品边缘处加上接触(导线夹头)后即可用电压表测定灯光照射下的(太阳电池)电压约为 $0.2 \sim 0.3$ V,该值根据照射光强度会有波动。

257

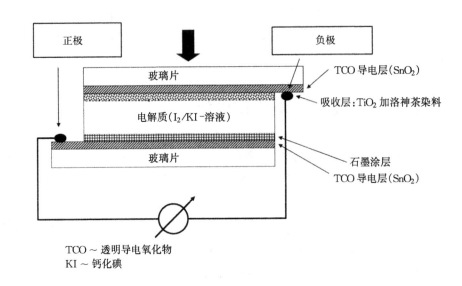

TCO ～ 透明导电氧化物
KI ～ 钙化碘

图 C4   利用洛神茶的花青素染料自制的染料太阳电池。这里可以清楚地看到两块玻
        璃片是交错叠合在一起的

        但是两块玻璃之间的电解质溶液在照射下会很快挥发，在这种情况下将测不
到电压。

参考文献

Asp86	D.E. Aspnes et al., J. Appl. Phys., <u>60</u> No. 2 (1986), 754
Aut77	B.Authier, Festkörperprobleme <u>XVIII</u> (1978), 1...18
Bae02	M.Bär et al, Progr.Photovolt. <u>10</u> (2002), 173-184
Bec39	A.E.Becquerel, Comptes Rend. Hebdom. des Séances de l`Academie de Sciences, Paris Vol.<u>9</u> (1839), p.561..567
Blo92	W.H. Bloss, F. Pfisterer, Photovoltaische Systeme - Energiebilanz und CO_2-Reduktionspotential, VDI-Ber. 942 (1992), 71
Blu74	W.Bludau, A.Onton, W.Heinke; J.Appl.Phys.45 (1974), 1846 u.f.
Böh84	M. Böhm, H.C. Scheer, H.G. Wagemann, Solar Cells, <u>13</u> (1984), 29
Bra74	F. Braun, Ann.Phys.Chem. <u>153</u> (1874), 556 u.f.
Bru91	J. Bruns, S. Gall, H.G. Wagemann, J. of Non-Cryst. Solids, <u>137/138</u> (1991), 1193
Car76	D.E.Carlson; C.R.Wronsky, Appl.Phys.Letts. <u>28</u> (1976), 671 u.f.
Cas73	H.C. Casey et al., J. Appl. Phys., <u>44</u> (1973), 1281
Cas78	H.C. Casey, M.B. Panish, Heterostructure Lasers, Part B: Materials and Operating Characteristics, Academic Press, New York (1978), 170
Cau87	D.M. Caughey, R.E. Thomas, Proc. IEEE (1967), 2192 u.f.
CEI89	CEI - IEC, Norm 904-3, Teil III (1989)
Cha54	D.M.Chapin, C.S.Fuller, P.L.Pearson, J.Appl.Phys.<u>25</u> (1954), 676-677
Chr86	Firmenunterlagen CHRONAR Corp., Princeton (USA) (1986)
Coh66	M. L. Cohen, T.K. Bergstresser, Phys. Rev., <u>141</u> (1966), 789
Col79	M. Collares-Pereira, A. Rabl, Solar Energy, <u>22</u> (1979), 155
Cra82	R.S. Crandall, J. Appl. Phys., <u>53</u> (1982), 3350

EEG04   Gesetz zur Neuregelung des Rechts der Erneuerbaren Energien im
             Strombereich / Erneuerbare Energie Gesetz / EEG v. 21.Juli 2004

Ehr00   B.von Ehrenwall, A.Braun, H.G.Wagemann, *Growth Mechanisms of Silicon
             deposited by APCVD on Different Ceramic Substrates*, J.Electrochem.Soc. <u>147</u>
             (2000), 340-344

Ell83   S.R. Elliott, Physics of Amorphous Materials, Longman, New York (1983), 207

Fis77   H.Fischer, W.Pschunder, Trans.Electr.Dev. <u>24</u> (1977), 438...442

Fra90   L.M.Fraas et al. Proc. 21th IEEE Photovoltaic Solar Energy Conf. p.190 195,
             Kissimee (1990)

God73   M.P.Godlewski, C.R.Baraona, H.W.Brandhorst jr., Low-High Junction Theory
             applied to Solar Cells, Conf. Rec.10th IEEE Photovoltaic Specialists Conf.
             1973, p.40-49

Goe86   J.W.v.Goethe, *Sämtliche Werke Bd.22., Italienische Reise, Ferrara bis Rom,
             20.Oktober 1786*, Cotta'sche Buchhandlung Nachfolger, Stuttgart und Berlin

Goe05   A. Goetzberger, Wittwer, *Sonnenenergie*, Teubner Studienbücher Physik

Gra92   M. Graetzel et al., Scientific American, (1992), 117

Gre04   M.A.Green, Proc. 19th European Photovoltaic Solar Energy Conf., Paris 2004,
             p.3 - 8

Gre03   M.A.Green, Third Generation Photovoltaics – Advanced Solar Energy
             Conversion, Springer, Berlin (2003)

Gre55   R.Gremmelmeier, Zeitschr. f. Naturforschung <u>10a</u> (1955), 501/502

Gre01   M.A.Green, "Crystalline Silicon Solar Cells", in M.A.Archer, R.Hill (edts.)
             "Clean Electricity from Photovoltaics", Chapt. 4, World Scientific 2001

Gre82   M.A. Green, Solar Cells, <u>7</u> (1982-1983), 337

Gre85   M.A. Green et al., Proc. 18th IEEE PV Spec. Conf., Las Vegas (1985), 39

Gre87   M.A. Green et al., Proc. 19th IEEE PV Spec. Conf., New Orleans (1987), 49

Gre90   M.A. Green et al., Proc. 20th IEEE PV Spec. Conf., New York (1990), 207

Gre94,1   M.A. Green, 12th EC Solar Energy Conference, Amsterdam (1994)

Gre94,2   M.A. Green, Progress in Photovoltaics, 2 (1994)

Gre95   M.A.Green, Silicon Solar Cells - Advanced Principles & Practice, Sydney 1996

Hag89   G. Hagedorn, Proc. 9th EC Solar Energy Conference, Freiburg (1989), 542

ISE06   H.Lerchenmüller et al.; FLATCON Konzentrator-PV-Technologie, Internet-
           Manuskript d. Fraunhofer Institutes f. Solare Energiesysteme / ISE, 2006

Ish05   Y.Ishikawa, M.B.Schubert, Proc. 20th EPSE Conf., Barcelona, Spain, p.1525-
           1528

Jae97   K. Jaeger, R. Hezel, Proc. 19th IEEE PV Spec. Conf., New Orleans (1987), 388

Ker70   W.Kern, D.A.Puotinen, RCA Rev.1970, 187-206

Kin04   R.R.King et al., *Paths to Next-Generation Multijunction Solar Cells*, Space
           Power Workshop, Manhattan Beach CA, (2004)

Kol93   S. Kolodinski, J.H. Werner et al., Proc. 11th EC Solar Energy Conf., Montreux
           (1993), 53

Kro05   J.M. Kroon et al., Proc. 20th EPSEC Barcelona (2005), p. 14-19

Lau00   T.Lauinger, EFG-Silizium: Material, *Technologie und zukünftige Entwicklung*,
           in Themenheft 2000, Teil2 *Strategien zur Kostensenkung von Solarzellen*, FVS
           Themen 2000, p.86-92

Leh48   K.Lehovec, Phys.Rev. 74 (1948), 463-471

Lev91   J.D. Levine et al., Proc. 22nd IEEE PV Spec. Conf., Las Vegas (1991), 1045
           und E. Graf, *Spheral Solar Technology*, Texas Instruments (1994)

Lof93   J.J. Loferski, Progress in Photovoltaics 1 (1993), p. 46 u.f.

Ma05   W. Ma et al., Advanced Functional Materials 15(10) (2005), p. 1617 u.f.

Man06   http://www.mansolar.com/funktion.htm

Mar85   K. Maruyama et. al., Proc. 18th IEEE PV Spec. Conf., Las Vegas (1985), 883

Mit90   K.W. Mitchell et al., IEEE Trans. Elec. Dev., 37 No. 2 (1990), 410

Moo86   W.J. Moore, Physikalische Chemie, de Gruyter (1986); p. 826 u.f.

Mün69   W. v. Münch, *Technologie der GaAs-Bauelemente*, Springer, Berlin (1969), 26

Nel92   M. Nell, *Beryllium-Diffusion für GaAs-Solarzellen*, Dissertation,
               Fortschr.-Ber. VDI Reihe 6, Nr.267, Düsseldorf (1992)

Ohl48   R.S.Ohl, US-Patents No.2.443.542 (1948) and No.2,402,662 (1946)

Pal85   E.D. Palik, *Handbook of Optical Constants of Solids*, Academic Press,
               Orlando, Fla. (1985)

Pfl88   H. Pfleiderer et al., Proc. 20th IEEE PV Spec. Conf., Las Vegas (1988), 120

Pla00   Verhandlungen der Deutschen Physikal.Gesellschaft 2 (1900), 202 u.237

Ras82   K.D. Rasch et al., Proc. 4th EC Solar Energy Conference, Stresa (1982), 919

Rau05   B. Rau et al., Proc. 20th EPSEC, Barcelona (2005), 1067

Rei90   B. Reinicke, Bericht zum DFG-Forschungsvorhaben Wa 469/6-1, Berlin (1990)

Rey54   D.C.Reynolds; G.Leies, R.E.Marburger; Phys.Rev. 96 (1954), 533/534

Rug84   I. Ruge, *Halbleiter-Technologie*, Springer, Berlin (1984)

Sch38   W.Schottky, Naturwissenschaften 26 (1938), 843 u.f.

Sche82   H. Scheer, Dissertation, TU Berlin (1982)

Sche93   H. Scheer, *Sonnenstrategie*, Piper, München (1993)

Schu91   G. Schumicki, P. Seegebrecht, *Prozesstechnologie*, Springer-Verlag,
               Berlin (1991)

She74   J. Shewchun, M.A. Green, F.D. King, Sol. St. Electronics 17 (1974), p. 551 u.f.

Sho49   W. Shockley, Bell Syst. Tech. J., 28 (1949), 435-489

Sho61   W.Shockley, H.J.Queisser, J.Appl.Phys. 32 (1961), 510...519

Sie76   W.Siemens, Monatsberichte d. Königl. Preuss. Akademie d. Wissensch. Berlin
               1876, 280/281; 1877, 95-116; 1878, 299-337

Sin86   R.A. Sinton, R.M. Swanson, El. Dev. Lett., 7 (1986), 567

Sol09   Sollmann, D., photon April 2009, p. 42-45

Spe68   A.Spencker, P.Dahlen, Bericht HMI-B73 (1968), Hahn-Meitner-Institut für
               Kernforschung Berlin,

Spe75   W.E.Spears, P.G.Lecomber, Sol.State Comm. 17 (1975), 1193 u.f.

Spe84   W.E. Spears et al., Topics in Appl. Phys., <u>55</u> (1984)

Sta77   D.L.Staebler, C.R.Wronsky, Appl.Phys.Letts. <u>31</u> (1977), 292 u.f.

Str91   R.A. Street, *Hydrogenated Amorphous Silicon,* Cambridge (1991), Kap. 5

Sol06   Solarbuzz 15.03.06 (Marketbuzz 2006)

Tan86   C.W. Tang, Appl.Phys.Letts. <u>48</u>(2) (1986), 183-185

Tan93   M. Tanaka et al., Progress in Photovoltaics, <u>1</u> No. 2 (1993), 85

Tob90   S.P. Tobin, Trans. El. Dev., <u>37</u> No. 2 (1990), 469

Tru03   T.Trupke, M.A.Green, A.Wang, J.Zhao, R.Corkish; J.Appl.Phys.94(2003), 4930 u.f.

Ver87   P. Verlinden, F. Van de Wiele et al., Proc. 19th IEEE PV Spec. Conf., New Orleans (1987), 405 u.f.

Vla88   N. Vlachopoulos et. al., J. Amer. Chem. Soc., (1988), 1216 u.f.

Vos92   A. De Vos, *Endoreversible Thermodynamics of Solar Energy Conversion,* Oxford University Press (1992), Kap. 6

Wag03   H.G.Wagemann, T.Schönauer, *Silizium-Plartechnologie,* B.G.Teubner, Stuttgart (2003)

Wag92   H.G. Wagemann, *Halbleiter* in: Bergmann-Schäfer, *Lehrbuch der Experimentalphysik,* Band 6, *Festkörper*, de Gruyter, Berlin (1992)

Wag98   H.G.Wagemann, A.Schmidt, *Grundlagen der optoelektronischen Halbleiterbauelemente,* Teubner Studienbücher, Stuttgart (1998)

Wol60   M.Wolf, Proc.IRE <u>48</u> (1960), 1246...1263;

Wür03   Würfel, P., Trupke, T., Physik Journal 2 (2003), p.45 - 51

Wys66   J.J.Wysocki, P.Rappaport, E.Davison, R.Hand, J.J.Loferski, Appl.Phys.Letts.<u>9</u> (1966), 44...46

Yu95   G. Yu et al., Science 270 (1995), p. 1789

索 引

注：本索引条目中的页码为原书页码。